国家自然科学基金面上项目（71171199）
国家自然科学基金青年科学基金项目（71601183）资助出版
国家自然科学基金青年科学基金项目（71401174）资助出版

复杂装备服役安全性演化、涌现与管理

王 瑛　李 超　孙 超　著
汪筱阳　孟祥飞　崔利杰

国防工业出版社

·北京·

内 容 简 介

本书认为非线性耦合作用是系统安全性演化的本质特征和驱动力,多层耦合特性的动态变化是复杂装备系统安全性演化涌现全过程的度量,探讨了从点到面再到整体的纵贯宏微观层次的级联耦合过程,并从多层动态耦合仿真角度,分析复杂装备系统安全性整个演变过程。在深刻认知装备事故机理和准确研判其演化涌现过程的基础上,从"事前控制—事中组织—事后分析"全方位进行复杂装备服役安全性管理。本书将理论与实践有机结合,具有较好的系统性、应用性和可操作性。

本书涉及管理科学与工程、安全科学与工程、控制科学与工程、系统工程、复杂性科学等多个学科领域,主要读者对象为高等院校管理、安全、军事类本科生和研究生,亦可作为科学工作者、工程技术人员及高校教师的参考书。

图书在版编目(CIP)数据

复杂装备服役安全性演化、涌现与管理 / 王瑛等著.
—北京:国防工业出版社,2018.1
ISBN 978-7-118-11440-9

Ⅰ.①复… Ⅱ.①王… Ⅲ.①军事装备-研究
Ⅳ.①E145

中国版本图书馆 CIP 数据核字(2017)第 304050 号

※

国防工业出版社 出版发行
(北京市海淀区紫竹院南路 23 号 邮政编码 100048)
三河市德鑫印刷有限公司印刷
新华书店经销
*
开本 787×1092 1/16 印张 13 字数 290 千字
2018 年 1 月第 1 版第 1 次印刷 印数 1—2000 册 定价 78.00 元

(本书如有印装错误,我社负责调换)

国防书店:(010)88540777　　发行邮购:(010)88540776
发行传真:(010)88540755　　发行业务:(010)88540717

前　言

随着国防科技的迅猛发展，武器装备研制日趋综合化、集成化，其结构组成、功能交联、信息交互错综复杂，更易受到人—机—环境等因素的影响。复杂装备事故致因也随之呈现网络化特征，存在显著的跨层次耦合效应。所造成的装备事故隐蔽性强、破坏性大，严重制约了部队装备完好率水平和使用保障效能的提升。因此，研究复杂装备服役过程中的系统安全性演化、涌现与管理问题具有重大理论意义和工程应用价值。

《复杂装备服役安全性演化、涌现与管理》是国家自然科学基金面上项目"基于结构本质安全的复杂系统组元作用机理研究（71171199）"、国家自然科学基金青年科学基金项目"复杂装备系统安全性的非线性耦合机理研究（71601183）"和"不确定条件下航空事故预警及预防对策生成机制研究（71401174）"共同研究成果之一。全书紧贴复杂装备特点，基于系统科学和安全科学，综合运用系统工程、安全学、控制论、复杂网络等多学科的理论和方法，提出了复杂装备系统安全性多层耦合分析框架，深入到装备部件、子系统等微观层面分析其整体安全性的多层耦合效应，进行装备系统安全性演化、涌现分析，并提出相应的管理方法。

复杂装备系统安全性演化涌现作用包括线性叠加作用和非线性耦合作用。线性叠加作用发生于若干简单装备部件的失效链中，容易通过主观经验预见和控制；非线性耦合作用则发生于部件规模庞大、信息/功能交联复杂的装备子系统级，涉及多种部件、多个子系统的各种显性、隐形交互行为。系统耦合理论认为，引起系统演化的深层原因是系统组元之间的复杂非线性耦合作用。非线性耦合作用导致了系统输入/输出的不平衡以及各子系统之间的异质性，进而形成系统不同层次和不同能量的涨落，超越系统当前结构/功能的区域分割，按新的耦合属性、功能跃迁到新的有序状态。本书认为非线性耦合作用是系统安全性演化的本质特征和驱动力，多层耦合特性的动态变化是复杂装备系统安全性演化涌现全过程的度量。本书探讨了从点到面再到整体的纵贯宏微观层次的级联耦合过程，并从多层动态耦合分析和客观数据建模仿真角度，分析复杂装备系统安全性整个演变过程，力图达到系统安全性分析的有效性、全面性。

复杂装备服役安全性管理则是在深刻认知装备事故机理和准确研判其演化涌现过程的基础上实施的。复杂装备事故是由危险耦元经由一系列非线性作用逐步演化涌现的结果，而非突然发生，这表明进行安全性管理的可行性和有效性。本书通过多层演化涌现模型，得到危险路径、危险规模、安全风险等级、事故涌现突变论判据等安全信息，进一步探讨装备系统安全性指标优化调整和适航管理技术，并对未来发展趋势——装备体系安全性工程进行研究探索。

本书分为11章，共四大部分。第一部分是基本理论及现状分析，包括第1章，第2

章;第二部分是复杂装备服役安全性的演化与涌现,包括第 3 章至第 7 章;第三部分是复杂装备服役安全性的控制对策研究,包括第 8 章至第 10 章;第四部分是装备体系安全性工程研究探索,属于复杂装备安全性研究的高级阶段及其新兴研究热点,包括第 11 章。

  本书编撰工作得到各级领导和同志们的关心和支持。张晓丰、陈继成、张育、陶茜、李姗姗、亓尧、傅超琦、孙赟、郑煜坤等同志对本书的编写提供了重要帮助,在此表示衷心感谢。本书旨在激起广大读者对复杂装备服役安全性分析与管理问题的学习研究热情,并恳请读者就书中有关专题和疏漏之处不吝赐教。

作 者

2017 年 5 月于西安

目 录

第1章 绪论 ··· 1
  1.1 复杂装备服役安全性的内涵及意义 ·· 1
    1.1.1 复杂装备的相关概念 ·· 1
    1.1.2 复杂装备安全性 ·· 3
    1.1.3 复杂装备服役安全性的内涵 ·· 4
    1.1.4 复杂装备服役安全性的重要意义 ·· 8
  1.2 相关理论 ··· 10
    1.2.1 事故致因理论 ·· 10
    1.2.2 STAMP ·· 11
    1.2.3 复杂网络结构本质安全理论 ·· 12
    1.2.4 系统演化涌现理论 ·· 14
  1.3 装备安全性管理的发展历史 ·· 16
    1.3.1 我军装备安全性管理发展历史 ·· 16
    1.3.2 外军装备安全性管理发展历史 ·· 17
  1.4 复杂装备服役安全性研究中亟待解决的问题 ······································ 18

第2章 复杂装备安全事故发展过程与统计分析 ·· 20
  2.1 装备事故定义 ·· 20
  2.2 装备安全事故发展过程 ·· 21
  2.3 装备事故统计分析 ·· 22
    2.3.1 总体统计分析 ·· 22
    2.3.2 安全风险详细视图分析 ·· 27
    2.3.3 风险矩阵视图分析 ·· 30
    2.3.4 装备事故数据分析技术 ·· 32

第3章 复杂装备安全性分析 ·· 35
  3.1 复杂装备安全性分析的内涵与过程 ·· 35
    3.1.1 复杂装备安全性分析内涵 ·· 35
    3.1.2 复杂装备安全性分析过程 ·· 36
  3.2 复杂装备安全性分析方法 ·· 46
    3.2.1 装备安全性分析方法的发展历程 ·· 46
    3.2.2 常用的装备安全性分析方法 ·· 47
    3.2.3 传统装备安全性分析方法的不足 ·· 49

3.3 复杂装备安全性演化涌现多层耦合分析	50
3.3.1 复杂装备安全性涌现过程	50
3.3.2 复杂装备安全性的多层耦合效应	52
3.3.3 多层耦合分析框架	53
3.3.4 安全性多层耦合分析形式化描述	55
第4章 复杂装备部件级危险特性分析	**59**
4.1 装备部件危险因素	59
4.1.1 SHELL 模型	59
4.1.2 5M 模型	59
4.1.3 复杂装备危险因素全息建模	60
4.2 装备部件危险耦合特性分析	61
4.2.1 危险耦合过程	61
4.2.2 部件危险耦合特性分析	62
4.3 复杂装备部件级危险多失效链分析	63
4.3.1 相互关系	63
4.3.2 危险耦合传递单失效链分析	63
4.3.3 复杂装备危险多失效链分析	63
4.4 复杂装备部件级多失效链 GERT 分析	64
4.4.1 GERT 网络	64
4.4.2 危险耦元函数及信号流图解析算法	64
4.4.3 GERT 多失效链分析的适用性探讨	66
4.5 复杂装备部件级多失效链 G-GERT 分析	66
4.5.1 危险耦合传递多失效 G-GERT 建模	66
4.5.2 耦合传递多失效链 G-GERT 求解	67
4.5.3 多失效链 G-GERT 扩展参数分析	69
4.6 应用案例	70
第5章 复杂装备子系统级危险耦合演化	**74**
5.1 复杂装备子系统级危险状态	74
5.1.1 基本内涵	74
5.1.2 危险状态耦合形成过程	74
5.2 复杂装备子系统级危险状态评估	75
5.2.1 评估思路	75
5.2.2 复杂装备子系统级危险传递规模 IACA 搜索	76
5.3 复杂装备子系统级危害等级 QPS-ESN 度量	79
5.3.1 危害等级度量	79
5.3.2 QHS-ESN 算法	80
5.3.3 应用案例	83

第6章 复杂装备系统级事故涌现突变论分析 ········ 86
6.1 复杂装备事故与系统涌现 ········ 86
6.1.1 涌现的定义 ········ 86
6.1.2 复杂装备事故的涌现观 ········ 86
6.1.3 复杂装备事故熵突变描述 ········ 87
6.2 装备系统危险熵 ········ 87
6.2.1 信息熵 ········ 87
6.2.2 装备危险熵的提出 ········ 88
6.3 装备危险熵函数的 QPS-DGM 构建 ········ 88
6.3.1 DGM（2,1）模型 ········ 89
6.3.2 QPSO-DGM（2,1）模型 ········ 89
6.3.3 装备系统事故危险熵突变建模 ········ 91
6.4 应用案例 ········ 92

第7章 复杂装备服役安全性多层 Petri 网仿真 ········ 96
7.1 装备事故建模技术研究 ········ 96
7.1.1 传统事故推演建模技术 ········ 96
7.1.2 事故推演 Petri 网建模技术 ········ 96
7.2 复杂装备服役安全性多层次 Petri 网仿真架构 ········ 98
7.2.1 复杂装备安全性仿真平台 ········ 98
7.2.2 Petri 网仿真的可行性 ········ 99
7.2.3 装备安全性多层次 Petri 仿真架构 ········ 99
7.3 复杂装备安全性 Petri 网分析 ········ 100
7.3.1 装备危险 SPN 分析模型 ········ 100
7.3.2 GSDSPN 模型的提出 ········ 102
7.4 复杂装备危险耦合传递 GADSPN 模型 ········ 102
7.4.1 GADSPN 模型危险分析 ········ 102
7.4.2 GADSPN 模型分析参数 ········ 103
7.4.3 仿真分析步骤 ········ 104
7.5 仿真分析与验证 ········ 105

第8章 复杂装备服役安全性事前控制——安全性指标设计 ········ 110
8.1 安全性指标分配 ········ 110
8.1.1 顶事件安全性指标的确定 ········ 110
8.1.2 安全性指标初次分配 ········ 110
8.2 装备事故重要度定义及计算规则 ········ 111
8.2.1 传统重要度在 Bow-tie 分析中的应用 ········ 112
8.2.2 装备事故重要度的性质 ········ 114
8.2.3 装备事故重要度求解 ········ 114
8.3 安全性指标调整策略 ········ 115

        8.3.1　故障树最小割集分析 115
        8.3.2　重要度分析 116
        8.3.3　指标调整 119
　　8.4　复杂装备安全性指标的适航性验证 121
        8.4.1　适航性的内涵 122
        8.4.2　适航条款选取对系统安全性的影响 123
        8.4.3　基于 Bow-tie 模型的适航条款选取 123
        8.4.4　关键适航条款验证 126

第 9 章　复杂装备服役安全性事中组织——维修网络本质安全信息扩散 128
　　9.1　组织管理对装备维修的作用 128
　　9.2　装备维修网络及其仿真思路 128
        9.2.1　网络参数 130
        9.2.2　影响信息扩散的因素 131
        9.2.3　仿真思路 131
　　9.3　扩散源对网络结构本质安全影响 131
        9.3.1　扩散源算法选取 131
        9.3.2　扩散效率分析 140
        9.3.3　扩散源对网络结构本质安全影响仿真 145
　　9.4　三种复杂网络安全信息扩散影响仿真 146
        9.4.1　安全信息扩散算法 146
        9.4.2　初始状态影响 148
        9.4.3　本质安全度的影响 149
        9.4.4　网络结构的影响 151

第 10 章　复杂装备服役安全性事后分析——事故 Bow-tie 模型分析 152
　　10.1　Bow-tie 模型基本理论 152
        10.1.1　Bow-tie 模型的概念 152
        10.1.2　Bow-tie 模型的技术原理 153
        10.1.3　Bow-tie 模型的优势 153
        10.1.4　安全屏障 153
　　10.2　Bow-tie 模型构建过程 154
        10.2.1　构建 Bow-tie 模型的步骤 154
        10.2.2　前轮转弯系统 Bow-tie 模型构建 155
　　10.3　Bow-tie 模型的定量分析 159
        10.3.1　基本事件到后果事件定量分析方法 159
        10.3.2　Bow-tie 模型的故障树、事件树表示 161
        10.3.3　前轮转弯系统定量分析 166

第 11 章　研究展望——装备体系安全性工程研究 169
　　11.1　装备体系 169

  11.2　装备体系安全性及其研究 …………………………………………… 170
    11.2.1　基本内涵 …………………………………………………………… 170
    11.2.2　研究特点 …………………………………………………………… 171
  11.3　装备体系安全性工程研究的必要性 …………………………………… 171
    11.3.1　装备体系安全性研究的紧迫性 …………………………………… 171
    11.3.2　装备体系安全性研究的作用意义 ………………………………… 172
  11.4　装备体系安全性研究现状 ……………………………………………… 173
  11.5　主要研究内容 …………………………………………………………… 173
参考文献 ………………………………………………………………………… 177

第1章 绪　　论

1.1 复杂装备服役安全性的内涵及意义

自20世纪90年代以来，以信息技术、系统工程、新材料和能源技术等为核心的新技术革命渗透到军事领域，引发了新军事革命。新军事革命以信息、通信、计算机、制导等技术为基础，广泛应用于新一代雷达、坦克、卫星、舰船、飞机等，推动战争形态向着基于信息系统的体系作战演进。针对体系作战任务和模式，我军近年来研制列装了大批新型复杂装备。这些装备由于广泛采用高新技术，信息化程度高、技术跨度大、系统交联复杂、功能高度综合，在大幅提高部队战斗力的同时，也给装备安全性管理带来了新的挑战。一旦发生事故，就会造成装备损坏、人员伤亡，甚至对战争进程产生决定性影响。因此，面对新型装备特点和现代战争形势，必须探索科学适用的复杂装备安全性管理方法、模型，确保装备运行最大可能地处于安全完好，能够随时遂行各项战训任务。

1.1.1 复杂装备的相关概念

1.1.1.1 复杂装备

1. 武器装备

2010年发布的《武器装备质量管理条例》将武器装备定义为实施和保障军事行动的武器、武器系统和军事技术器材，以及用于武器装备的计算机软件、专用元器件、配套产品、原材料。

2011年版《中国人民解放军军语》中，装备是武器装备的简称，用于作战和保障作战及其他军事行动的武器、武器系统、电子信息系统和技术设备、器材的统称，主要指武装力量编制内的舰艇、飞机、导弹、雷达、坦克、火炮、车辆和工程机械等，分为战斗装备、电子信息装备和保障装备。

2. 装备系统

装备系统是指为完成一定军事任务，由相互配合的武器系统和技术装备组成并具有一定作战功能的有机整体。一般包括包括武器本身及其发射或投掷的各种运载工具、观瞄装置和指挥、控制、通信等技术装备。

从安全性研究角度来看，装备系统则是指由多个相互联系、相互作用的武器系统和技术装备、操控人员及其运行环境组成的综合体。

3. 复杂装备

装备类型众多，从其系统组成水平和技术复杂度看，可分为简单装备和复杂装备。相对于简单装备，复杂装备往往是大量机械设备、电气设备和先进信息技术的综合体，组成规模庞杂、系统性能先进、部件交联复杂、高新技术密集、智能化程度高，是国防实力和部队战斗力水平的重要标志。由众多子系统及其非线性交互关系构成的多层次结构、多功能属性、多域空间分布的装备系统，称为复杂装备系统。

1.1.1.2 复杂装备的特点规律

现代战争在很大程度上表现为高技术的较量。进入了高技术时代，现代武器装备也更加朝着高技术的方向发展。复杂装备的跨越式发展在积极推动部队战训模式演进的同时，也对装备安全管理提出了更新更高的要求。因此，必须把握复杂装备特点规律，为提高部队战斗力奠定基础。

1. 研制生产集约，管理手段先进

现代设计和制造技术已经或正在进入装备研制生产过程，传统研制生产模式正在向知识和技术集约型转化。随着大型复杂装备研制生产模式发生变化，其管理模式也产生变化。一是采用并行工程管理模式，如立项与研制并行、科研与生产并行、科研生产与领先试用并行、科研生产和技术服务并行等；二是引入项目管理，现行的管理体制已暴露出程序多、过程复杂、系统性和科学性差等问题，项目管理作为一种在大型复杂工程中发挥巨大作用的成熟管理模式却能有效地解决这些问题，目前已被兵器、航天很多行业采纳并推广。

2. 信息化程度高，功能一体化

海湾战争后，美军注重提高武器装备的信息化程度，除了继续研制一些新型的信息化程度较高的平台外，还对其在役的武器装备进行了系统的信息化改进。在空中武器平台的发展上，信息技术使得作战飞机向着集歼击、轰炸、侦察和电子对抗于一体的方向发展。例如察打一体无人机、F-35联合战斗机；海上武器装备的发展也特别强调功能一体化。核动力潜艇，不仅能发射潜对地弹道导弹，而且还能发射潜对舰、潜对空和潜对潜导弹及潜对地的巡航导弹。航母作为大型海上机动平台，不仅可以作为飞机的起落场，本身还具有较强的攻击和防护能力。

3. 部件交联复杂，故障模式多元

随着国防科技的迅猛发展，复杂装备组成部件规模庞大，关联关系复杂，已经成为融合多种高新技术、多个单元的集成作战平台，超越了传统的单火力平台。其故障模式也从单一故障向体系故障发展，从机械故障向机电复合故障扩展，从硬件故障向软硬件综合故障转变。此外，为了确保武器装备在战时能充分发挥整体效能，设计中大量采用模块化等设计方法，将战斗、保障等多种装备综合集成，从而提高各系统之间的互操作性和一致性。如在某导弹武器系统中，不仅将导弹、搜索指挥车、发射制导车等作战装备进行了集成，同时还将电子维护车、机械维修车、导弹测试车、电源车等十多种支援装备集成。

4. 改装升级频繁，技术状态多样

复杂装备研制过程中使用的信息化技术、计算机技术、智能处理技术等高新技术发展迅猛，具有较短的升级换代周期。因此，复杂装备在服役阶段经常进行改装升级，技术上的成熟度问题日渐突出。复杂装备的研制生产出现了科研、试制、设计、定型、改装等过程频繁交叉的现象，导致装备技术状态一直不能最终固化，各批次之间差异较大。

5. 运用层次较高，使用强度较大

近年来，新型复杂装备陆续列装，逐渐担当了部队装备体系中的"杀手锏"角色，在各种战训任务中发挥着关键性、决定性作用。因此，复杂装备执行的战训保障任务具有层次高、强度大的特点，客观上要求始终具有更高的可靠性、可用性和安全性。

1.1.2 复杂装备安全性

1.1.2.1 内涵

对于任何一种型号的装备，如果它不能保证安全地使用和维修，那是不能被接受的。为了保证装备使用维修安全，应当在装备研制的初期就开展安全性工程，并贯穿于装备全寿命过程中，而且还要与质量管理、可靠性、维修、综合保障工程等工作综合权衡与协调，以达到最佳的费用效益。安全性是部队装备通用技术要求之一，也是装备的设计属性之一。复杂装备系统组成部件较多，功能结构复杂。随着先进信息技术和智能手段的应用、复杂装备及其组成部件性能不断提高的同时，也导致其系统复杂性不断增加。在不同任务条件下，所涉及的设备或部件工作状态、故障模式呈现多种形态。很多国家（军用）标准或者工程领域都对"安全性"作了定义，具体如表 1.1 所示。

表 1.1 安全性定义

标准/领域	来源	名称	定义
GJB1405—1992	质量管理术语	装备安全性	装备不导致人员伤亡、不危害健康及环境、不对设备或财产造成损坏或损伤的能力
GJB900—90	系统安全性通用大纲	安全性	不发生事故的能力
MIL-STD-882D	美国军用标准	安全性	没有引起死亡、伤害、职业病或财产、设备的损坏或环境危害的条件
GJB/Z99—97	系统安全工程手册	安全性	产品在规定的条件下，以可接受风险执行规定功能的能力
航空工程领域	《飞机可靠性、安全性、生存性》	飞机安全性	飞机安全性是指飞机在飞行期间连续地保证完成任务而无事故的那些系统和设备处于能工作状态的一种特性

由表 1.1 容易看出，上述安全性的定义虽然各有侧重，但是基本上是类似的。安全性是装备本身所体现出来的一种不发生不可接受事故的能力，所涉及的时间区间覆盖了装备设计、研制、使用、维修等全寿命阶段，并与人员伤亡、职业病、装备损坏、环境损害等事故后果相关联。主要的分歧在于有无"规定的条件和时间"的限制。该限制仅出现在了《系统安全工程手册》给出的定义中。实际上，安全性必须考虑正常使用条件之外的情况，超越了规定条件和时间的限制。装备在非规定情况下运行引发的事故，也属于安全性范畴。但是，如果设计人员将非规定情况也纳入装备设计想定，作为装备安全性设计考虑范畴。那么，规定的条件和时间在一定意义上也能涵盖非正常情况。而设计人员不能预想到所有意外情况，只能在实际使用过程中逐渐暴露。综上所述，为进行装备设计安全性分析，只能以设计者想定为基础展开研究，即存在"规定条件和时间"；在装备服役过程中可能会出现设计过程中未考虑到的情况，即超越了"规定条件和时间"。因此，两类定义各有其合理性。

1.1.2.2 分类

按照装备寿命阶段区分，装备安全性可以分为固有安全性和服役安全性。装备固有安全性，也称装备设计安全性，是指在设计使用条件和时间内，装备不发生人员伤亡、职业病、设备损坏等事故的能力。它是由装备设计和制造赋予的一种固有特性；装备服役安全性是指在服役使用条件和时间内，装备执行规定任务时不发生人员伤亡、职业病、设备损坏等事故的能力。它是装备的一种服役使用特性。其中，服役是指装备从交付部队到报废退役阶段的寿命周期活动过程。装备服役安全性体现了装备固有安全性在服役过程中的发挥水平。只有在理想条件下，装备服役安全性才能达到固有安全性。通常通过装备改装、使用/维修人员培训来提高装备服役安全性水平。

1.1.3 复杂装备服役安全性的内涵

1.1.3.1 相关概念

1. 安全与危险

安全是指不发生事故的状态，即没有造成人员伤亡、职业病、设备损坏、财产损失或环境损害的情况发生的状态。

危险与安全相对应，是装备系统的物质特性和导致装备事故的前提。它客观存在于其所采用的材料技术、工作特性以及运行环境特性之中。可能导致事故的潜在状态称为危险。为了便于研究，在后续章节的装备系统安全性分析中主要采用危险来表述。

2. 装备危险事件

装备系统组元之间的耦合作用可分为积极作用和消极作用两种类型。积极作用促使装备系统向着稳定有序方向演化，而消极作用则导致系统向着无序崩溃的方向恶化。据此，可以给出危险事件与装备事故的定义。危险事件是装备系统组元在交互演化过程中对系统产生的消极作用。而装备事故则是由一系列装备危险事件所导致的突变，造成意外伤害或损失。

可见，危险事件是浅层破坏。装备事故是危险对装备系统的深层次破坏。装备事故是由危险事件恶化而来，是若干危险事件的集合。将危险事件和装备事故区分开来，既有利于人们重视危险事件的发生、发展规律，又可便于逐层逐阶段研究装备服役安全性演化涌现过程。

3. 装备危险因素

装备危险因素是指制约装备安全性的因素，涵盖了人—机—环境等因素。

4. 装备危险状态

装备危险状态是指可能引起装备事故的状态。

5. 事故场景

根据 Uchitel 对场景的定义，装备事故场景（Accident Scenario，AS）是指装备部件、操控人员和运行环境之间的交互集合。

6. 装备任务剖面

GJB451A—2005《可靠性维修性保障性术语》将任务剖面的定义为产品在完成规定任务的时间内所经历的事件和环境的时序描述。具体到装备系统，装备任务剖面，是指装备服役期间执行的一系列战训任务从始至终所经历的事件/环境条件。通常以时序描述各个任务阶段装备功能事件、使用条件和持续时间，界定装备任务、运行状态、作业时序、工作环境等。

1.1.3.2 度量指标

装备安全性需要通过安全性设计、分析与评价等技术方法进行量化管理，因而需要确定具体的安全性参数及指标来进行度量与要求。

1. 事故率或事故概率

它是装备安全性的一种基本参数。其度量方法为：在规定的条件下和规定的时间内，系统的事故总次数与寿命单位总数之比，用下式表示：

$$P_A = \frac{N_A}{N_T} \tag{1.1}$$

式中，P_A 为事故率或事故概率，用次/单位时间或百分比表示(%)；N_A 为事故总次数，包括由于系统或设备故障、人为因素及环境因素等造成的事故总次数；N_T 为寿命单位总数，表示装备系统总使用持续期的度量，如工作小时、飞行小时、飞行次数、发射次数、航行海里、工作年限等。

2. 事故分布函数 $F(t)$ 与密度 $f(t)$

$$\begin{cases} f(t) = \dfrac{\mathrm{d}F(t)}{\mathrm{d}t} \\ F(t) = p(T < t) = \displaystyle\int_0^T f(t)\mathrm{d}t \end{cases} \tag{1.2}$$

3. 平均事故间隔 MTBA

两次装备事故之间的时间为 T。由于装备发生具有随机性，所以 MTBA 是一个随机变量，其平均值称为平均事故间隔 T_{AB}：

$$T_{AB} = \int_T t f(t)\mathrm{d}t \tag{1.3}$$

也可由统计方法近似得到，其度量方法为：在规定的条件下和规定的时间内，系统的寿命单位总数与事故总次数之比，用下式表示：

$$T_{AB} = \frac{N_T}{N_A} \tag{1.4}$$

式中，T_{AB} 为平均事故间隔时间。

4. 安全度 $s(t)$ 与危险度 $h(t)$

安全度 $s(t)$ 是描述事物保持安全状态的概率值；危险度 $h(t)$ 则是表示事物可能发生事故的概率。$s(t)$ 其度量方法为：在规定的条件下和规定的时间内，在装备系统执行任务过程不发生由于系统或设备故障造成的灾难性事故的概率，用下式表示：

$$s(t) = \frac{N_w}{N_T} \tag{1.5}$$

式中，$s(t)$ 为安全度，用%表示；N_w 为无由于系统或设备故障造成的灾难性事故执行任务的次数。

安全度 $s(t)$ 与危险度 $h(t)$ 存在如下关系：

$$s(t)=1-h(t)=p(T\geq t) \tag{1.6}$$

式中，t 为规定的时间；T 为发生事故的时间。

5. 损失概率

它是安全性的一种基本参数。其度量方法为：在规定的条件下和规定的时间内，系统的灾难性事故总次数与寿命单位总数之比，用下式表示：

$$P_L=\frac{N_L}{N_T} \tag{1.7}$$

式中，P_L 为损失概率，次/单位时间或%；N_L 为由于系统或设备故障造成的灾难性事故总次数。

6. 装备危险传递规模和危害等级

装备危险传递规模是指装备系统在内、外因作用下随时间推移危险所覆盖的影响范围。危险状态的形成以及事故的发生往往涉及某些部件或子系统。确定装备系统危险的传递规模，便于在相应范围内进一步分析危险状态和危险事件发生的原因，为制定安全措施提供参考。

7. 安全风险等级

通过失效状态严酷等级表和失效率等级表，可以建立系统的风险评估矩阵。风险矩阵中"中等风险"是可接受的事故风险等级，安全性分析工作对指标的定量要求是失效率不得高于"中等风险"条件下各严酷等级所对应的失效率上限。

首先，通过表1.2对失效状态严酷等级进行划分，并做出定性、定量的描述。

表1.2 失效状态严酷等级表

失效状态严酷等级	严重程度定义
Ⅰ类（灾难的）	失效状态会妨碍持续安全飞行和着陆，导致绝大部分或全部成员死亡或飞机损毁
Ⅱ类（危险的）	失效状态会显著降低飞机的能力或机组处理不利操作情况的能力
Ⅲ类（较大的）	失效状态会降低飞机的能力或机组处理不利操作情况的能力
Ⅳ类（轻微的）	失效状态不会明显降低飞机安全性，机组的操作仍在其能力范围之内
Ⅴ类（无影响）	失效状态不产生任何妨碍飞行运动或增加机组工作负担的安全影响

其次，通过表1.3对失效率等级进行划分，并做出定性、定量的描述。

表1.3 失效率等级表

等级	等级说明	定性要求	定量要求（次/飞行小时）
A	无概率要求	在单架飞机总飞行期内经常发生，在该型号所有飞机飞行期间总是发生	$>10^{-3}$
B	不经常的	在单架飞机总飞行期内发生几次，在该型号所有飞机飞行期间经常发生	$10^{-5} \sim 10^{-3}$
C	微小的	在单架飞机总飞行期内不可能发生，在该型号所有飞机飞行期间可能发生几次	$10^{-7} \sim 10^{-5}$
D	极其微小的	在该型号所有飞机飞行期间不容易发生，但有可能发生很少几次	$10^{-9} \sim 10^{-7}$
E	极不可能的	在该型号所有飞机飞行期间都很不容易发生	$<10^{-9}$

将表1.2和表1.3联立到一起，得到了军机风险评估指数矩阵，如图1.1所示。

		失效率等级				
		无概率要求	不经常的	微小的	极微小的	极不可能的
		A	B	C	D	E
失效状态严酷等级	灾难的 Ⅰ	25	20	15	10	5
	危险的 Ⅱ	20	16	12	8	4
	较大的 Ⅲ	15	12	9	6	3
	轻微的 Ⅳ	10	8	6	4	2
	无影响 Ⅴ	5	4	3	2	1

图 1.1　基于失效率的风险评估矩阵

图 1.1 中，失效状态严酷等级从"灾难的"到"无影响"分别赋值 5~1，失效率等级从"无概率要求"到"极不可能的"分别赋值 5~1，两者的乘积就是矩阵块的数值。根据飞机安全性分析的要求对矩阵中的数值进行划分：15~25 属于高风险等级，10~14 属于严重风险等级，5~9 属于中等风险等级，1~4 属于低风险等级。其中，中等风险等级和低风险等级都是可以接受的风险等级，因此可确定各失效状态严酷等级所对应的失效率等级，即飞机系统安全性指标的定量要求，具体定量指标见表 1.4。

表 1.4　"中等风险"条件下的系统安全性指标要求

严酷等级	灾难的	危险的	较大的	轻微的	无影响
指数矩阵值	5	8	9	8	5
失效率等级	极不可能的 $<10^{-9}$	极其微小的 $10^{-9} \sim 10^{-7}$	微小的 $10^{-7} \sim 10^{-5}$	不经常的 $10^{-5} \sim 10^{-3}$	无概率要求 $>10^{-3}$

1.1.3.3　主要特点

1. 系统性

复杂装备的组成部件数量庞大，交联关系非常复杂，形成了具有多级结构、多个子系统的有机整体。各级子系统之间以及与大系统之间彼此关联，相互影响，共同实现装备系统的预定功能。任何部件发生故障，都可能诱发连锁故障，降低复杂装备的任务可靠性，甚至造成装备事故。

2. 演化性

随着国防科技的飞速发展，复杂装备各子系统及其部件在提高性能的同时，也使得功能结构变得十分复杂。为了保证复杂装备高安全可靠性，采用了冗余技术和设备备份。装备系统各工作子系统之间以及与外界环境、人员之间形成了频繁复杂的交互关系。可见，复杂装备在服役期间，其安全性是动态演化的。这种变化可能是平滑的，也可能是阶跃的，称为状态的演化性；当这种影响超过可承受的范围时，装备系统安全性涌现即发生事故，系统组元、危险活动之间的耦合关联将重构，称为结构拓扑的演化性。

3. 涌现性

随着电子技术、机电技术等高新研制技术的迅速发展，复杂装备系统层次的安全特性已不能通过从各工作子系统和部件中获得完美解释，具有非加和性和新奇性。安全性是复杂装备系统的一种整体涌现，装备、人员、环境等危险因素之间的非线性耦合是事故发生的根本原因。基于涌现机理进行安全性分析的研究也已见诸高水平期刊。主张围绕装备系统目标，在装备各寿命阶段充分辨识危险因素关联关系，基于功能结构的层次化过程进行涌现观察。

4. 多态性

复杂装备往往具有多个任务剖面。故障模式在每一个任务剖面中又有多个，故障原因变得越发复杂，其组成系统和部件的故障规律超越了"浴盆曲线"模式。随着研究的深入，相关学者发现装备系统在服役期间的安全性演化中具有多状态的特征，并且各危险状态的机理、性能各不相同。此外，运行环境也和复杂装备运行状态相关。在不同的外界环境条件下，同一装备也可能表现出不同的运行状态。

5. 依赖性

装备服役阶段的安全事故是伴随着战训任务而存在的，没有战训任务的遂行不会有安全事故的发生，称为任务依赖；装备技术状态、运行条件对其安全性影响也较为明显，称为环境依赖；另外，装备危险因素的能位不是固定的，与其所处的安全事故子系统相关。而装备事故的演化状态也会随着装备危险因素能位发生变化，称为能位依赖。

1.1.4 复杂装备服役安全性的重要意义

装备安全性是装备技术要求和质量属性之一。除了由设计和制造决定以外，还受到部件故障、运行环境、操控失误等因素影响。复杂装备信息化、智能化、集成化程度高，功能结构和任务剖面复杂，导致其安全事故的系统性显著。因此，必须按照系统安全性理论和方法实施全面、有效的管理，才能确保装备系统的安全使用。

纵观安全事故理论发展历史，针对装备系统当时的特点，这些阶段性理论发挥了积极作用。随着装备规模、结构与运行环境的复杂性空前增加，其安全性机理发生了本质变化，系统性、耦合性、灾难性等特征日益凸显。各种"多域耦合、级联雪溃"现象时有发生，涉及电力设备、交通工具、武器装备等。上述装备事故的发生，均存在一个"装备部件故障（误操作）、控制子系统失灵、功能子系统失效、产生不安全系统行为"的逐层级、逐阶段演化轨迹。这主要是因为复杂装备的物理子系统和信息与通信子系统相互耦合，形成了信息物理装备融合系统，其安全性演化涌现在物理域、信息域和行动域等多个层次之间，以及装备自身、控制回路、信息化网络等多个子系统之间产生非线性耦合作用。目前，典型的复杂装备系统有卫星系统、导弹防御系统、高铁系统、大电力系统等，从总体上可划分为实体运行段、后台控制段和用户段三大子系统及其组成链路。这种由众多子系统及其非线性交互关系构成的多层次结构、多功能属性、多域空间分布的装备系统，称为复杂装备系统。其系统内部子系统之间相互作用关系和涌现行为则可能产生一定的脆弱性和安全风险。

复杂装备安全事故的发生不再仅仅由单个部件引发，而是由多个子系统非线性耦合作用形成的网络化效应所导致。复杂装备系统危险可分为三类：一是部件失效或者故障通过子系统间相互关系在系统中传递；二是部件失效或者故障的组合效应；三是系统演化过程中产生的危险。复杂装备系统安全性问题除了研究单个子系统安全性，还要考虑子系统之间的安全性耦合作用。传统的装备安全性分析理论与模型大多是从单个事故出发，不能分析可能引发事故的所有事件的组合及演化。因此，仅从部件或者单独链路角度分析不能满足复杂装备系统安全性研究需求，需基于系统工程视界研究复杂装备系统安全性，对其组成、交互关系、系统网络结构、工作模式等进行分析，建立复杂装备系统危险耦合结构网络模型，突破传统的系统安全性分析。

系统安全性分析理论与模型的发展表明，随着装备系统复杂性的加剧，其事故模式更多地表现为多危险因素耦合的系统涌现型事故。复杂装备系统安全性演化涌现的时空广布性、不确定性、突变性，导致其耦合模态的动态复杂性。复杂系统与非线性科学的发展阐释了复杂装备系统安全性的随机涨落律、动态层级律、耦合裂变律。耗散结构理论和协同学表明，复杂装备安全性通过非线性相关效应动态涨落，从不稳定态向新的有序态协同演化，最终形成新的结构—功能体；复杂系统脆性理论和系统耦合理论揭示，复杂装备自身存在横向与纵向的脆性联系，并在各系统内部及其界面非线性动态耦合，逐步破坏系统间的关联和稳定性。因此，复杂装备安全性问题源于装备部件、子系统内部及它们之间的非线性耦合交互。然而，耦合系统与子系统动力学行为不同，存在多重反馈结构、内部参数不敏感的反直观性，呈现出多种动力学特征。张我华等在《灾害系统与灾变动力学》一书中指出，灾害系统演化具有从微观层次向宏观层次耦合级联发展的特征，在各类灾变分析预判方面具有普适性。因此，多层时空耦合效应同时表征了微观安全损失局部化和宏观事故演化临界敏感性，是揭示复杂系统安全性演化涌现机理的有效切入口。

就复杂装备而言，复杂装备系统安全性与系统结构在特定时空层次上有着相应的特定参数联系，其时空耦合效应能够从宏微观之间的多层耦合结构中得到解释。美国学者佩罗将事故定义为对子系统或者系统的损坏，提出将事故划分为部件层、子系统事件层、系统事故层的事故分层思想；Xinbo Ai 等指出层次结构是复杂系统安全性的研究基础。复杂装备系统由多个功能各异的子系统按照多种协同关系耦合而成，所蕴含的危险因素则通过系统固有功能结构、任务剖面的层次禀赋相互关联，造成大量微观安全损失，经由非线性耦合作用激发装备系统结构/属性的脆性联系，使得局部效应引发大规模级联，最终导致装备系统危险结构层次跃升和系统属性改变。因此，装备层次节点与事故层次节点是基于任务剖面彼此关联，装备系统危险性质的改变是多层非线性耦合的结果。

因此，采用多层次分析方法，以危险为基点，以事故为导向，根据复杂装备任务剖面，构建复杂装备系统安全性的多层耦合结构网络模型，阐释复杂装备系统安全性的时空耦合效应；在此基础上，分析复杂装备部件危险耦合响应特性、子系统以及它们之间的危险耦合演化机制，认知和度量其相应的动力学过程；通过提取复杂装备系统事故模式的影响参数，分析其多层耦合突变机制，构建相应的定量分析与判定模型。最后，提出复杂装备安全性管理的方法。上述研究可望从非线性耦合角度揭示复杂装备系统安全性的演化涌现机理，为更加科学全面地进行安全性分析预警，制定有效适用的安全控制对策以及复杂装备的优化设计提供理论指导和技术支持。

1.2 相 关 理 论

安全事故机理是从大量典型事故中分析得到的事故发生和发展的一般原理。这些机理反映了事故发生的原因和规律性，能够为事故原因的定性、定量分析，为预防事故提供理论依据。加强装备安全管理，必须了解和掌握这些机理，根据这些机理所揭示的规律，科学预防和处置装备事故。

1.2.1 事故致因理论

人们在安全性管理实践中，逐渐认识到安全管理活动的规律、原则和方法，形成了安全性管理理论。例如，美国安全工程师 W.H.Heinrich 曾统计：在机械事故中，死亡、重伤、轻伤和无伤害事故的比例为 1:29:300。国际上将该结论称为 Heinrich 事故法则。现代安全性管理理论融合了系统论、控制论、运筹学、安全工程、心理学等方面的知识，获得了蓬勃发展。其理论核心是事故致因理论（Accident Causation Theory，ACT）。事故致因理论是探讨事故原因、发生规律、防范方法，揭示事故过程和本质的理论。随着安全认知水平的提高，事故致因理论日趋成熟和完善。对主要代表性理论进行对比分析，结果如表 1.5 所示。

表 1.5　事故致因理论对比表

理论名称	提出时间	核心观点	优劣分析	代表人物
事故倾向理论	1919—1939 年	事故发生的唯一原因是人的性格缺陷。大部分事故由此类人造成	从单因素角度研究事故发生的规律，是最原始的事故理论	Greenwood Newboid Farmer 等
事故因果连锁论	1936—1974 年	事故是一个依次发生的若干危险事件的集合	认识到事故致因的多元性、因果性。但用线性链式关系描述事故，过于主观简单	Heinrich Bird 等
能量转移理论、轨迹交叉理论等	1961—1972 年	事故是多条失效链组成的事故网络	认识到事故致因广泛性、网络化特征，初步体现了系统论观点	Gibson Hadden Benner 等
两类危险源理论、系统事故论	1995—1996 年	事故致因具有等级层次结构的事故致因网络，并处于动态变化之中	认识到事故是系统一种涌现，将滞后型事故分析转变为预防问题。但未给出事故内在规律	陈宝智 Leveson 等
综合-动态事故致因理论	2010—2011 年	事故是一组交互变化的变量集合	认识到事故是一个数学模型研性自组织系统。利用数学模型研究事故规律	吴立荣 程卫民

尽管上述几种事故致因理论提出角度不尽相同，但逐渐形成了一些基本共识，在一定程度上反映了事故规律。具体如下：

（1）连锁律。事故的发生是一连串的危险因素按照前行后继、互为因果的连锁顺序导致的。

（2）多因素律。事故的发生是许多危险因素互相作用、逐步组合的结果，揭示了事故的发生涉及多种因素。

（3）耦合律。连锁性和多因素性反映了危险因素逐步参与、相互交叉、复合的过程。该过程暗含了事故因素相互影响和依赖关系，即为耦合性。

（4）层次律。事故发生的原因是多层次、多线性原因的复杂组合。在剖析事故机理时，必须从表面原因追踪到更深层次的本质原因。

综上所述，从事故致因理论的发展来看，可以得出如下结论：事故的发生是一个多因素参与的动态化、层次化的耦合级联、发展恶化的过程。随着系统复杂性的加剧，事故模式更多地表现为多危险因素非线性耦合的系统涌现型事故。虽然传统事故分析模型难以胜任，新的分析模型尚不成熟，但总体研究趋势是在部分层面和整体层面，分别运用多失效链和网络方法予以分析。因此，针对复杂系统事故的新特征，探寻事故演化涌现的一般规律和构建相应的定量描述模型成为系统安全性分析领域亟待解决的重要问题。

1.2.2 STAMP

STAMP（System-theoretic Accident Model and Process）是美国 MIT 大学 Nancy 教授基于针对软件管理提出的一种系统事故理论模型。Nancy 教授认为系统由安全态向高风险态转换时是一个动态过程。

虽然部件失效、外部干扰或系统部件间的交互异常，可能导致事故的发生（图 1.2），但是事故发生的根本原因不在此，而是系统在设计、开发和运行中没有恰当控制和充分执行相关的安全约束，即安全约束遭到破坏。STAMP 的安全控制以过程控制为基础，采用过程控制结构说明系统组件间的功能和交互，系统控制模型由控制单元、执行单元、受控过程和反馈单元组成，如图 1.3 所示。

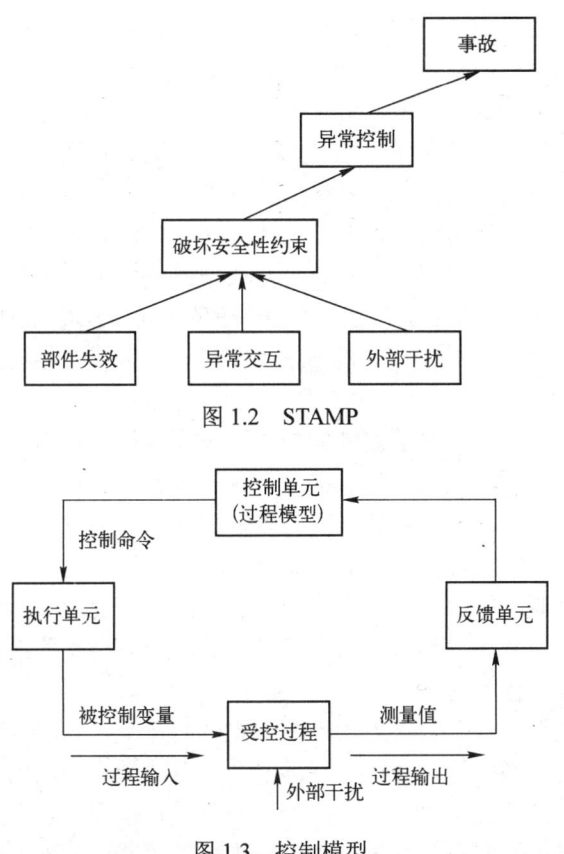

图 1.2 STAMP

图 1.3 控制模型

根据 STAMP 定义，事故是在系统行为中违反安全约束导致的结果。事故致因的确定可以使用系统理论和控制理论，所得到结果在事故分析和事故预防控制中作用显著。

1.2.3 复杂网络结构本质安全理论

近年来，随着各种高新技术和质量管理体系的应用与实施，系统的复杂性不断增加。系统事故的产生动因、过程和机理越来越复杂，分析和管理难度空前增大，传统的安全性分析模型和方法已经不能满足需求。利用复杂网络来抽象复杂系统，通过研究复杂网络中节点之间的信息扩散，进而研究系统内部组元之间的信息和能量交互，可以为分析复杂系统结构的本质安全提供理论支撑。

1.2.3.1 结构本质安全论

根据结构决定功能原理，网络的结构安全决定网络的功能安全，网络结构稳定性制约着网络功能的本质安全，网络结构稳定是网络结构安全的充分条件。网络结构是网络个体连接关系和时态的宏观表现，个体之间进行交互的媒介为信息。因此，网络结构的内在本质为内部个体之间形成的信息扩散。当网络中由于某种扰动或刺激存在干扰信息时，由于个体之间的连接作用，就很容易形成个体的崩溃甚至导致子系统的失效。当网络中加入安全信息时，同理，就能使个体安全性甚至网络整体安全性得到提高。因此，网络中个体之间的信息宏微观扩散过程决定着网络结构的本质安全。

网络结构的本质安全取决于个体的本质安全及网络个体之间的信息扩散宏观机制，信息宏观扩散机制又由个体之间的信息微观扩散机理决定。此外，信息扩散还表现为两方面的作用，一方面表现为对网络结构本质安全的帮助：安全信息扩散；另一方面表现为对网络结构本质安全的削弱：干扰信息扩散。

信息扩散是指网络中信息量相对较高的个体利用扩散介质向信息量相对较低的个体进行信息（包括安全、无关、干扰信息等）的传递和共享过程。同时，安全信息扩散可以通过扩散源将安全信息传递给网络中的其他节点，并使信息覆盖到网络中的所有节点，使网络中的所有节点都能保持安全的状态，从而使得网络整体呈现结构本质安全。也就是说，复杂网络的结构本质安全状态意味着网络中的每个节点都因为获得安全信息而保持安全状态。所以，研究复杂网络中的信息扩散理论，是提高网络结构本质安全性的前提。

1.2.3.2 安全信息扩散理论

信息扩散是扩散源通过网络节点之间的关联关系，将安全信息或干扰信息传输至系统的一系列点或面的过程。同时，对于扩散来说，信息扩散存在两个方面的要素：一方面，信息扩散可以实现跨越节点相邻之间的联系而达到，也就是说，信息具有跨邻居扩散的能力，即在网络中信息可以扩散到与扩散源距离大于 1 的节点；另一方面，信息扩散还存在信息量的衰减，即网络中节点之间信息量的扩散会随着距离的增加而减少。因此，信息是一种扩散的效果，如果将安全信息的扩散作为有益信息的正向传递，那么，干扰信息的扩散则是一种反向削弱。

对于安全信息扩散来说，为了最大地节约资金的花费，实现网络结构的本质安全，就需要应用有效的方法和措施，来达到网络安全利益的最大化。因此，为了使安全信息能够尽可能快速和广泛地传播出去，提高扩散的效率和范围，安全信息扩散源一般选择网络中的重要节点或中心节点；对于干扰信息来说，就要尽可能地使之缓慢、局部地进行扩散，控制其影响范围，阻止、切断干扰信息的源头，使之湮没在网络中。结构本质安全的复杂网络中的不同个体具有不同的信息度，当一个安全信息需要扩散出去时，首先由系统中具有较大扩散面的个体进行扩散，反映在复杂网络中一般认为具有最大影响力的个体开始扩散安全信息。当一个干扰信息在进行扩散时，就需要使之在较小扩散面的个体进行扩散，反映在复杂网络中一般认为具有最小影响力的个体扩散干扰信息。为了控制信息的扩散效率就需要对复杂网络中个体的影响力进行估计。

1.2.3.3 复杂网络结构本质安全信息扩散

复杂网络结构的本质安全就是网络中节点的本质安全，为了描述节点的本质安全，就需要对节点的状态进行定义。在复杂网络的信息扩散中，各个节点代表系统的各个个体，而连接则表示它们之间有通信关系，会实施信息的扩散。其中网络中的每个节点都具有接收和扩散信息的能力，通过接收或扩散信息，每个节点可能处于以下三种状态中的一种。

（1）扩散态。信息量高于扩散态阈值且在网络中扩散信息时的状态，记为 R，初始网络中信息扩散源处于扩散态。在信息扩散过程中，处于扩散态节点有机会通过释放能量转换成已知态。

（2）已知态。信息量高于最低信息量（已知态阈值）且低于扩散态阈值，并不会扩散信息时的状态，记为 S。在信息扩散过程中，处于已知态节点有机会通过接收能量转换为扩散态。

（3）未知态。信息量低于已知态阈值时的状态，记为 D。在信息扩散过程中，处于未知态节点有机会通过接收信息转换成已知态或扩散态。

如果将信息量归一化的话，三种状态的信息量如图 1.4 所示。这里需要对节点状态转换说明的是，如果信息量是连续增加的，当由未知态转换为扩散态时，由于未知态的信息量低于已知态，所以转换为扩散态时必然会经历已知态，为了实现节点由未知态跳过已知态转换为扩散态，这里规定状态转换时间包含信息量变化时间。也就是说，节点状态转换在节点的信息量变化最终完成之后进行，待节点的状态转换完成之后再进行网络的信息扩散。

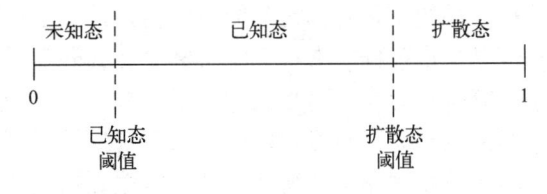

图 1.4 节点状态的信息量示意图

三种状态间的转换情况如图 1.5 所示。为了分析简便，这里用概率来简单描述节点状态间的转换关系。其中未知态节点受到信息扩散后，由概率 α 转换为已知态，有概率 γ 转换为扩散态；已知态节点受到信息扩散后，由概率 β 转换为扩散态；扩散态节点在进行一次扩散后由概率 δ 转换为已知态。定义 $\lambda = \beta/\delta$ 为有效扩散率，不失一般性，这里假设 $\delta = 1$。

从节点状态转换关系可知，在信息扩散过程中，扩散态可以转换为已知态或继续保持扩散态,已知态可以转换为扩散态或继续保持已知态,未知态可以转换为扩散态或已知态或者继续保持未知态。

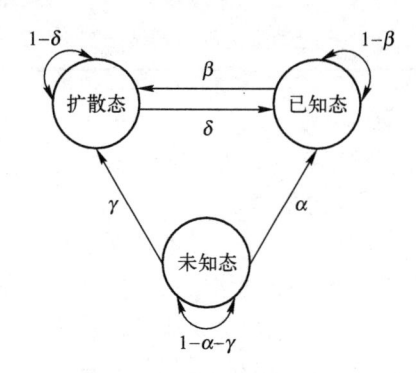

图 1.5　节点状态转换关系

1.2.4　系统演化涌现理论

比利时物理学家普里高津(Prigogine)于1976年提出了耗散结构理论。该理论揭示了非线性涨落与系统结构、功能之间的关系,具有重要的系统科学方法论意义。许国志将系统结构、状态等方面的时序变化称为系统演化,将系统产生有序结构或功能的现象称为系统突变。基于此,可以将耗散结构理论重新理解为,一个远离平衡态的复杂系统一直处于不断演化之中,其突变是由系统各组元之间的非线性协同作用所导致的。复杂系统演化的内部根据是非线性作用,外部条件是系统的充分开放性。涨落的结果是系统某种不稳定性的存在,而涨落的类型则影响着系统演化的分支。

系统耦合理论认为,引起系统演化的更深层次的原因是系统组元之间的复杂非线性耦合作用。该非线性耦合作用导致了系统输入输出的不平衡以及各层次上子系统之间的异质性,形成了系统不同层次和不同能量的涨落,进而超越系统当前结构、功能的区域分割,按新的耦合属性、功能跃迁到新的有序状态,重新聚合为一个有机整体。相关学者进行了生态系统的耦合原理与方法的研究,阐述了耦合效应在系统演化中的作用。

复杂系统脆性理论认为系统演化遵循是从简单到复杂,从小规模到大规模的规律。在开放的物质、能量和信息交换过程之中,系统必然要受到外部因素的干扰。一旦某些干扰因素是致命的,子系统将会崩溃。而受到崩溃子系统影响到的其他子系统,也可能发生崩溃。这种影响作用由点及面,最终向整个复杂系统扩散。可见,复杂系统脆性理论着重分析了系统涨落的形成原因和系统崩溃机理。脆性是指复杂系统在受到外界打击时容易崩溃的性质,是系统的基本属性。系统内部组元之间的脆性联系是某个崩溃的子系统波及各子系统受到影响和破坏的本质原因。整个复杂系统崩溃是随着子系统崩溃数量和层次的增加发生的。

系统涌现理论在揭示系统结构、行为、功能新质出现方面,较耗散结构理论、脆性理论更为深入。涌现发生于系统宏观层次,任何系统组元及其总和都没有该新质。该理论强调复杂系统的层次性,既区别分析整体性质和部分性质,又主张运用双向关联的方法探索整体与部分或者宏观与微观之间的联系,从中找到系统涌现的根源、机制。安全性是"系统级"的涌现属性，决定了涌现理论用于系统安全性分析的必要性和有效性。

耗散结构理论阐述了复杂系统演化的总体框架，从定性角度明确指出远离平衡态条件、非线性作用机制、涨落诱因综合决定了系统演化的突变分支；系统耦合理论强调非线性作用的基础性地位，进一步解释为非线性耦合作用。认为是非线性耦合作用导致系统属性改变、结构功能重组，进而形成涨落推动系统演化；复杂系统脆性理论同样关注非线性作用，着重研究了导致系统崩溃的恶性演化过程。认为脆性是系统的固有属性，将非线性作用具体化为横向和纵向的脆性联系。非线性耦合作用涵盖了正向发展的积极作用和负向崩溃的消极作用。脆性联系作为负向崩溃作用，是非线性耦合作用的具体方式之一。二者具有理论上的一致性。系统涌现理论采用了逆向研究思维，从系统宏观层次上新的结构、模式和性质着手，运用微–宏观效应、双向关联等层次化方法探求系统突变机理，丰富和完善了耗散结构理论。

综上所述，复杂系统演化涌现是由非线性耦合作用，通过宏微观双向关联的层次化作用方式，改变系统的属性和功能，进而形成一系列涨落，决定系统突变分支的选择。其演化方向由非线性耦合作用的性质和类型决定，其发生作用的时机是系统远离平衡态。就复杂装备事故系统而言，危险因素是装备系统的脆性源。它们之间的非线性耦合作用导致不稳定危险状态数量和层次的增加，不断驱动装备危险系统动态演化。不稳定的危险状态类型和危害程度代表着涨落类型，决定了装备系统的演化方向。当系统危险由纵贯宏微观的层次化非线性耦合作用形成巨涨落时，系统达不稳定临界点时，即将涌现为装备事故。

演化方程是描述系统状态转移的工具，通过函数表达各状态变量对系统演化的影响关系、作用规律。演化方程适合描述系统演化的宏观变化趋势，而在揭示系统演化的内在动因、结构变化时较为薄弱。这是因为复杂系统内部组元之间存在大量非线性作用，导致系统呈现出不确定性和不可逆，使用低维微分方程描述会出现混沌现象，高维方程则会出现 NP 问题。由玻耳兹曼（Botlzmann）发展起来的经典非平衡统计力学，跳出了传统方程模型的束缚，引入"概率""熵"等表示不确定性的概念进行描述，将相关联的组元处理成按特定方式排列组合的系统。熵的实际意义就是系统各组元由非线性作用而彼此关联的程度，从而能够深入系统内部揭示系统演化的内在动因和机理。香农（Shannon）进一步引入"信息熵"代替了经典力学中确定性的力和能量的概念。

1972 年，法国数学家勒内·托姆创立了突变理论（Catastrophe Theory，CT），用以研究系统连续演化中出现的突变现象，解释突变与连续变化因素之间的关系。突变理论以奇点理论、拓扑学和结构稳定性理论为工具，建立初级突变模型，并利用分叉集性质判定、控制突变现象。该理论成功描述了事物形态、结构突变规律，为进行系统演化定量分析提供了有效方法。通过寻找适合的系统势函数，选择初等突变结构，便可建立系统具体的突变模型。

复杂网络将系统中的组成元素简化为节点，将元素之间的信息交互简化为连边，并且根据不同的现实情况赋予节点和连边不同的属性。因此，复杂网络具有探索复杂系统信息交互的先天优势，近些年来已经成为研究复杂系统安全信息辐射的主要方法和焦点。研究安全信息扩散过程就是分析网络中节点间的信息接收、处理和传输。能够估计个体的影响力并进行排序，同时，还能预测信息扩散对网络整体的影响情况，达到评估网络整体安全性的目的。近年来，越来越多的学者加入到复杂网络中的信息扩散研究。对于目前信息扩散的研究来说，其中有三个基本的研究方法：平均场理论、元胞自动机和蒙特卡罗仿真等。

1.3 装备安全性管理的发展历史

自 20 世纪 90 年代以来，以信息技术、系统工程、新材料和能源技术等为核心的新技术革命渗透到复杂装备设计、研制领域。复杂装备安全管理正在由事故调查处理向事先预测防范，纵向单一管理向系统工程管理，传统经验管理向科学定量管理转变。在这个转变过程中，复杂装备系统安全性演化涌现机理成为亟待解决的最本质、最基础的科学问题之一。随着状态维修和故障预测与健康管理的成熟和应用，复杂装备系统安全性分析能够获得更为实时精细、准确全面的数据，为运用复杂系统理论和非线性动力学深入到装备系统部件、子系统等微观层面分析其整体安全性的多层耦合效应提供了可能。

装备安全性管理针对装备全寿命周期过程中存在的危险，采取一定的方法手段进行辨识、分析，进而予以消除和控制，尽可能降低各类事故发生的可能性以及由此造成的损失，装备良好的安全性是装备安全管理的基础，能够确保有较低的事故率。随着大批新型装备的列装，部队装备安全性管理面临更大的挑战。各国军队纷纷将装备安全性管理作为一项基础性工程，努力搞好装备质量安全工作。

1.3.1 我军装备安全性管理发展历史

我军装备安全管理工作是在新中国成立后，随着武器装备建设从仿制到自行研制、从常规到尖端、从陆军为主到多军兵种发展的划时代转变，逐步形成系统较为配套、结构较为完整的现代武器装备体系。经过 60 多年的建设发展，我军装备安全性管理体系不断完善，形成了一套科学化、制度化、标准化的安全工作法规。该法规涵盖了装备服役全过程，涉及装备技术状态监控、人员岗位培训、维护作风和安全操作规程等各方面。例如，明确安全发展理念的指导地位，树立装备建设又好又快发展的战略目标；对于重大武器装备科研生产项目，实行严格的质量安全责任制，实行质量问题"双归零"制度，推动质量、进度、安全与效益的落实；结合装备技术保障实际，围绕人员、设备和工作环境，把装备安全管控责任和指令落实到各个岗位、作业环节和系统部件，持续强化"一手工作质量"和"质量安全监控"。自 20 世纪 70 年代末开始，我军引进了许多系统安全管理理论和方法，并在应用中取得了一系列成果。参考 MIL-STD-882B 等相关标准，制定了《系统安全工程手册》GJB/Z99—97 和《系统安全性通用大纲》GJB900—1990；借鉴国外先进的安全性理论，进行装备服役安全性的人—机—环境耦合特性研究。然而，在安全事故得到有效控制的同时，装备安全性管理也暴露出一些问题：

（1）部分装备安全性不高，使用/维修事故隐患较多。由于受到当时设计方案、技术成熟度、制造工艺的影响，部分装备安全性设计不完善，相关试验不充分，存在机载安全监测系统不完备、设备维修可达性差等情况。此外，少数新列装的装备也暴露出故障模式复杂隐蔽、安全可靠性不高、对环境条件的依赖性大等问题，导致安全隐患较多，质量安全工作效益不明显。

（2）装备科技含量急剧提高，安全管理工作日益复杂。我军正处于转型建设和跨越式发展的关键时期，装备更新换代加快，新型装备大批列装。由于广泛采用高新技术、先进工艺，装备科技含量显著增大。当前，高技术装备在部队装备体系中所占的比重较大，担负着一系列重大战训任务，例如中外联合军演、索马里护航、汶川救灾、反恐维稳、MH370 搜救等。因此，客观上要求这些装备必须拥有更高的服役安全性。但是，由于我军装备型号不一，兼有进口和自制，甚至还有后续技术改装的。装备使用/维修技术标准不能通用，管理要求难以统一。在实际服役过程中，装备安全性水平还不能很好地满足战训任务需求。

（3）复杂装备安全性认识不够，安全管理技术手段相对落后。装备更新换节奏快，而复杂装备的安全性管理方法和手段还没有发展成熟，给安全性管理造成了巨大冲击。目前，我军实施的以可靠性为中心的维修（Reliability Centered Maintenance，RCM），基于状态的维修（Condition Based Maintenance，CBM）和故障预测与健康管理（Prognostic and Health Management，PHM））还处于研究探索阶段，部队也没有相应的定量安全性分析模型和工具。随着高技术装备增多，部队官兵对复杂装备服役安全性认知矛盾加剧，存在安全技术薄弱、技术设备和安全技术操作规程缺乏等现实问题。

1.3.2 外军装备安全性管理发展历史

外军非常重视装备安全性管理，以法规文件的形式明确装备系统各寿命阶段的安全性管理内容和要求，形成了较为成熟的全系统全寿命安全管理模式。外军注重装备安全性指标论证、研制质量控制，并采用冗余备份和集成设计等先进可靠性设计方法，大大提高了装备固有安全性。部分国家军队提出了一系列安全操作标准，设立了安全管理机构和院校。美军在连级以上单位都设有安全官，专门负责安全措施的制定、实时进行安全教育，努力提高全员安全意识和能力。此外，在美国国防部、各军兵种部还设有安全部门，指导和加强装备安全性管理工作；印度空军成立专门的安全学校，负责培养飞行安全保障人员、技术检查人员以及装备事故调查人员。

以美军为代表的军事强国还不断发展装备安全理论，逐渐超越了经典的 RCM 理论和简单的戴明环（Plan-Do-Check-Act，PDCA）安全评估理论，引入"人—机—环境"系统工程思想，提出了系统安全性理论。考虑人因差错和外部环境对装备服役安全性的影响，进行了"人—机—环境"耦合分析和基于控制论的驾驶员模型研究；发展军机适航理念，对飞机各系统建立结构完整性大纲。通过适航条例对飞机使用参数进行限制，制定飞行手册规范飞行员的操纵，最大程度地满足"人—机—环境"耦合特性。20 世纪 70 年代，故障诊断技术、状态检测技术、传感器技术取得了巨大进步。装备系统的信息化和集成化程度大幅提升，导致装备安全性管理工作重点由机械系统逐步转变为基于信息技术的安全决策。美军于 20 世纪 90 年代末提出了基于状态的维修 CBM 理论。该理论主张对装备进行状态监控和实时评估，由此确定装备维修的内容、时机和方式。显然，传统的机内测试（Build-in Test，BIT）和状态监控能力无法满足 CBM 有效实施的核心要求。在此情况下，PHM 技术应用而生。PHM 技术采用先进的传感器技术采集与系统属性有关的特征参数，通过各种信息关联分析进行故障管理、健康评估和寿命追踪。美空军在第四代战斗机 F-35 上构建了的 PHM 技术双层体系（包括机载智能实时监控系统层和地面飞机综合管理层），使 F-35 出动架次率提高 25%，使用寿命达 8000 飞行小时，显著提高了飞机安全性、任务成功率和战备完好率。2000 年 7 月，美国国防部将 PHM 作为提高装备安全和可用性的综合性技术列入《军用关键技术》报告。当前，世界发达国家面对信息化条件下装备安全性管理面临的新情况、新特点，大力研发新技术、新材料、新工艺，积极发展信息融合的装备危险诊断和状态分析方法以及网络为中心的维修技术、智能维修和虚拟维修技术，提高复杂装备服役安全性水平。

1.4 复杂装备服役安全性研究中亟待解决的问题

目前，我军在复杂装备服役安全性方面研究基础较为薄弱。近年来，逐渐引起了相关单位和学者的重视，积极进行复杂装备服役安全性理论探索、方法改进、技术创新等方面的研究。虽然取得了不少成果，但是对照复杂装备安全发展要求和部队装备安全性管理工作实际需求，还存在以下几个方面的问题亟待解决。具体如下：

（1）复杂装备服役安全性分析框架问题。由于装备安全性工作涉及很多专业领域，具有较高的综合性和复杂性，我军一直没有建立一套较为规范的装备服役安全性分析框架。当前，新的安全理论、安全技术很多，在以可靠性理论为基础的传统安全性分析理论之后又出现了耗散结构理论、系统耦合理论、脆性理论等新的复杂系统安全性分析理论。但是，这些理论在安全性分析领域的研究相对分散，没有从装备系统安全管理理论的高度形成一个有机的整体框架。此外，随着装备复杂性的加剧，其服役安全性呈现出许多新的特点。复杂装备安全性分析框架的构建既要集成先进安全性分析理论，又要结合复杂装备安全性具体特性。因此，复杂装备服役安全性分析框架将是一个多理论、多模型、系统化的综合分析体系。

（2）复杂装备服役安全性演化模型问题。虽然耗散结构理论、脆性理论、可靠性理论等为复杂装备服役安全性演化涌现提供了有效手段，取得了不少研究成果。但是，这些研究都没有深入到装备系统微观层面的危险因素作用规律中去。而事实上，系统安全性演变是由系统内部组元的耦合作用驱动的，环境对系统的作用最终也参与到系统组元耦合作用过程之中。只有通过阐明危险因素与其传递结构的演变关系，才可以进一步探明装备事故的本质致因、演化过程、涌现机制。可见，系统组元耦合作用是安全性演化微观层面的呈现，将研究切入点定位在危险耦合上就可有效描述其演化过程；此外，装备安全性是系统部件在各种非线性协同作用下表征出来的一种整体涌现性。必须通过宏观—微观双向关联的方法才能够完整描述复杂装备服役安全性演化涌现。因此，复杂装备服役安全性演化涌现模型是一个纵贯宏微观层面的多层次耦合描述体系。

（3）复杂装备服役事故涌现判据问题。复杂装备事故涌现是指装备系统底层微观危险活动相互作用而导致更高层次安全性崩溃的结构、模式和性质。研究系统微观组元作用机理及其对系统宏观安全的影响，已有的研究成果主要从复杂网络、脆性理论、系统可靠性等角度展开。由于没有阐明组元作用与系统结构稳定间的内在耦合关系，难以提供系统事故涌现的有效判据。由 1.2 节可知，熵能够建立微观层面系统组元关联关系和系统宏观状态之间的概率联系。熵与突变论分别描述了复杂系统的连续演化和不连续涌现过程。因此，复杂装备安全性分析可以在结合熵和突变论的基础上，选取具体模型进行研究。

（4）复杂装备服役安全性仿真综合分析验证问题。长期以来，部队在装备服役过程中对其安全性水平未能掌握。如何进行充分有效的装备服役安全性分析和验证一直是困扰部队装备安全管理工作的难题。一个可行的途径是设计复杂装备服役安全性综合仿真架构和平台。该仿真平台能够实现以下功能：一是简化规范复杂装备服役安全性分析流程，便于工程化。安全性分析是一项复杂、计算量大和需要综合考虑的因素较多的工作，仅仅依赖手工去计算、分析，是不太现实的。二是集成多种安全性分析方法，便于综合决策。安全性分析是一门多因素统筹决策的学科。由于自身的局限性，安全性分析技术均难以进行系统的事故分析。因此，提出了一种综合 FMEA、ESD、FTA 等技术的集成事故分析方法，可以更准确全面地为管理者提供制定安全管控措施的依据。三是可以"分析—预判—验证"系统级安全性。通过系统安全性仿真，既能获得大量服从任意分布的安全性基础数据，也能进行反映所有危险状态、不依赖主观经验的实时安全性评估，从而验证其他安全性分析方法所得结果的正确性。

通过对以上四个关键问题的分析可知，复杂装备安全性演化涌现是一个多理论、多模型、多层次耦合的系统化过程。因此，其分析框架必然是分层次的，且各层分别选取合适的理论和模型。主要包括两方面：①某时刻装备系统危险的静态描述，主要为危险层次结构；②装备系统危险演化的动态描述，主要为各层次危险耦合阶段演化关系和整体层面的系统演化时序关系。据此将复杂装备系统危险结构表示为：

$$S_{MH} =< X, C > \tag{1.8}$$

式中，X 为复杂装备系统危险结构 S_{MH} 中所有危险因素构成的集合；C 为所有危险因素之间耦合关系的集合。

由于 S_{MH} 又包含了若干子系统，则可进一步表示为：

$$S_{MH} =< S_{sub}, C_{sub} >, \quad S_{sub}(i) =< X_i, C_i > \tag{1.9}$$

式中，S_{sub} 为装备危险子系统集合；C_{sub} 表示装备危险子系统之间的耦合关系集合；$S_{sub}(i)$ 为第 i 个装备危险子系统；X_i 为 $S_{sub}(i)$ 中的所有危险因素的集合；C_i 表示 $S_{sub}(i)$ 中危险因素之间耦合关系的集合。

复杂装备安全性演化涌现的动态描述可从两个角度考虑：①以状态变量描述装备危险演化总体时序趋势；②按照装备安全性演化过程的不同特性划分为若干阶段，探寻每个阶段系统演化的微观影响因素和作用机理。建立复杂装备系统危险演化各阶段的普适演化函数形式如下：

$$y_{i-(i+1)} = f_{i-(i+1)}(x_1(t), x_2(t), \cdots, x_n(t)) + \delta_{i-(i+1)} \tag{1.10}$$

式中，$y_{i-(i+1)}$ 为描述复杂装备系统危险从阶段 i 到 $i+1$ 的演化状态变量；$x_1(t), x_2(t), \cdots, x_n(t)$ 表示该演化阶段的自变量；$f_{i-(i+1)}$ 为阶段 i 到 $i+1$ 的状态变量与因变量之间作用关系的函数，是所涉及模型的统一抽象表示；$\delta_{i-(i+1)}$ 为该阶段的随机变量。

依此类推，直到复杂装备安全性演化进入有序发展状态或事故涌现状态为止。

第 2 章　复杂装备安全事故发展过程与统计分析

2.1　装备事故定义

　　装备事故定义通常分为狭义与广义两种。狭义的装备事故是从装备本身损失的角度来定义的，是指装备的意外损失，主要包括装备的损坏或性能严重下降等情况。广义的装备事故则是指在装备研制、试验、使用、维修和勤务保障过程中，由人为、机械故障和意外危害等原因造成人员、装备、设备、设施等一定程度伤害和损失的事件。既包括装备本身的损失，也包括在装备活动中因各种原因造成的其他损失。GJB900—90将事故定义为"造成人员伤亡、职业病、设备损坏或财产损坏的一个或一系列事件"，属于是狭义定义。

　　从广义的范畴来认识装备事故的理由主要有三点：

　　（1）从装备的全寿命过程看，装备事故主要发生在使用、维修、保障、退役等阶段，虽然在交付部队前，只能算是在研品或者试验品，尚不能称之为装备，但是许多重要装备在科研试验、试飞、试航等阶段可能因种种原因发生事故，严重影响装备的发展，因此装备的全寿命周期也应纳入装备事故的管理范畴，统一实施安全性管理。

　　（2）从导致装备事故发生的因素看，主要包括人为、机械故障和意外危害等因素，这些因素在装备的全寿命各个阶段，都可能导致事故发生。

　　（3）从伤害和损失的对象、程度和范围看，主要包括人员、装备、设备、设施等各种对象，只要达到一定程度伤害和损失的事件，都可以定义为装备事故。例如，与装备密切相关的核事故、化学事故、飞行事故、舰艇事故、误击误炸事故、工程作业事故、车辆交通事故、火灾事故、触电事故、中毒事故等安全事故，都是装备事故的范畴，并且随着我军高新技术装备的大量列装，飞机、潜艇、雷达、导弹等高价值、高风险装备日益成为安全管理的重点。

　　从广义的范畴来认识装备事故，与联合参谋部（原总参谋部）颁发的《中国人民解放军事故报告与登记统计规定》在本质上并不矛盾。事故的报告与登记统计必须及时、规范、分类明确，如此才能有利于进行事故致因分析，研究特点规律，快速制定对策。例如，因战斗出动、使用、保障活动而造成的损失与消耗，一般不统计为装备事故，而是计为作战损耗。但就装备的安全管理而言，必须对作战中人员与装备的损耗情况进行全面的分析研究，并将其作为提高装备安全性与战时装备安全管理水平的重要途径。

　　综上分析，装备事故的构成具有三个基本要素：一是具有破坏性。这是事故的本质特征，具体表现为酿成人员、装备损失或者对国家、军队声誉造成损害等。二是具有非正常性。它不同于那些正常的战斗损失和装备的自然损耗，主要是指事故造成的人员伤亡以及装备损失是非正常的、不必要的牺牲和损耗。三是具有量的规定性。即事故的发生所造成的损失需要达到一定量的标准和一定性质的界限，才叫事故。

2.2 装备安全事故发展过程

从事故的发生、发展和消亡过程看，装备事故本身具有一定的规律性。一般来说，装备事故隐患的产生、发展和演变可以分为三个阶段，即事故的孕育阶段、事故的发展阶段和事故的损失阶段。

1. 孕育阶段

装备事故的孕育阶段是事故的最初阶段，是一个量变过程，在这个阶段由于影响事故的各种因素逐渐形成，事故隐患处于积累阶段。因此，此时的事故隐患处在无形的、隐蔽的状态。人们可以感觉它的存在，估计到它必然存在，但是不能指出它的具体形式和形态。各类装备事故的发生都有其复杂的原因，其中既有显性原因也有隐性原因，既有人员、装备、环境、信息和管理等方面的原因，也有系统性原因。例如，在导弹的研制发展过程中，在相当长的一个时期内，不管各国的工业基础、材料质量、工艺水平、人员素质及管理水平如何，导弹装备在设计和制造过程中都会存在着不少潜在危险，诸如燃料泄漏、喷口裂纹、弹体疲劳应力集中等问题。这些潜在的危险或隐患，在平时不会显现，只有在导弹试验或发射过程中才会逐渐暴露出来。在装备最初的研制、使用阶段，人们只能感觉和预测到它的存在，但具体在什么时间、发生何种事故，人们还不能准确地说明。

2. 发展阶段

装备事故的发展阶段，事故处于萌芽状态。随着事故隐患的不断积累，当积累到一定的程度时，便进入事故发生的临界状态，再加上安全管理的缺失以及使用环境的影响，于是，便发生了装备不安全状态和人的不安全行为。因此，在装备使用维修过程中可能会发生各种事故征候或安全问题，即事故危险因素，这些危险因素就是事故苗头。在这一阶段，人们可以大致指出事故可能发生的形态。故此阶段是安全管理的重要时期和最佳阶段，主要是通过各种管理和技术手段将各种事故苗头发现并消除。如果始终没有开展有效的事故预防工作，不能将事故苗头扼制在萌芽状态，当事故隐患积累到一定程度后就会发生质变。那么，事故就必然出现。

3. 损失阶段

在装备使用和维修保障过程中，当事故隐患或危险因素被某些事件触发后，如使用环境恶化、维护不当、操作失误等，事故就发生了，结果可能造成人员伤亡和装备财产损失。随着事故的发生，作为现象的事故隐患已经演变为事故结果。但是，事故隐患并不会因为事故的发生而全部消亡，它将会在事故发生后重新开始积累进入下一次循环，在一定条件下导致新的事故。

装备安全工作的目的就是避免发生事故造成损失。因此，要坚持预防为主的方针，通过预防将事故隐患消灭在孕育阶段和发展阶段，切断事故链，达到避免发生事故的目的。

2.3 装备事故统计分析

装备事故特点研究可以分析事故分布规律，为事故的预防找准主要方向。通过对装备事故资料进行分析，可以明确装备安全性工作的重要性，找准提升系统安全性的具体方向。本节对国内外装备事故资料进行梳理，分析其总体分布特征并对事故原因进行总结归类，为后续事故分析提供资料支持。军机作为复杂装备的典型系统，具有显著的统计分析与适航研究应用价值。本章主要以军机事故资料展开。

2.3.1 总体统计分析

2.3.1.1 总体概况

1. 军机事故

我国军机飞行事故主要分为等级事故和飞行事故征候两种，其中等级事故分为三个等级。按照我国军机事故分类标准对掌握的国内外军机事故资料进行分类统计。从图2.1中可以看出飞行等级事故中三等事故相对较少，严重飞行事故占飞行事故总量的83%。飞行等级事故的数量虽然比较少，但是等级事故造成的损失都十分巨大，尤其是一等飞行事故中，飞行员的损失是无法用金钱衡量的。要从历年发生的这些等级事故和飞行事故征候中查找原因，不断提升系统的安全性水平避免类似事故再次发生，不断对安全性指标进行优化调整，提升军机系统适航性验证工作的有效性，降低事故的发生概率。

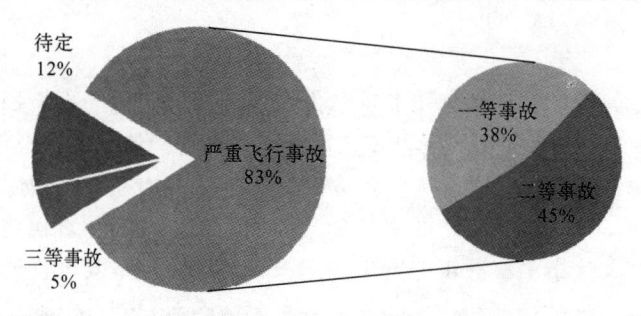

图2.1 飞行等级事故统计图

2. 军机不安全事件

通过事故资料梳理发现军机不安全事件（重大质量问题和较大故障）呈现逐年递增的趋势，这与军机的整体飞行安全形势并不吻合。分析原因有两点：一方面说明随着信息化程度的发展，关于各类飞行安全问题的数据收集日益细致；另一方面说明虽然军机的安全性问题日益得到更多的关注，但随着飞行任务的增加，飞行科目难度的加大，军机飞行安全形势仍然需要得到重视，其中军机自身的安全性问题尤为突出。这就要求我们对军机安全性问题进行更加深入的研究，找到更加有效的方法提升系统安全性水平。

2.3.1.2 特点分析

与民航飞机相比，军用飞机在很多方面都具有特殊性。其事故特点也与民航有许多不同之处。例如：大约有 40%的军机飞行事故无法查明其具体原因。这是由于军机飞行环境、任务结构复杂，受外界环境影响较大，地理位置、天气变化等因素对飞行任务的完成都会产生很大影响。其次，军机管理因素和装备维护使用等因素同样影响飞机的系统安全性，不同人员使用同样的飞机去执行相同的任务，飞机的事故概率也存在着差异。

1）飞机自身质量决定飞行安全

根据资料统计，排除飞行员因素，军机的不安全事件主要包括较大质量问题、飞行事故、事故征候以及维修差错等，如图 2.2 所示。图中显示的不安全事件中约有 65%是由于军机存在较大质量问题引起的；其次是机械原因飞行事故征候约占 10%。所有不安全事件中造成损失最大的是机械原因飞行事故、机械原因地面事故以及其他原因造成的飞行事故，总计占不安全事件的 11%。飞机自身质量存在缺陷的根源是飞机自身安全性设计水平和制造质量不达标，针对造成严重损失的事故进行重点分析，提出针对性的防控措施可以有效提升其安全性水平，能够大幅减少不安全问题的发生，降低事故造成的巨大损失。

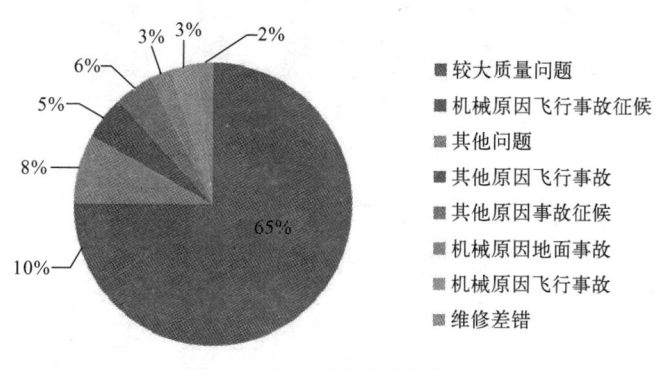

图 2.2　军机不安全事件概况

2）巡航阶段重大事故比例大

对近年来国内外军机飞行事故资料按照事故发生阶段进行分类梳理。统计结果发现与民机不同的是军机飞行事故的多发阶段为巡航阶段，虽然事故发生量总体呈现下降趋势，但是下降速度较为缓慢。对于军机而言，由于巡航阶段占据了飞行过程的大部分时间，也是各类作战飞行任务的主要执行阶段，军机在巡航阶段可能处于极端工作环境，飞机执行复杂动作命令，飞机和飞行员处于一种大载荷、大过载、大机动和高度紧张状态，因此其发生事故的可能性也相对较高。巡航阶段可能遭遇的危险也很多，包括发动机失效、电子系统故障、飞行员误操作、侧风、能见度低、鸟撞以及恶劣天气等。飞机在巡航阶段出现故障最终导致的事故等级也相对较高，飞行员的生还率较低。

3）故障多集中在发动机、起落架以及滑油系统

对掌握的国内外军机事故资料按照故障所属系统进行梳理分析，发现发动机系统、起落架系统和滑油系统出现的故障大约占据了机械原因事故征候的 70%。发动机系统故障是机械原因事故征候的主要致因，发动机系统的故障主要集中在发动机鸟撞、叶片断裂、发动机内部螺栓松动以及防喘振功能失效等。起落架系统的故障主要集中在机轮转弯失效、起落架下方收回功能故障、机轮摆振以及刹车系统失灵等。滑油系统故障主要有滑油压力异常、滑油系统传感器故障以及油液污染导致的油滤堵塞等。

根据帕累托原理对机械原因事故征候进行分析，如图 2.3 所示。其中，A 类因素为发动机系统、起落架系统、滑油系统和液压系统；B 类因素为燃油系统；C 类因素为其他系统。由帕累托原理可知 80%故障源自 20%的系统，这些主要故障系统就是图中分析的 A 类系统，提升 A 类因素的系统安全性可以显著提升军机整体的安全性水平，事故分析的关注重点也应该是 A 类因素事故。

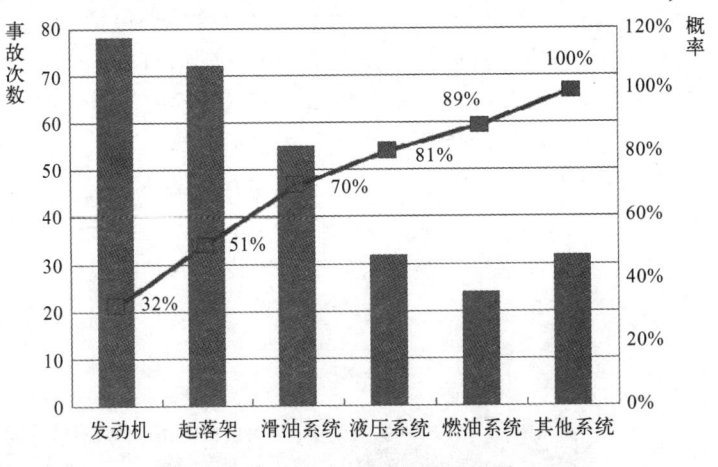

图 2.3　军机故障系统帕累托图

4）地面阶段、滑行起飞阶段和进近着陆阶段事故连续多发

通过对近年来国内外军机事故资料进行梳理发现，地面阶段、滑行起飞阶段和进近着陆阶段连续多年不间断发生飞行事故或事故征候，并且事故量居高不下，属于事故资料分析需要重点关注的飞行阶段。这几个飞行阶段的事故产生原因主要集中在起落架系统故障，约占这几个飞行阶段事故总量的 85%以上。因此，如何有效提升起落架系统的安全性成为降低这几个飞行阶段事故率的突破点。

2.3.1.3　原因分析

随着飞机系统复杂性的提升，对于飞机系统安全性的要求也越来越高。只有找准导致装备事故发生的真正原因，有针对性地提出对策措施才能真正达到预防事故、控制后果的目的。

下面结合具体数据，从人—机—环—管等角度对国内外军机各类事故的致因进行具体分析，查找问题的根源，促使飞行安全性水平得到全面稳步的提升。通过对飞行事故原因进行分析制定出了飞行事故的致因模型，如图 2.4 所示。

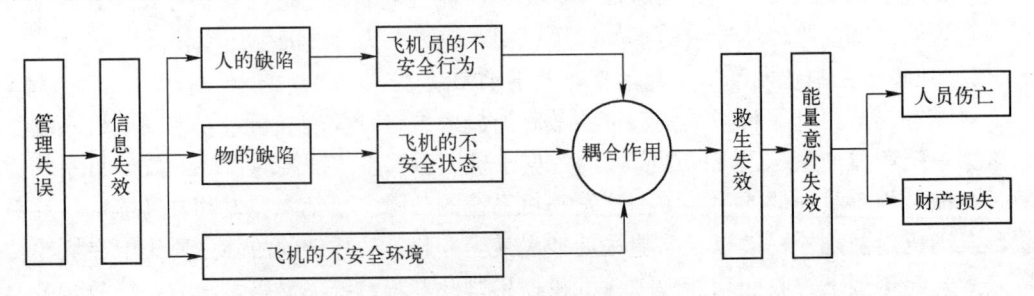

图 2.4　军机事故致因模型

1. 人为因素

人为因素对飞行安全的影响主要涉及以下三个方面：

1）机组操纵不当

机组操纵不当主要体现在飞行员对飞机的操纵过于生疏，导致飞行中出现误操作引发飞行事故。飞行系统的高度自动化是导致飞行员飞行水平下降的主要原因，过度依赖智能化技术使得飞行员忽视训练，自身的飞行水平下降。在飞机系统更加智能化的同时，更要重视飞行员自身的飞行技术训练，只有过硬的技术才是飞行安全的根本保障。通过对国内外军机事故致因进行分析，发现人为原因导致的飞行事故约占事故总量的一半。

2）违章违规飞行

航空安全的基础是遵守各项规章制度，机组人员必须按照飞行手册要求进行操作，严格执行规章，将制度落到实处，严禁出现忽视制度、标准化意识淡薄的情况。事故资料分析显示，由于机组违规操作导致的飞行事故时有发生，这类事故的发生是完全可以避免的。

3）机组应急能力不强

当飞行状态出现偏差时，机组的应急处置能力不强，不能及时修正飞行状态。对国内外军机等级事故的致因进行分析，发现由于人为因素导致的等级事故比例高达55%，能否在特殊情况下采取有效应对措施决定了最终的事故等级。只有注重日常训练，加强应急处置能力的提升，才能在出现险情时做到有效应对，降低事故等级，减少造成的损失。

2. 机械因素

造成机械故障的主要原因有以下三个方面：

1）发动机、起落架系统导致的事故多

军机机械原因导致的飞行事故、事故征候以及地面事故中发动机系统和起落架系统所占比例最高，达到了机械原因事故总量的75%以上。

发动机问题主要集中在发动机鸟撞、叶片断裂、发动机内部螺栓松动以及防喘振功能失效等原因。对国内外近年由发动机质量问题引发的机械事故进行原因剖析，如图2.5所示。统计结果表明发动机泵是出现质量问题最多的系统，占总量的31%，其次是发动机涡轮，占比18%。泵及涡轮系统出现的问题多集中在裂纹、机械部件变形以及打伤，出现这些故障的原因除了系统部件自身存在质量问题外，鸟撞和由其他系统故障引发的发动机问题也是主要原因。

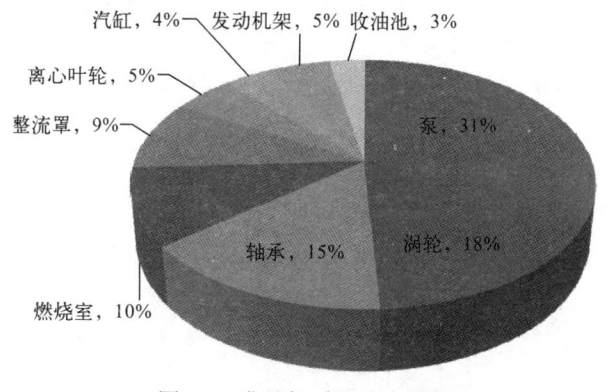

图2.5 发动机系统故障梳理

起落架系统的故障主要集中在机轮摆振、起落架下方收回功能故障、机轮转弯失效以及刹车系统失灵等。根据掌握的事故资料对起落架系统机械故障按照故障所属分系统进行分类,如图 2.6 所示。起落架系统故障的问题主要集中在前轮转弯分系统,约占起落架系统故障总量的 43%,其次是轮胎系统和刹车系统。因此,重点分析飞机前轮转弯系统,提升前轮转弯系统的安全性水平能够有效控制起落架系统整体的安全性。

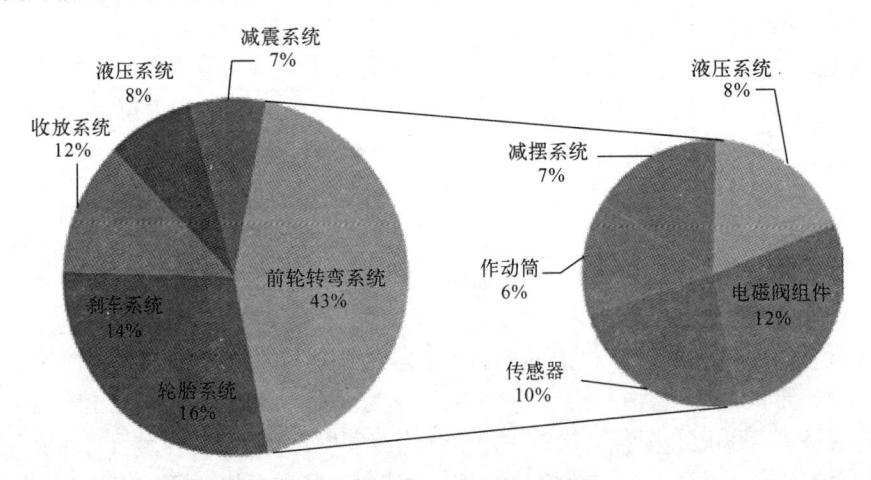

图 2.6 起落架系统故障划分

2)老龄飞机、歼击机发生的事故多

对掌握的国内外军机机械原因导致的事故征候资料按照机型进行分类统计。统计结果发现歼击机由于其数量众多,执行任务频繁,飞机机动性能高,训练科目也远比其他机型复杂,出现事故的概率相对较高,其事故征候量占总事故征候的 68%。

通过对各型歼击机发生的事故征候量进行对比,发现老龄飞机事故多发特征明显。针对歼击机、老龄飞机事故征候多发的特点需要加强对其事故资料的梳理,发掘出导致事故征候多发的根本原因,制定有针对性的防控措施,确保有效提升飞机的系统安全性水平,减少事故征候的发生,提升飞行质量,确保飞行任务顺利执行。

3)飞机较大质量问题突出

对国内外军机较大质量问题概况进行统计,统计结果发现飞机质量问题最为突出的是机械部件裂纹,占较大质量问题总量的 45%左右,其次是断裂、异物、掉块以及机械磨损等问题。针对机械部件裂纹和断裂问题需要进一步分析其根本原因,找出生产工艺的不足、维修保障上的缺陷。为降低此类质量安全问题发生概率找到解决办法,提升机械部件质量水平,减少飞行事故的发生。

3. 环境因素

环境因素对飞行安全影响最大的是鸟撞问题。图 2.7 对国内外军机由于非机械原因导致的飞行事故进行汇总,由鸟撞原因引起的飞行事故占非机械原因飞行事故的 44%。其他气象环境因素中能见度低对飞行安全影响最大,其次还有雷雨、冰雹、风切变、飞行结冰、雷暴以及急流等。

4. 管理因素

管理因素导致的飞行事故主要原因是管理流程不规范;指挥员操作指令传达不到位、

不及时；信息沟通渠道不畅通。虽然由于管理因素导致的飞行事故相对较少，但是管理因素引发的事故完全可以通过加强制度落实、提升指挥能力等措施避免事故的发生。针对指挥流程、应急处置方案加强相关规章条款的制定完善，可以有效提升管理能力，大幅度降低由于管理因素造成的事故损失。

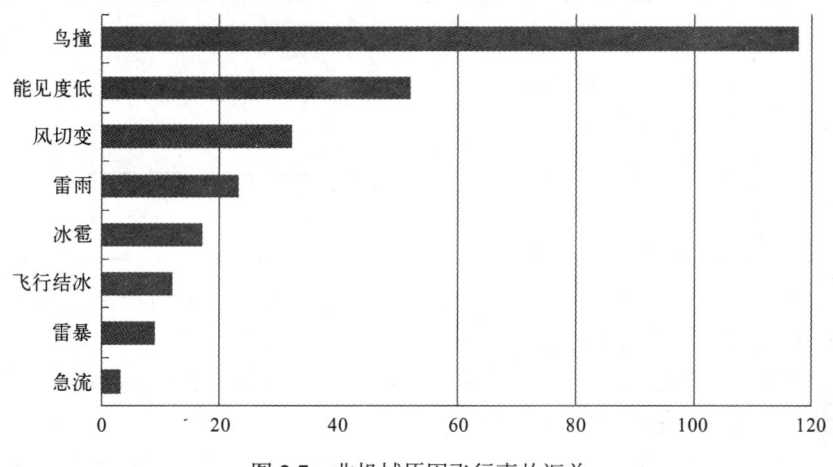

图 2.7 非机械原因飞行事故汇总

2.3.2 安全风险详细视图分析

研究历史的目的是为了预测未来。对军机事故资料进行统计分析的目的是查找飞机系统安全性缺陷，为飞机系统风险识别和风险预测提供借鉴。本节将根据不同飞行阶段飞机各系统的事故发生情况制定其关联关系表，建立由分系统、飞行阶段、失效率构成的风险分析三维视图系，并通过三维视图不同的切面从不同角度对飞机系统风险情况进行分析，并建立飞机系统的风险矩阵视图，以有效地辨识军机平台、系统与部件的安全风险。

2.3.2.1 风险阶段与各系统的关联性

按照不同飞机系统在不同飞行阶段出现的飞行事故情况，对国内外军机飞行事故资料进行梳理。统计结果以发生事故次数为判断依据，对各个系统在不同飞行阶段的发生事故强度进行关联性分析。关联度强弱判断依据为事故在某一飞行阶段发生量占该系统总事故量的比例，高于 10%认为关联度强，低于 10%认为关联度一般，未发生事故认为关联度弱。这种关联关系也在一定程度上体现了系统在该飞行阶段的失效率等级，具体统计结果如表 2.1 所示。

表 2.1 各系统在各个阶段的关联性

系统名称	地面阶段	起飞阶段	爬升阶段	巡航阶段	下降阶段	进近着陆阶段
发动机结构	√	√	√	√	√	√
起落装置	√	√	×	×	×	√
滑油系统	×	√	√	√	√	×
武器系统	×	×	×	√	×	×

27

（续）

系统名称	地面阶段	起飞阶段	爬升阶段	巡航阶段	下降阶段	进近着陆阶段
燃油系统	√	√	√	√	√	√
防喘系统	√	√	⊙	⊙	⊙	√
应急动力系统	⊙	⊙	√	√	√	⊙
调速系统	×	√	⊙	√	√	√
舱盖系统	√	×	×	⊙	×	√
进气装置	⊙	√	√	√	√	⊙
航姿系统	×	√	⊙	√	⊙	√

注：表中只列举出了飞机的部分系统。表中符号说明：系统关联度强：√；系统关联度一般：⊙；系统关联度弱：×

以滑油系统为例，表中显示滑油系统和地面阶段、进近着陆阶段的关联度均为弱，仅表示滑油系统在历史事故资料统计中并未在这两个阶段出现故障，但不表示滑油系统在这两个飞行阶段没有工作，滑油系统在这两个飞行阶段同样存在失效的可能性。

2.3.2.2 军机事故三维风险视图系

对军机事故的发生时间、出现故障的系统以及该系统的失效率变化情况进行分析，有助于探究军机事故的根本原因，并为事故预防措施的制定提供依据。因此，本节基于飞机系统、飞行阶段以及失效率构建了装备事故三维风险视图系。分视图主要从系统失效阶段和系统失效率变化情况的角度对军机系统风险情况进行全面分析。

1. 主风险视图

通过前面的分析可以初步确定随着飞行阶段的变化飞机各系统的失效率变化情况。对飞机各系统在不同飞行阶段的故障发生情况进行分析，绘制主风险视图，如图2.8所示。

图中 X 轴表示飞机的各个系统，Y 轴表示飞行阶段，Z 轴表示系统失效率。由于系统在不同飞行阶段的失效率并不是连续的，不同飞行阶段失效率在图中表述为立方体，图中曲线是根据立方体拟合出的，表示某一系统在一个完整飞行过程中失效率的变化情况。图中切面位置存在差异，表示不同系统的失效率可接受程度也各不相同。超过这个可接受程度，该飞行阶段的立方体显示为深灰色，表示在这个飞行阶段系统出现故障的可能性较高，需要重点关注该系统的运行状态。三维风险视图将飞行阶段、失效率、各系统之间的关系整合到一起，实现了信息的融合，能够从全局角度对系统的安全性有一个初步的判断。也可以通过三维风险视图的各切面从不同的角度对系统风险进行详细分析解读。

2. 系统—时间风险视图

由主风险视图的俯视图得到系统—时间风险视图。图2.9中，X 轴表示不同的飞行系统，Y 轴表示各个飞行阶段。系统—时间风险图中可以直观地看到所列举的所有系统在不同飞行阶段的失效率可接受情况，但是只能观察到各系统在不同飞行阶段处于可接受状态（低风险、中等风险）或处于不可接受状态（严重风险、高风险），无法对失效率进行定量分析。

在图2.9中浅灰色矩形表示失效率在可接受范围的飞行阶段，失效率超出可接受范围的飞行阶段表示为深灰色。针对图中深灰色矩形所示区域着重进行系统安全性分析，可以有针对性地提升系统安全性水平，降低人力物力的不必要损耗。系统—时间风险视图分析为定位各系统在不同阶段的风险情况提供了便利。

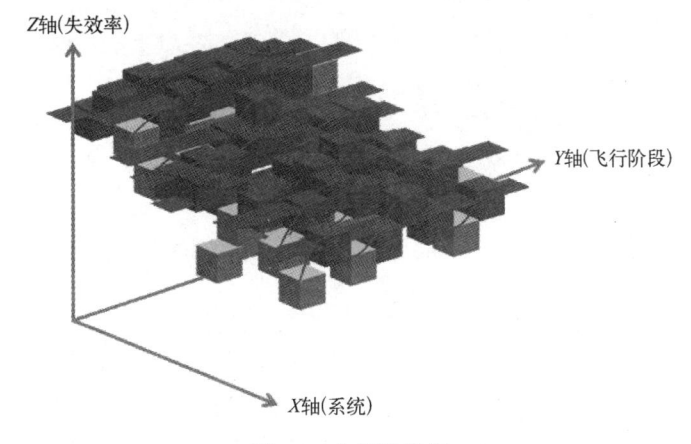

图 2.8　主风险视图

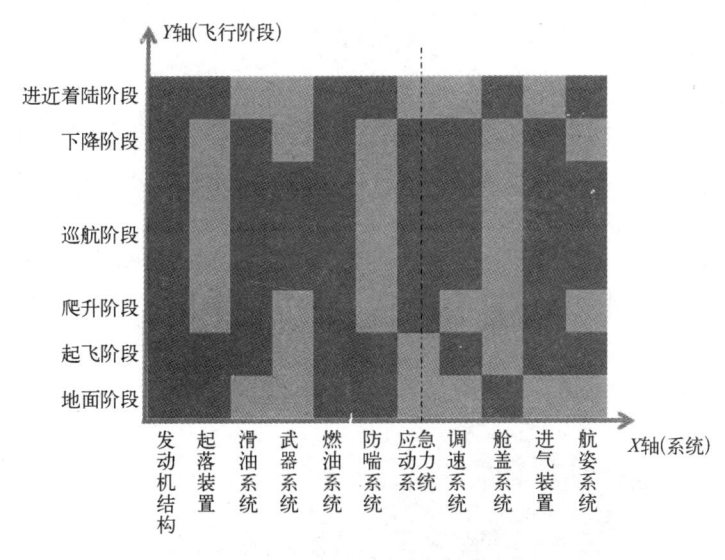

图 2.9　系统—时间风险视图

3. 失效率—时间风险视图

根据主风险视图做 X 轴切面，得到失效率—时间风险视图，如图 2.10 所示。通过失效率—时间风险视图可以准确判断某系统在整个飞行过程中各个阶段的系统失效率变化情况，与系统—时间风险视图相比除了能观察到单个系统在不同飞行阶段处于何种状态外，还可以观察到飞机在各飞行阶段失效率的具体变化情况。以起落架系统为例，地面阶段、起飞阶段以及进近着陆阶段，其失效率较高，超出了可接受程度，在图中标示为深灰色。飞机处于滑行状态并进行方向操控是起落架系统负荷最大的阶段，这个时期系统失效率较高，而在空中飞行过程中，起落架系统处于等待状态，失效率比较低。失效率—时间风险视图为针对单一系统进行风险变化分析提供了更多信息，增加了风险分析的准确性。

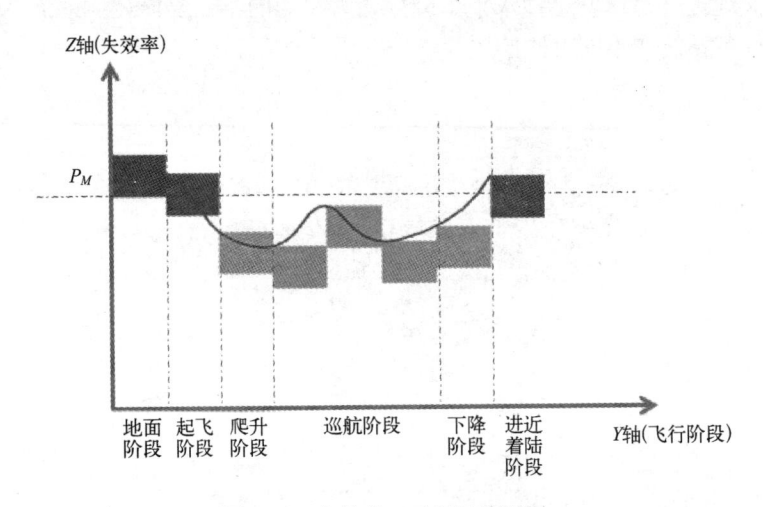

图 2.10　失效率—时间风险视图

2.3.3　风险矩阵视图分析

通过军机事故三维风险视图系，对飞机各系统在不同飞行阶段的风险变化情况进行了初步分析。本节从飞机系统风险矩阵随飞行阶段变化情况的角度建立风险矩阵视图，实现对系统风险变化的动态分析。以起落架系统为例，分析其风险矩阵随飞行阶段的变化情况，如图 2.11 所示。对 t_1 地面阶段、t_2 空中格斗阶段以及 t_3 进近着陆阶段三个飞行阶段的风险矩阵变化情况进行对比分析。对比过程中选取起落架系统的典型子系统风险变化情况进行讨论，具体子系统为 A：轮胎系统；B：液压系统；C：前轮转弯系统；D：刹车系统。

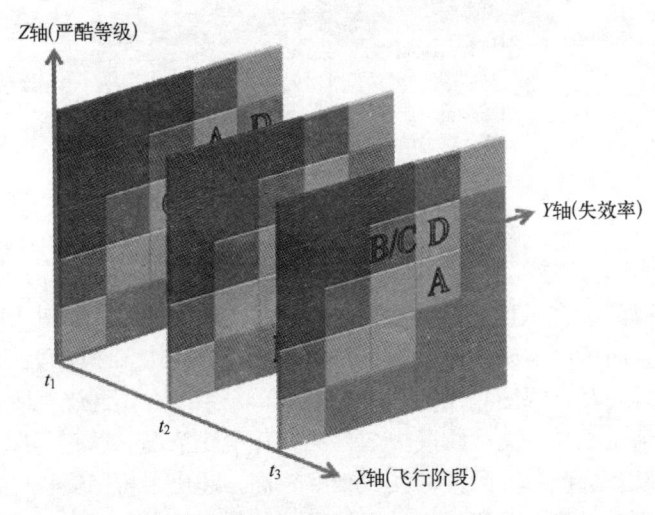

图 2.11　风险矩阵视图

图 2.12 为 t_1 地面阶段风险矩阵视图，从图中可以看出，在地面阶段轮胎系统、液压系统和前轮转弯系统处于中等风险等级，刹车系统处于低风险等级，均属于可接受范畴。

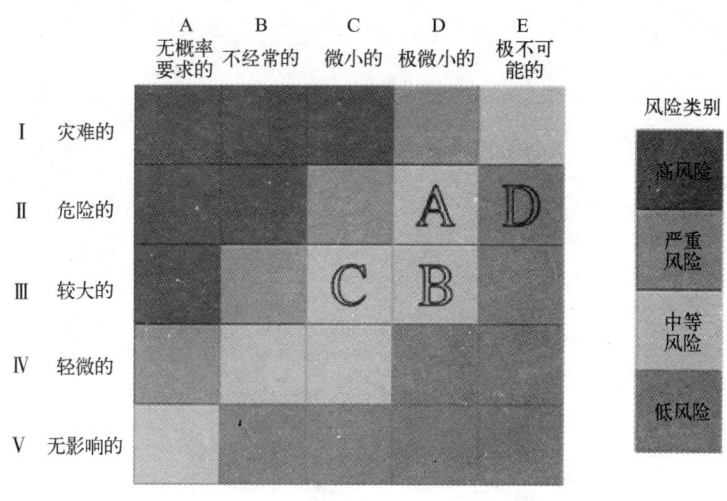

图 2.12 t_1 地面阶段风险矩阵视图

图 2.13 为 t_2 空中格斗阶段风险矩阵视图,从图中可以看出,在空中格斗阶段轮胎系统、液压系统和刹车系统处于低风险等级,而前轮转弯系统处于中等风险等级,四个子系统在 t_2 空中格斗阶段均属于可接受范畴。

图 2.13 t_2 空中格斗阶段风险矩阵视图

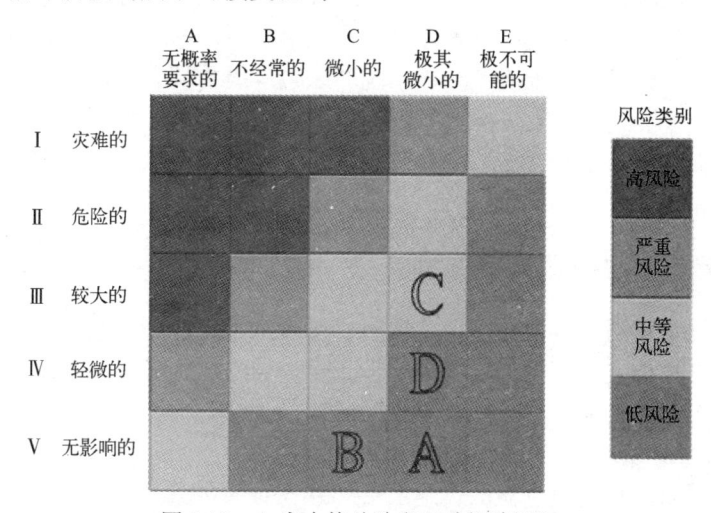

图 2.14 为 t_3 进近着陆阶段风险矩阵视图,从图中可以看出,在进近着陆阶段轮胎系统和刹车系统处于中等风险等级,属于可接受范畴,而液压系统和前轮转弯系统处于严重风险等级,属于不可接受范畴。

通过上述分析,对起落架系统的风险动态变化过程有了初步的了解。从分析结果可以判断出系统出现故障的主要分布阶段以及在各阶段不同子系统的风险等级。根据分析结果可以判断该类风险是否属于可接受范畴,为超出可接受范畴的风险制定针对性防控措施指出了方向。

同理,可以分别开展平台级和部件级的安全风险分析工作,即上述三维风险视图可以推广至平台级、系统级和部件级,分别从主视图和分视图的不同角度进行分析,可以形成军机系统风险分析视图系作为军机安全性控制工作的有益参照。

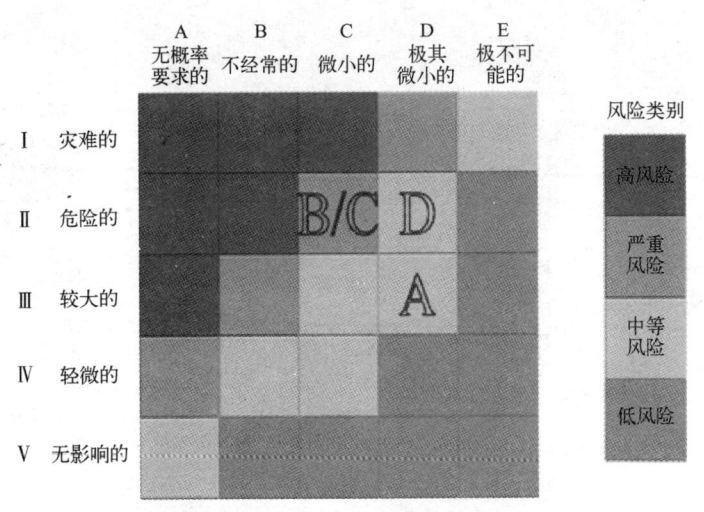

图 2.14　t_3 进近着陆阶段风险矩阵视图

通过对国内外军机事故资料的分析，发现发动机系统和起落架系统属于故障多发系统，这两个系统故障导致的后果事件也相对较为严重，需要加强这两个系统的安全性控制。而地面阶段、滑行起飞阶段和进近着陆阶段的事故发生具有连续性，并且事故量常年居高不下，这几个飞行阶段故障主要集中在起落架系统。通过起落架系统的风险矩阵视图分析发现起落架子系统中前轮转弯系统的风险等级要高于其他子系统，尤其是在进近着陆阶段其风险等级超出了可接受范围，该子系统的安全性水平需要进行重点分析。这与图 2.6 起落架系统的事故资料梳理结论"前轮转弯系统的故障量占起落架系统总故障量的 43%"相吻合。

2.3.4　装备事故数据分析技术

随着安全性工作逐渐被重视，至今美国已经形成了一套相对较为完善的系统安全性理论体系，并注重历史事故数据的收集整理工作，建立了历史事故数据库，为后续的装备研发、系统安全性分析提供了重要的数据资料。

1. 事故梳理方法

根据资料显示，目前航空业的飞速发展导致飞行事故的产生量与日俱增，按照目前航空业事故量的增速，未来二十年内，装备事故量可能增长为当前事故量的两倍。因此当前航空业的关注重点是如何做好装备事故的防范和努力提升航空业的飞行安全水平。注重航空业各类型的事故数据收集整理，从事故中研究分析装备事故的根本诱因，找到危险源，从而有针对性地重点预防，将事故发生率降到最低，是提升飞行安全水平的有效、快速方法。

R. Gulati，Tang，V. Reinhard，Pulkrni 等人分别运用动态故障树、二元决策图、模糊集理论以及 SHADE 树方法对事故进行了定性、定量的分析，这些传统的故障分析方法，在各自的应用领域都取得了丰硕的研究成果，但是这些分析方法应用于系统安全性分析方面存在一些不足之处。目前国外系统安全性分析方法研究热点是 Couronneau 和 J. Linda 等人基于故障树和事件树理论基础提出的 Bow-tie 模型。该模型将两者对事故分析的优势结合到一起，将故障树和事件树中的顶事件作为中心打通了事故致因到事故后果之间的因果关系，搭起了事故致因到事故后果之间的桥梁，使相关应用人员能够直观地了解和分析事故致因与事故后果之间的关系。Delvosalle等人将Bow-tie模型应用到了事故建模和系统安全性分析的量化求解上，利用相关数学计算方法，对事故可能导致的后果进行了数学量化并求解。针对分析出的事故特点，提出事故预防措施和事故后果控制措施，解决了传统事故分析模型不能很好地对事故进行量化分析、分析结果针对性不强的问题，为事故分析领域提供了新的研究思路和方法。目前Bow-tie模型在国外已经成功应用到了事故分析工作中，成为了系统安全性控制领域的研究热点。

事故梳理工作可以充分发掘事故资料中的有用信息，为系统安全性提升指明改进方向。张艳慧等人利用对事故资料的分析探究了影响飞机系统安全性的根本原因。针对国外目前应用比较热门的Bow-tie模型分析方法，国内近几年也有些学者开始研究。程建伟等人运用Bow-tie模型对电力系统设备故障进行了故障分析，提出了基于故障模式的设备风险量化方法，探究了故障的产生原因并进行了后果预测，形成了以故障模式为中心的Bow-tie模型。闫放等人构建了将贝叶斯网络与Bow-tie模型相结合的风险评估方法，通过计算基本事件重要度找出系统中的薄弱环节，并提出相应的预防措施与控制措施，实现了有效降低事故概率的目的。姚锡文等人针对复杂系统的安全性评价模式进行研究，以危险度评价和HAZOP分析为基础对事故进行分析，并通过Bow-tie模型提出事故的防控措施。这些Bow-tie模型的应用在各自领域都取得了大量的研究成果，但是该模型应用于军机事故分析的研究还相对较少，需要加强研究应用。

2. 重要度分析技术

系统安全性分析过程涉及到为事故致因进行重要度分析，寻找系统结构中的重点环节。重要度分析方法主要有传统的概率重要度、结构重要度、关键重要度、割集重要度和风险增加当量等。上述重要度分析方法分别从不同的角度对事件的重要性做出了分析。Borgonovo和Apostolakis提出了差分重要度用以描述基本事件对故障发生概率的贡献程度。

国内很多学者也在重要度分析方面进行了大量研究工作，段荣行等人建立了故障树对系统进行故障梳理，并运用贝叶斯网络的推理能力将两者得到的信息进行融合，提出了一种全新的系统故障分析方法。吕弘等人针对航空电源系统的可靠性分析提出了基于模式重要度的评估方法，根据各个子系统的重要度分析结果建立了评估模型。朱云斌等人针对机场的鸟撞问题进行危险源分析，建立了相应的故障树，并运用专家评判和模糊集理论对事故进行定量分析，得到危险源的重要度排序。王涛等人以概率重要度和结构重要度为评判基础对电力系统的事故模型进行分析，构建了电力系统事故链搜索模型。这些重要度分析方法的应用在各自的研究方向上已经得出了大量的有益结论，但是传统重要度分析方法不能完全适用于军机事故分析需要兼顾事故起因以及后果的综合评估。

3. 安全性指标分配技术

以事故分析结果为基础，对系统安全性进行控制可以从系统安全性指标分配优化的角度进行考虑。MIL-STD-882D选取风险概率作为安全性分析的基本指标。SAE ARP 4761中认为风险发生的可能性和造成后果的严重性之间是反比关系，强调了系统安全性分析过程中指标分配的重要性，并给出了进行系统安全性定量分析的具体指标标准。Duane Kritzinger等人对各型飞机的系统安全性指标做出了大量的研究。Acar等人认为系统安全性的指标分配过程必须充分考虑各个失效状态的严酷等级以及所规定的最低安全性要求值，确保故障树中所有节点的指标分配值都满足系统安全性的要求。S. Jung 等人提出了新的指标分配结构，实现了对系统安全性指标的分配，通过实际应用验证了方法的可行性。

针对系统安全性指标的研究已经逐渐脱离了由可靠性指标代替安全性指标对系统安全性进行分析的阶段。李大伟等人针对系统安全性分析工作中的指标选取问题进行了研究，确定了指标的选取和量化方法；王强等人运用贝叶斯网络、Petri Net、协同优化等方法对系统安全性指标的分配问题进行了探讨，并对分配的指标进行了有效性验证。系统安全性指标分配的优化问题始终是提升指标分配质量的关键所在，针对系统安全性指标优化策略的研究需要进一步加强。

4. 适航性验证技术

系统安全性水平是否满足要求需要通过对相关适航条款进行验证来判断，适航条款作为系统安全性的最低要求是控制系统安全性的基础。适航工作在民用领域取得显著成效的同时，美军也着手展开了军用装备的适航工作验证，并制定了一系列的适航准则和手册以提升军用装备的系统安全性，并不断进行完善和修改，其中的典型代表是MIL-HDBK-514、MIL-HDBK-515、MIL-HDBK-516C。美国联邦航空管理局（Federal Aviation Administration, FAA）对适航性验证工作遵循联邦航空规章（Federal Aviation Regulations, FAR）中对飞机适航性做出的规定要求。欧洲民用航空联合会（European Federation of Civilaviation, ECAC）采用的是欧洲适航章程（Joint Aviation Regulation, JAR），其中 FAR 和 JAR 的权威性得到广泛认同，如 FAR 25.1309、AC-23.1309 系列、AC-25.1309 系列和 JAR 25.1309 等。航空发达国家航空业处于领先地位的基础是他们对于适航性的重视。C. L. Smalley 等人对典型事故的适航性验证工作进行了深入研究取得了很多研究成果，为提升系统的安全性提供了思路。

国内针对适航性验证的研究也得到了进一步的发展。我国民用航空总局在 1985 年颁布了《运输类飞机适航标准》（CCAR-25），最终形成了 CCAR-25-R3，该标准对飞机的系统安全性做出了具体要求。王洪伟等人通过分析与飞机结冰相关的适航条款对飞机的结冰问题进行了深入研究，找到了解决飞机结冰问题的关键，有效提升了飞机的系统安全性水平。董大勇等人探究了驾驶舱人为因素的适航条款符合性验证方法。晏祥斌等人研究了民机适航条款的选择和验证技术。曾海军等人针对典型装备事故的适航性进行了分析，讨论了该事故适航条款的选择问题，并提出了符合性验证方法。这些针对适航性验证进行的研究在各自的研究方向上都取得了很多有益结论，但是始终没有分析出确切的适航条款选取方法，大多都是基于人为判断进行选取，这种选取方式容易出现选取与事故无关条款或是漏选重要条款现象的发生，严重影响适航性验证工作的效率和结果准确性。

综上所述，如何充分发挥事故资料的价值，对事故资料进行有效分析，确定导致事故发生的根本原因以及事故后果并提出有效的防控措施，可以为制定系统安全性控制方法提供重要依据。以事故资料的科学分析为基础，对系统安全性指标进行合理优化能够有效提升系统安全性水平。选取与事故相关的适航条款进行适航性验证能够有效判断飞机系统安全性水平是否达到要求。通过上述工作可以实现对飞机系统安全性的有效控制。

第 3 章 复杂装备安全性分析

近年来,随着大批新型复杂装备列装部队,我军逐渐形成了以第三代装备为核心的装备体系。由于复杂装备自身的新特点、新任务,其安全性演化涌现的动因、过程、机理更为复杂。传统的单个安全性分析模型已经不能予以描述。因此,探讨复杂装备系统共有的危险时空作用规律,提出适用的装备安全性分析框架成为亟待解决的首要问题。

3.1 复杂装备安全性分析的内涵与过程

军机作为复杂装备的典型代表,其安全性分析过程较为成熟。本书以军机安全性分析为例,介绍装备安全性分析过程。

3.1.1 复杂装备安全性分析内涵

军机安全性分析是一种从军机研制初期的论证阶段开始进行,并贯穿工程研制、生产阶段的系统性检查、研究和使用保障阶段分析危险的技术方法。它用于检查军机或设备在每种使用模式中的工作状态,确定潜在的危险,预计这些危险对人员伤害或对设备损坏的可能性,并确定消除或减少危险的方法,以便能够在事故发生之前消除或尽量减少事故发生的可能性或降低事故有害影响的程度。

军机安全性分析主要是分析危险、识别危险,以便在寿命周期的所有阶段中能够消除、控制或减少这些危险。它还可以提供用其他方法所不能获得的有关军用飞机或设备的设计、使用和维修规程的信息,确定军机设计的不安全状态,以及纠正这些不安全状态的方法。如果危险消除不了,军机安全性评估可以指出控制危险的最佳方法和减轻未能控制的危险所产生的有害影响的方法。此外,军机安全性评估还可以用来验证设计是否符合规范、标准或其他文件规定的要求,验证军机是否重复以前的军用飞机中存在的缺陷,确定与危险有关的系统接口。

从广义上说,军机安全性分析解决下列问题:
(1) 什么功能出现错误?
(2) 它潜在的危害是什么?
(3) 允许它发生的频数为多少?
(4) 如何设计才能使它的实际发生频数低于允许的最大频数?
(5) 如何判定该设计能保证满足上述要求?

从故障领域来说,军机安全性评估解决下列问题:
(1) 如何设计才能使军机准确地完成其既定的功能?
(2) 如果系统功能已经出现异常或失效,如何能将其造成的危害降到最低?

3.1.2 复杂装备安全性分析过程

3.1.2.1 民机安全性分析过程

以 SAE ARP 4761 和 SAE ARP 4754 为代表的民用飞机安全性分析指南，规定的民机安全性评估过程贯穿于飞机的主要寿命期，在不同的寿命阶段开展不同的评估内容，如图 3.1 所示。

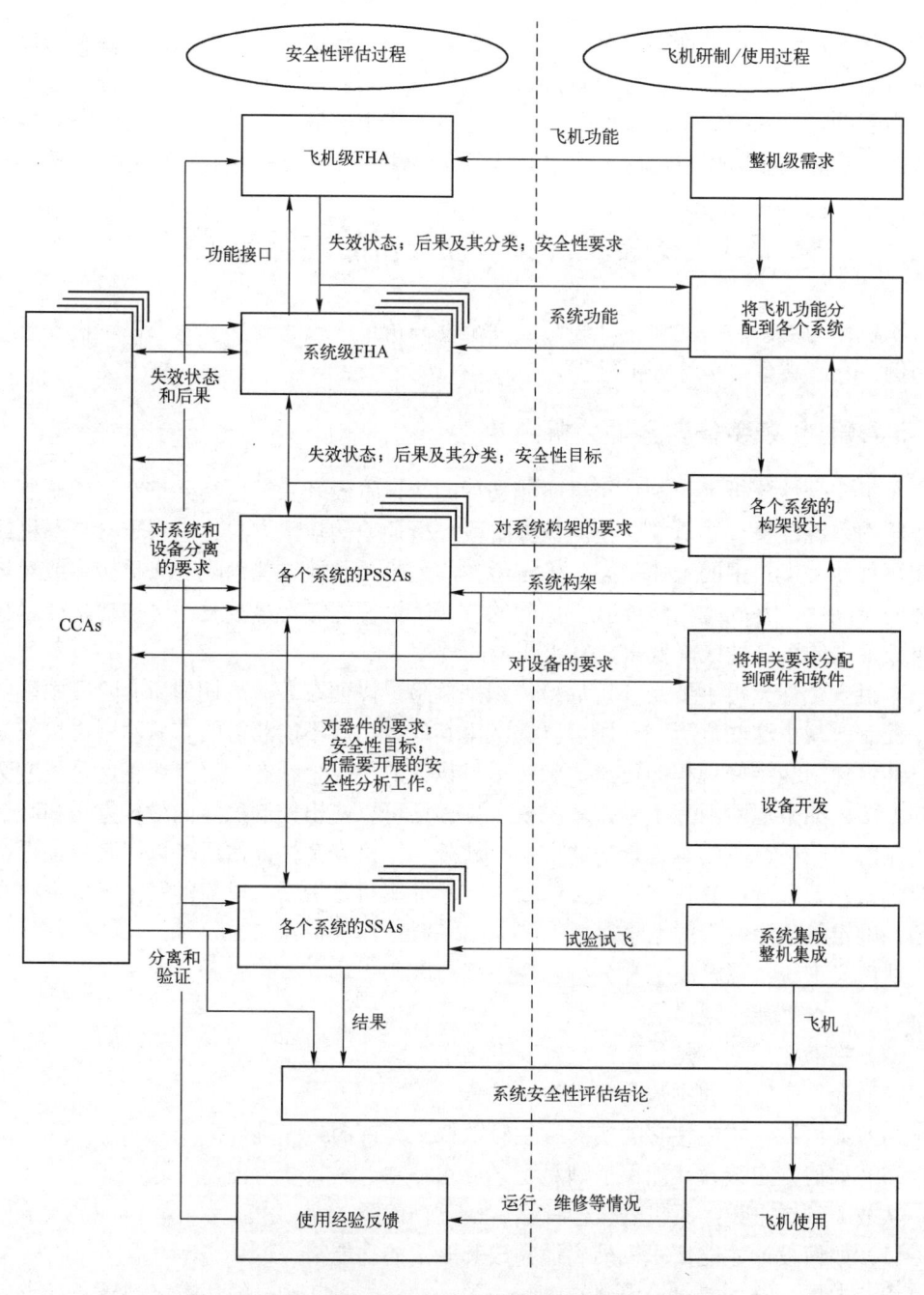

图 3.1 民机安全性评估与其寿命周期各阶段之间的关系

在立项论证阶段，根据飞机需求，通过整机级功能危险分析（Aircraft Level Functional Hazard Assessment，AFHA）、整机级故障树分析（Aircraft Level Fault Tree Analysis，FTA）和特殊风险分析（Particular Risks Analysis，PRA），进行安全性论证评估，给出安全性设计的目标（指标）、要求和危险顶事件（人们不希望发生的对系统技术性能、经济性能、可靠性和安全性有着显著影响的故障事件），并将整机功能分配给各系统。

在方案设计阶段，制定系统构架，通过系统级功能危险分析（System Level Functional Hazard Assessment，SFHA）、初步系统安全性分析（Preliminary System Safety Assessment，PSSA）、共模分析（Common Mode Analysis，CMA）和 PRA，给出特定系统和单元的安全性要求，提供系统结构能够满足这些安全性要求的初步分析信息，如系统级故障树、事件树等。

在工程研制和设计定型阶段，通过系统安全性评估（System Safety Assessment，SSA）、共模分析和区域安全性分析（Zonal Safety Analysis，ZSA）等，对已实施的系统设计方案进行综合评估，证明相关的安全性要求是否能够被满足。

生产定型和批量生产阶段的安全性评估可以在设计、研制阶段安全性评估的基础上，应用相同的模型对使用阶段的信息进行处理，给出评估结论。

在使用阶段，针对使用过程中暴露出的危险源或潜在危险源，利用实际数据和信息，开展持续安全性评估；以及针对飞机的设计更改，开展系统安全性评估。

民机安全性分析是由功能危险分析、初步安全性评估、安全性分析以及共因分析组成，图 3.2 所示为典型分析过程。以此为例，阐述民机安全性分析各项工作的工作内容。

1. 功能危险分析

FHA 是系统、综合地检查产品的各种功能，识别各种功能故障状态，并根据其故障后果的严重程度对其进行分类的一种安全性分析方法。FHA 的主要目的是发现潜在的危险或突变故障模式，以控制或避免可能的危险后果的发生，最大作用是找出对系统安全产生影响的故障模式。

FHA 通常分为整机级功能危险分析（AFHA）和系统级功能危险分析（SFHA）两个层次，两者均为自上而下的定性分析。

1) AFHA

AFHA 是将飞机整机视为研究对象，研究在飞机飞行包线和不同飞行阶段内，可能影响飞机持续安全飞行的功能障碍。AFHA 的目的是根据整机级功能清单，查明与整机级功能和功能组合相关联的失效状态（Failure Conditions，FCs），建立其功能危险清单，分析其可能导致的后果并根据其严重程度对其进行分类，提出飞行操纵等对策，确定相应的安全性要求，明确应采用的定性和定量分析方法。

2) SFHA

在飞机的正向设计过程中，明确整机级的功能和安全性要求后，需要针对每一个与飞行安全相关的关键系统开展 SFHA，研究其在飞机设计的整个飞行包线和不同飞行阶段内，可能影响系统乃至飞机整机安全飞行的功能故障。SFHA 是整机级功能危险分析的深入和细化，其实质是迭代的过程，是随着系统设计的逐渐进展而变得更加明确和固定，目的是产生更为具体的功能危险清单，即分析出更为详尽的失效状态。

AFHA 和 SFHA 所采用的方法和包含的内容主要有：功能列表，失效状态影响的等级评定方法，失效状态影响等级与故障概率之间的关系，失效状态影响等级与软件和高度集成电子硬件的研制保证等级之间的关系。

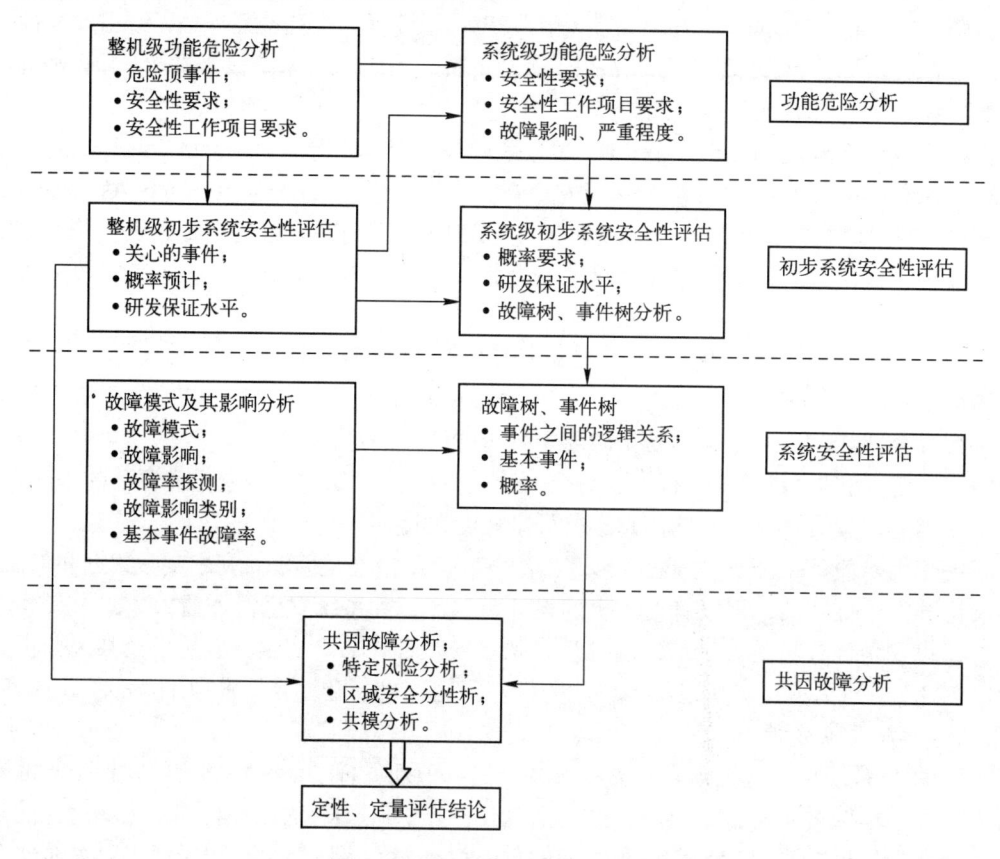

图 3.2 民机安全性分析工作过程

2. 初步安全性评估

PSSA 是在初步设计阶段根据 FHA 故障条件类别对建议的构架及其实施情况进行系统性的评估。PSSA 可以全面识别飞机或系统初步总体方案中的各种危险状态及危险因素，确定由它们可能产生的后果，以便在方案设计中考虑安全性问题，并根据相似系统或设备的数据及经验对其方案有关的各种危险的严重程度、危险可能性及使用约束条件进行评价，确定拟采用的安全性设计准则，提出为消除或将其风险降低到可接受水平拟采取的安全性措施和备选方案。

PSSA 的主要目的是建立并推导出系统及其设备的安全性需求，以防止设计或审定后期发现颠覆性的结论。

PSSA 的主要作用有两方面：一是确定底层故障如何导致 FHA 所识别的功能危险以及 FHA 中提出的安全性要求怎样被满足；二是对各层次进行安全性要求的分配。因此 PSSA 是一个反复的过程，贯穿于整机级到系统级，系统级到设备级，设备到硬软件的整个过程之中。PSSA 在各个层次上进行，最高层次的 PSSA 是由系统级 FHA 发展而来，低层次的 PSSA 的输入是高层次的 PSSA 的输出。

PSSA 所采用的方法和包含的内容主要有：故障树分析、相关性流图、Markov 分析法、共模分析法，失效状态影响等级与故障概率之间的关系，失效状态影响等级与软件和高度集成电子硬件的研制保证等级之间的关系等。

3. 安全性评估

SSA 是在详细设计阶段与试验验证阶段对 PSSA 实施检验，以表明系统、结构和安装是否已满足 FHA 提出的安全性目标和 PSSA 中得到的安全性要求，其主要目的是，在事故发生之前消除或尽量减少事故发生的可能性或降低事故危害的程度。SSA 的输入输出关系如图 3.3 所示。

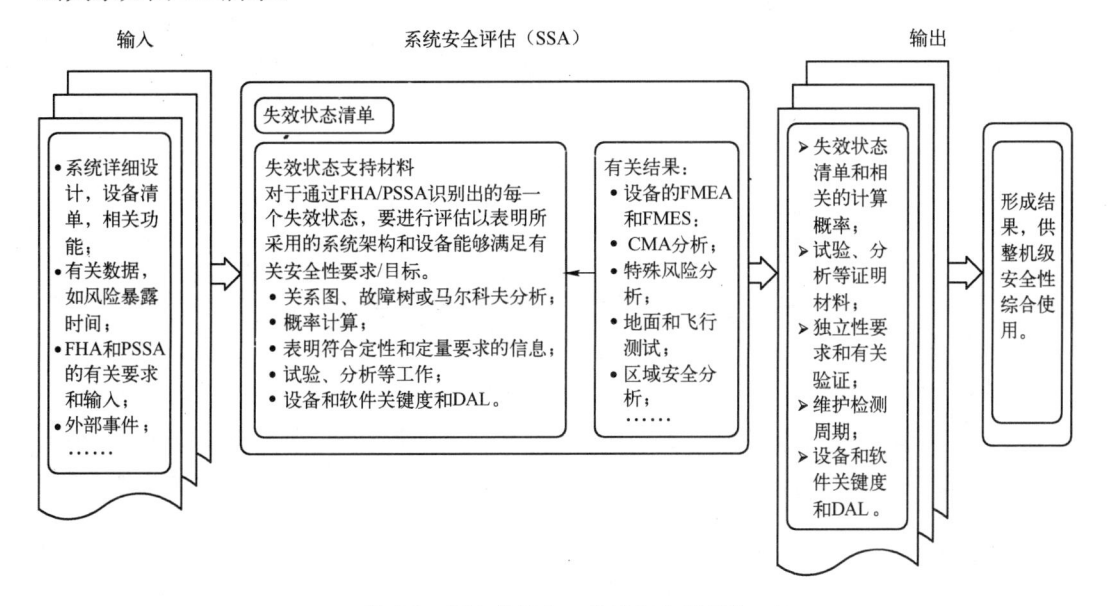

图 3.3 SSA 的输入、输出与主要工作

4. 共因分析

共因失效是由于同一个原因或事件引起系统中多个部件同时失效。共因失效是一种相依失效事件，该事件的结果会产生多重故障。复杂系统通常采用余度设计来提高其可靠性，而共因失效的存在使得冗余系统的安全性和可靠性降低。

CCA 是对共因失效进行定性和定量分析的方法，可以检验系统与系统之间、部件与部件之间的独立性，保证与非独立性相关的风险是可接受的，并计算共因失效条件下对系统失效的概率。

CCA 既是系统安全性分析的一种方法，也是安全性分析工作的重要组成部分。尤其需要指出的是，被 CCA 所鉴定的失效模式以及一些外部事件所能引起的灾难性的或危险的故障后果的安全性要求是不一样的。对于灾难性的故障后果，这些共因事件必须杜绝；而对于危险的故障后果，这些共因事件发生的概率必须控制在给定的概率范围之内。

CCA 由三部分组成，即 ZSA，PRA 和 CMA 分析。

1) ZSA

ZSA 是一种定性的分析方法，评价各分系统和各设备之间的兼容性、确定系统各区域及整个系统存在的危险并评价其严重程度。ZSA 的输入、输出关系如图 3.4 所示。

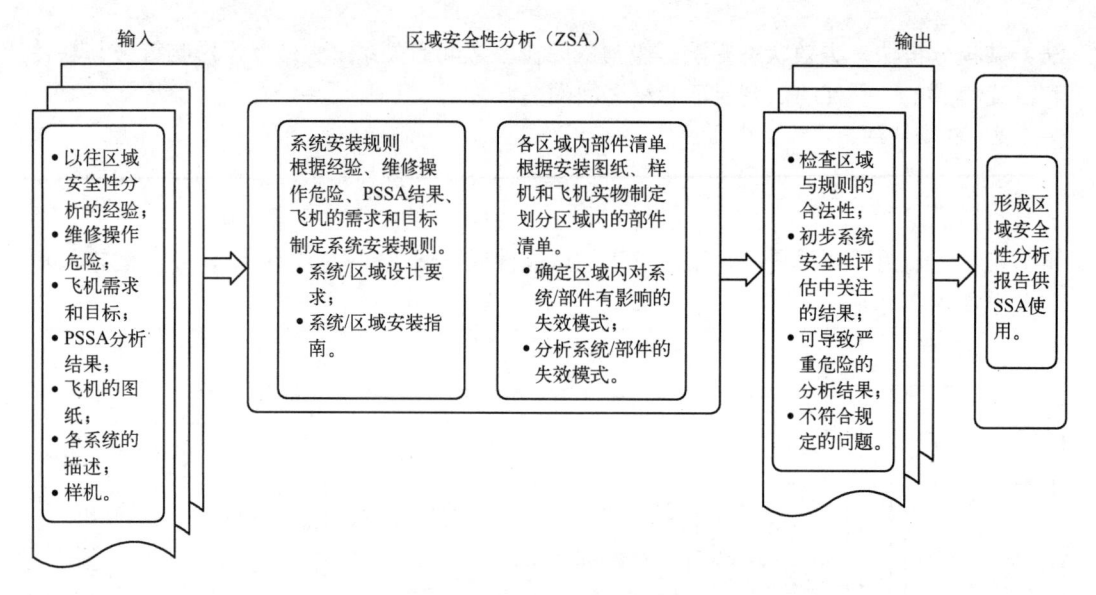

图 3.4 ZSA 的输入、输出与主要工作

2）PRA

PRA 是指对导致飞机及其系统故障、影响飞机运行安全的外部因素或事件对飞机安全的影响分析。这些特定因素或事件在系统的外部发生，往往造成多个系统同时失效，是引发飞机系统关联故障和共因故障产生的重要原因。PRA 的输入和输出关系如图 3.5 所示。

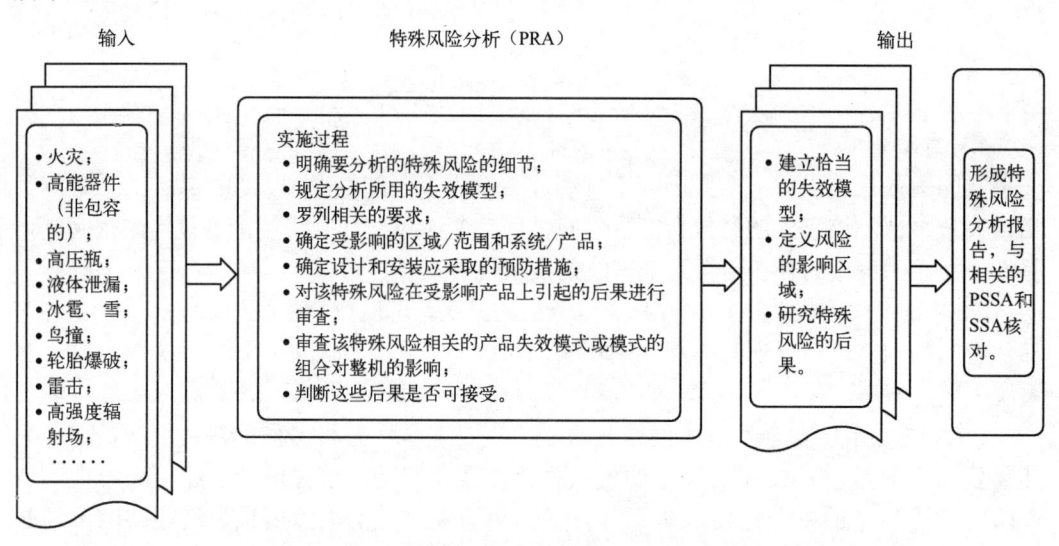

图 3.5 PRA 的输入、输出与主要工作

PRA 与 ZSA 稍有区别：①PRA 是外界对飞机的影响，而 ZSA 是飞机或系统内部对飞机的影响；②PRA 可能会影响若干区域，而 ZSA 只针对一个区域。

3）CMA

共模失效是共因失效的特殊情况，当且仅当共因失效的失效模式相同时，共因失效又被称为共模失效。CMA 是对共模失效进行分析的方法，用来检验系统各组成部分之间是否满足独立性要求，确定共模失效条件下的系统失效的概率。CMA是以故障树分析为基础，对故障树中的不独立的"与门"进行定量分析。

CMA有定性和定量分析。定性分析为：从设计上和所设计的功能实现方式上进行分析，寻找可能破坏所设计的功能的冗余性或独立性的因素。定量分析为：对故障树中"与门"下事件建立数学模型，确定共模故障发生时系统的失效概率，以此来验证"与门"下事件是否满足独立性准则。

CMA的输入和输出关系如图3.6所示。

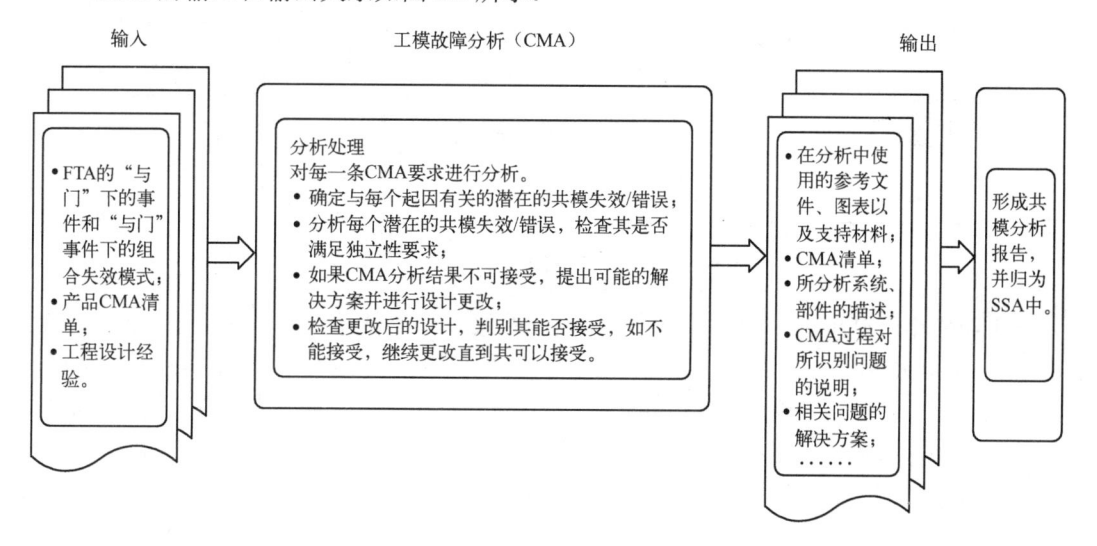

图 3.6 CMA 的输入、输出与主要工作

3.1.2.2 军机安全性分析过程

以 GJB 900—90、GJB/Z99—97 和 MIL-HDBK-764 为代表的军标和文件，规定的军机安全性分析过程也贯穿于装备的整个寿命周期，在论证阶段只进行初步危险分析（Preliminary Hazard Analysis，PHA）；在方案阶段确定可能的安全性接口问题，进行分系统危险分析（Subsystem Hazard Analysis，SSHA），确定系统设计的安全性要求和验证判据；在工程研制和设计定型阶段开展系统危险分析（System Hazard Analysis，SHA），对每次试验进行使用和保障危险分析（Operating and Support Hazard Analysis，O&SHA）；在生产定型阶段和生产阶段，进行使用和保障危险分析和职业健康危险分析（Occupation Health Hazard Assessment，OHHA）；在使用阶段、退役阶段进行使用和保障危险分析和职业健康危险分析并不断修改分析结果。此外，除以上内容，军机安全性评估还包括安全性验证与评价。

军机和民机安全性分析都是以识别风险、评价风险、消除或控制风险的思路开展各项工作的。因此，各自所进行的工作也较为相似：民机的AFHA和SFHA类似于军机的PHA和O&SHA；民机的PSSA类似于军机的SSHA；民机的SSA和CCA类似于军机的SHA。由于民机主要是在使用阶段之前进行分析。因此，没有军机的OHHA。但是，通过对比可以发现，民机较军机而言，其系统安全性分析程序更为系统，各阶段的安全性分析工作更为明确，各过程间的信息流更为清晰，可操作性更好。因此，更容易指导飞机系统安全性分析工作。

借鉴民机安全性分析内容，根据军机安全分析思想，军机安全性分析过程可以分为系统安全性分析和系统安全性验证两部分，包括定性评估和定量评估，如图3.7所示。

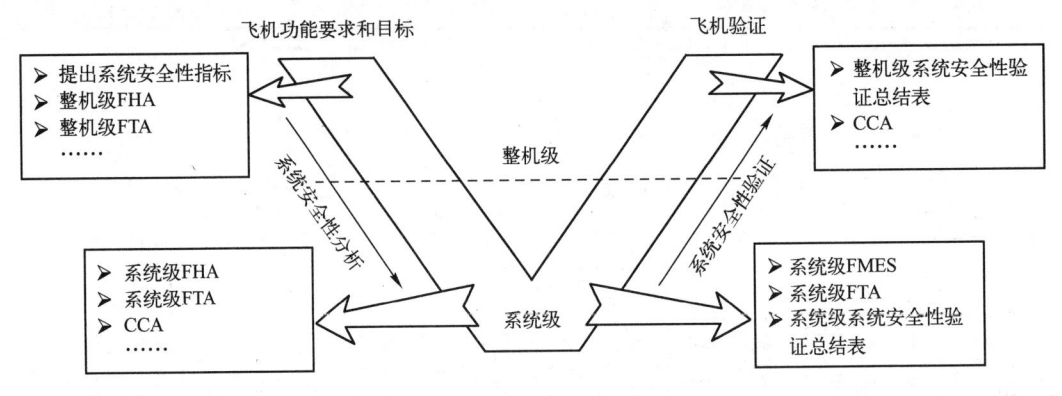

图3.7 军机安全性评估过程

系统安全性分析是一种从上至下的过程，主要用于查找系统存在的失效状态（即危险源）、确定失效状态的严酷等级（即危险等级）及分配系统安全性指标。系统安全性验证是系统安全性分析的逆向过程，是一种从下到上的过程，主要是应用供应商的可靠性和安全性分析报告、大量的子供应商提供的用于验证的资料或报告所得到的可靠性、安全性的数据和文件进行安全性验证。

根据评估的深度，安全性评估应包含整机级、系统级和设备级三个层面的评估。但是根据"剪裁工作项目指南"，结合军机的管理方式和研制条件，军机可详细地进行整机级和系统级的系统安全性评估；设备级的系统安全性评估工作主要是供应商为研制方提供可靠性、安全性数据，军方不需要对设备进行详细分析与验证。

1. 军机安全性分析

1) 整机级系统安全性分析

军用飞机的整机级系统安全性分析是在飞机层面对能够影响飞机和人员安全的功能及其相关的失效状态和失效模式进行的系统分析，包括确定系统安全性评估指标，分析失效的影响及其影响程度，初步分配预计的系统安全性评估指标等。该过程类似于民用飞机系统安全性评估的AFHA和高等级的PSSA。

进行整机级系统安全性分析应首先根据军用飞机特点制定系统安全性评估指标；了解飞机的基本参数、功能要求；制定功能清单，依据功能清单假设影响功能实现的失效状态；运用FHA定性地分析顶层失效状态的影响、严酷等级和允许发生的概率；最后对各类失效状态进行系统安全性分析，包括运用FTA或类似技术方法进行安全性指标分配，运用FMEA检验故障树中所有元素（也称失效状态）发生概率是否合理。同时，整机级系统安全性分析还要根据飞机的功能要求进行PRA和ZSA，描述这些风险对飞机继续安全飞行和着陆的影响和减少风险的措施。PRA和ZSA需要使用FTA和FMEA，但主要是定性分析。整机级系统安全性分析的具体流程如图3.8所示。

从图3.8可以看出，整机级系统安全性分析的信息流始于系统安全性分析指标和飞机的基本参数、功能要求，一部分信息经FHA和FTA、FMEA终止于相关分析文件和整机级系统安全性分析结果摘要表，另一部分信息经 PRA、ZSA 和 FTA、FMEA 终止于相关的分析文件。

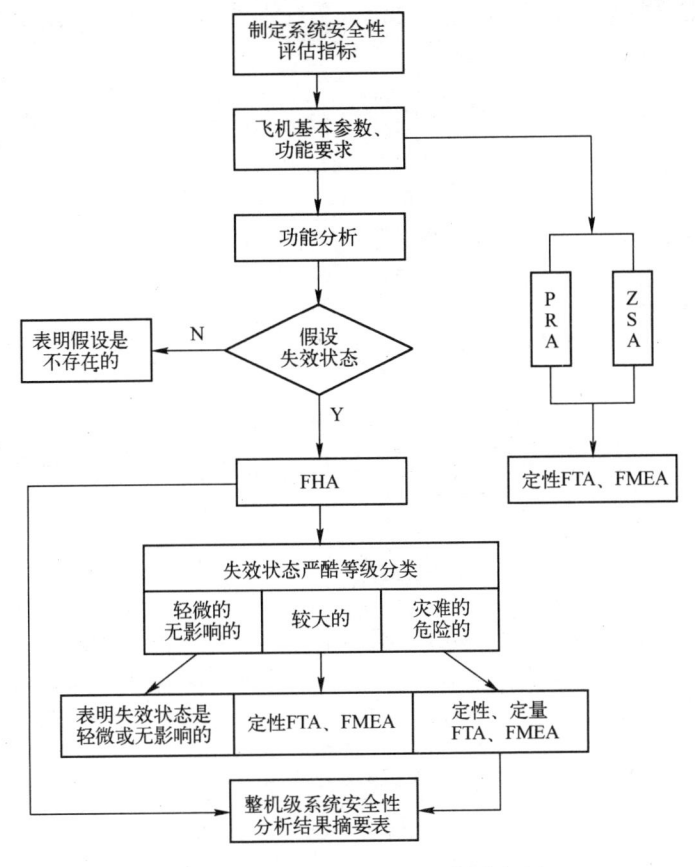

图 3.8 整机级系统安全性分析流程图

2）系统级系统安全性分析

军机的系统级系统安全性分析是在系统、分系统层面对能够影响整机安全功能的失效状态进行的系统分析，包括分析系统、分系统功能失效的影响及其影响程度，分配各分系统、设备的系统安全性分析指标等。该过程类似于民机系统安全性评估的 SFHA 和 PSSA。

系统级系统安全性分析与整机级系统安全性分析过程相似，但稍有区别。进行系统级系统安全性分析首先需要依据整机级系统安全性分析的结果和系统的基本参数、功能要求，总结系统可能出现的失效状态清单，结合系统的功能要求制定系统的功能清单；对照功能清单进行 FHA，判断失效状态对系统或飞机安全的影响程度；对各严酷等级的失效状态进行相应的定性、定量分析，预算发生概率，提出安全性要求。在分析方法上，系统级系统安全性分析与整机级不同于：系统级不仅要进行 PRA 和 ZSA，还需对灾难的和危险的失效状态进行 CMA 来分析故障树中"与门"事件和"与门"事件下的组合失效的独立性。此外，系统级系统安全性分析工作不包括制定系统安全性评估指标。系统级系统安全性分析的流程如图 3.8 所示。

43

从图 3.9 中可以看出系统级系统安全性分析的输入是整机级系统安全性分析的结果，因此系统级系统安全性分析的信息流来源于整机级系统安全性分析的结果和系统的基本参数、功能要求。然后信息分为两部分，终止于系统级系统安全性分析结果摘要表和 PRA、ZSA、CMA 的分析文件。

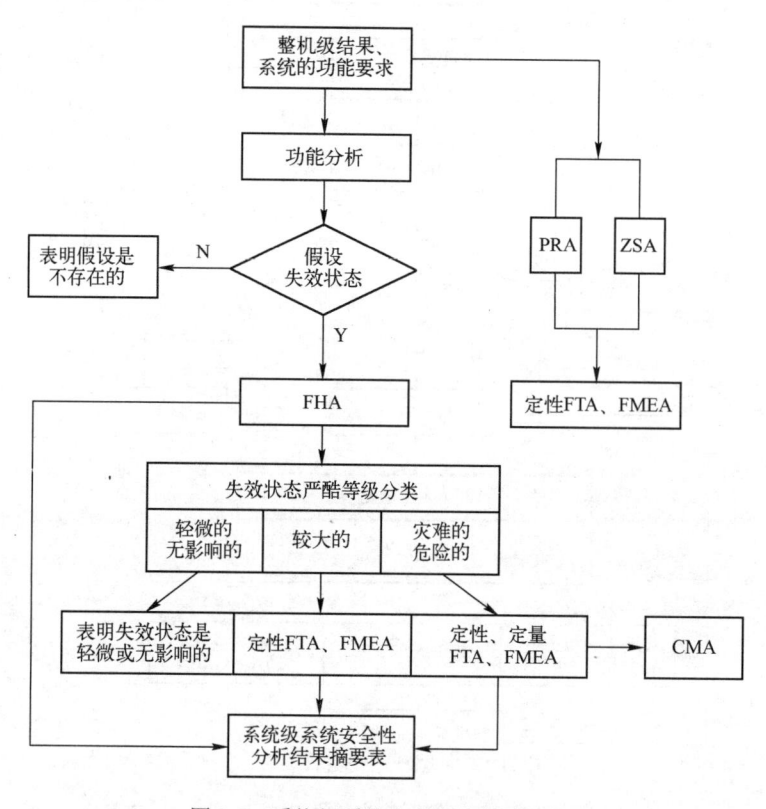

图 3.9　系统级系统安全性分析流程图

2. 军机安全性验证

1）整机级系统安全性验证

整机级系统安全性验证是整机级系统安全性分析的逆向过程，是一种定性验证过程。民用飞机系统安全性评估过程没有飞机层面的验证，最高只有系统层面的验证。

进行整机级系统安全性验证需先获得系统级系统安全性验证的结果。对严酷等级为灾难的和危险的顶事件，需要汇总整机级故障树灾难的和危险的底事件的发生概率，定性地判断顶层失效状态是否满足安全性要求；对严酷等级为较大的和轻微的顶事件则需要相关分析文件来验证。整机级系统安全性验证还需要给出 PRA、ZSA 的分析结果文件，以表明出现特殊情况后不会影响飞机继续飞行或安全着陆。整机级系统安全性验证的具体流程如图 3.10 所示。

从图中可以看出，整机级系统安全性验证的信息开始于系统级系统安全性验证的结果，严酷度等级为灾难的和危险的失效状态的信息终止于整机级系统安全性分析结果总结表，而其他信息终止于相关分析文件。

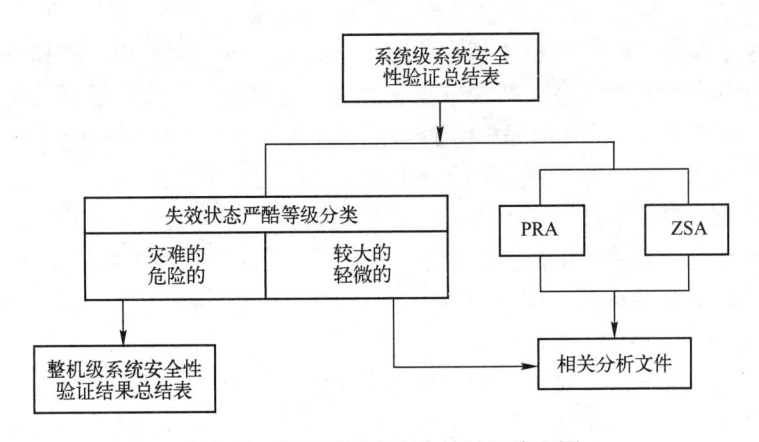

图 3.10 整机级系统安全性验证流程图

2）系统级安全性验证

系统级系统安全性验证是系统级安全性分析的逆向过程，是在系统级安全性分析所建立故障树的基础上，利用供应商、子供应商给出的部件和设备的安全性、可靠性数据来验证系统、分系统的失效模式是否达到系统可靠性、安全性要求。该过程是定性、定量的验证过程，类似于民用飞机系统安全性评估的 SSA。

系统级安全性验证过程与整机级系统安全性验证过程基本采用相同的方法，两者的区别在于：系统级安全性验证需要进行 FMES。严酷等级为灾难的和危险的失效状态需要进行定量 FTA 和 CMA。系统级系统安全性验证的流程如图 3.11 所示。

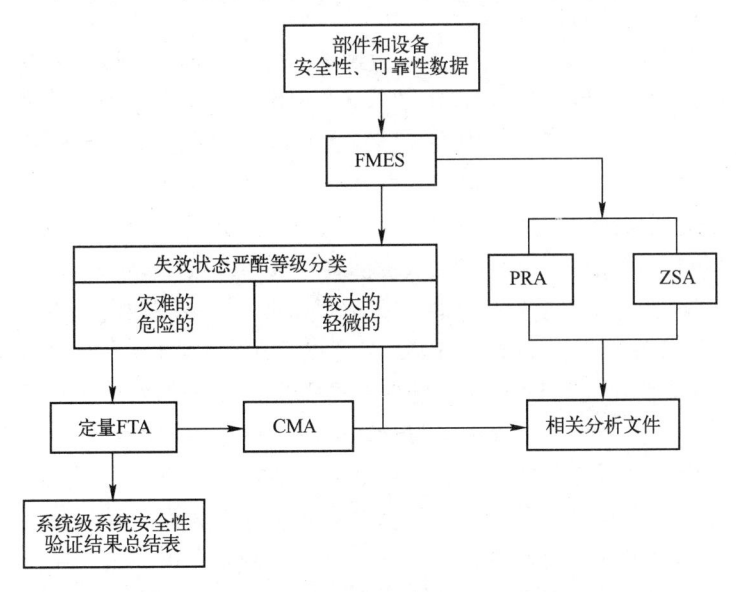

图 3.11 系统级系统安全性验证流程图

从图 3.11 可以看出，系统级安全性验证的信息开始于部件和设备的安全性、可靠性数据，经 FMES 汇总后严酷等级为灾难的和危险的失效状态的信息一部分终止于系统级系统安全性验证总结表，另一部分经 CMA 终止于相关分析文件，其他的信息经 PRA 和 ZSA 也终止于相关分析文件。

45

综上所述，装备安全性分析的基本内容是在装备全寿命周期内，辨识系统危险源，反复进行危险分析和危险评估，并采取措施进行危险管控。危险分析是系统安全性分析的核心内容，主要用于识别潜在危险、提出适当措施。GJB900—1990《系统安全性通用大纲》中将危险分析划分为：初步危险分析（PHA）、子系统危险分析（SSHA）、系统危险分析（SHA）、使用和保障危险分析（O&SHA）及职业健康危险分析（OHHA）等；危险评估主要是分析事故发生概率及后果，并采用合适的方法计算系统安全性水平。SAE ARP4761 提出危险评估包括功能危险性评估（FHA）、初步系统安全性评估（PSSA）、系统安全性评估（SSA）等。

当前，国内外都要求在装备研制中应用系统安全性分析。绝大部分国家参照美军标 MIL-STD-882 建立了各自的军事装备系统安全性标准。但是，对装备安全性分析的研究主要集中在装备研制和采办阶段，装备服役阶段安全性研究应用相对较少。我军的 GJB900 标准对技术方法的研究也不够系统深入，对装备服役中的安全风险评价没有予以规范，缺乏有效的工程化分析理论方法。

3.2 复杂装备安全性分析方法

3.2.1 装备安全性分析方法的发展历程

装备安全性分析起源于美国，是一种研究复杂系统整体安全性的理论和方法体系。发展主要经历了以下五个阶段：

20 世纪 20 年代初到 40 年代前期的事故调查阶段，主要是进行事故发生后的记录与调查，就技术研究技术问题。40 年代中期至 60 年代中期为事故预防阶段，工作重点从事后调查转向了事故预防阶段。一方面不断完善事故的调查、报告和分析研究方法；另一方面利用事故调查和分析得到的信息，找出引发事故的各种重复和共同的原因、采取纠正措施以防止类似事故的发生。

20 世纪 60 年代，美国在研制"民兵"式洲际弹道导弹（Intercontinental Ballistic Missile, ICBM）的一年半时间里，先后发生 4 次重大爆炸事故。美空军以此为契机，采用系统工程原理和方法研究 ICBM 安全性，于 1962 年发布了 BSD62-41《空军弹道导弹研制系统安全性大纲》。该大纲历经数次修改，最终正式成为装备安全性要求大纲，即军用标准 MIL-STD-882，规定了系统安全管理、设计、分析和评价的基本要求，作为国防部范围内武器系统研制必须遵循的文件。随后，在 F-15、F-16 战斗机、B-1 战略轰炸机等航空装备研制中，都开展了系统安全工作，包括制定系统安全大纲、确定安全性设计要求、进行系统安全分析、开展安全性设计与验证、进行系统安全培训等。在民用领域也吸取了系统安全分析技术进行民用飞机安全性评定。到了 20 世纪 70 年代，装备系统安全性分析逐渐推广至航天、航空及核电站、石油、化工等工业等领域。

20 世纪 80 年代中期到 90 年代中期为综合预防阶段，全面实施系统安全大纲，在进一步加强安全性分析、设计和验证工作的同时，还综合运用人为因素分析、软件安全性、风险管理和定量风险评估等各种先进技术来预防事故发生。从装备的故障与操作人员的人为因素、设备的硬件和软件、安全性设计与风险管理、定性分析与定量风险评估等各个方面对装备事故进行综合预防。

20世纪90年代中期以后为全面安全管理阶段。人们逐渐认识到在科学技术没有重大突破的情况下，单靠提高装备的安全性来降低事故率已经很困难了。1995年1月，由美国运输部和FAA组织，美国各企业、政府及航空联合会的官员与领导1000多人，在华盛顿特区召开了一次空前的航空安全工作会议，提出"向零事故挑战"的目标，制定了降低事故率的具体措施。

进入21世纪以来，越发重视从系统安全管理角度考虑如何提高装备安全水平。在原有的安全管理模式的基础上，将安全方针、组织结构、安全管理程序和内部的监督审核结合起来，通过风险管理的手段，预防事故的发生。美国国防部、俄罗斯航空航天部门、欧洲空间局都制定了相应的系统安全性大纲，开展了广泛深入的系统安全性工作。装备系统安全性理论以装备系统危险作为研究对象，较以事故为出发点的传统装备安全性理论有了对装备事故超前预防的意识和对策，建立了人、机、环境、管理诸要素构成的装备事故系统概念，强调主动、协调、综合、全面的方法论。

3.2.2 常用的装备安全性分析方法

安全性分析方法有很多，主要运用归纳和演绎技术，从定性或定量角度分析系统危险及其相互关系。20世纪50年代，许多成熟的方法已经开始应用于军方重大科研项目和民用高风险行业的安全性分析中。其中，比较常用的系统安全性分析方法如表3.1所示。

表3.1 常用系统安全性分析技术

时间	名称	提出部门	首用领域
1957年	故障模式与危害分析（FMEA）	美国国防部	飞机发动机安全性分析
1961年	故障树分析（FTA）	贝尔实验室	ICBM控制系统安全性分析
1969年	危险与运行分析方法（HAZOP）	英帝国化工	化工工业安全性分析
1975年	故障树和事件树（FTA-ETA）	美原子能机构	核电站运行的安全性分析

上述方法可以很好地描述危险状态产生的原因及事故后果。在实际应用过程中，安全性分析方法有各自的适用范围。尤其对于结构复杂、高风险的复杂装备来讲，需要仔细分析这些方法的应用条件、优缺点，并合理选择适用于复杂装备服役安全性分析的方法。

1. 复杂装备安全性分析方法的动态性问题

随着微电子技术、计算机技术等高新技术的迅猛发展，复杂装备系统功能结构日益复杂。在其整个寿命周期内，装备系统内部各工作单元之间及与环境、人员等外在因素之间交互频繁。任何环节的异常都可能对系统安全性造成危害。因此，复杂装备系统安全状态随运行过程不断变化，具有明显的动态性。其服役安全性分析是一个涉及要素众多、危险因素关系复杂多变的系统工程。然而，常用安全性分析方法基本上是静态的、定性的，难以满足装备服役安全性定量化、动态化的分析要求。

故障树分析（Fault Tree Analysis，FTA）通过由上而下的故障因果逻辑分析，找出导致顶事件发生的所有原因组合和薄弱环节，具有简单易用的优点。但是，该方法只能进行故障结构的静态逻辑分析,不能胜任动态系统分析。即使引入正确的失效逻辑,也难以获得动态发生概率的足够信息和结果状态到达的时间分布;针对这种情况,利用 Markov 过程改进 FTA 方法,不仅克服了 FTA 方法的静态分析特性的缺点,还在一定程度上提高了计算精度。动态故障树(Dynamic Fault Tree,DFT)则是通过引入动态逻辑门,表征系统的动态特性。而基于 Markov 过程的 DFT 模型综合了 FTA 和 Markov 模型的优点,既有效减少了工作量,又提高了分析效率。但是,Markov 状态空间规模随系统规模的增大呈指数增长,存在组合爆炸问题。对于复杂装备系统,Markov 模型的建立和求解非常繁琐,且只适用于事件发生规律服从指数分布的系统;针对 Markov 链的组合爆炸和无法分析非指数分布系统的问题,采用蒙特卡罗 Monte Carol 方法求解系统近似解。其优点是问题维数的增加不会影响它的收敛速度,对于复杂装备系统的可靠性、安全性分析非常适用。该方法虽然能够求解顶事件发生概率,但是不能得到事故最小割集。可见,当前对常用安全性分析方法的一系列改进,仍然不能较好地满足复杂装备动态安全性分析要求。20 世纪 80 年代末,国外相关学者开始利用 Petri 网及其高级网模型进行动态安全性分析。该方法不仅能够判别危险状态是否可达,定量分析危险状态的发生概率,而且还能得出事故关键路径和关键事件。虽然,Petri 网在复杂系统安全性动态分析方面有优势,但是解析过程非常复杂。仅当模型变迁分布服从指数分布时,随机 Petri 网具有与 Markov 链同构的良好性质,求解过程大大简化。但是,复杂装备危险活动变化规律应当服从任意分布,迫切需要继续改进随机 Petri 网方法,使其在兼顾良好动态分析能力的基础上突破指数分布限制。

2. 复杂装备安全性分析方法的客观性问题

目前,部队在进行装备服役安全性分析时,主要采用安全检查表法与经验判断相结合的定性评估方法。该方法评估过程易受人为因素的影响,评估结果的主观性大、可信度较差。FTA、FMEA 等常用安全性分析方法,属于一种"头脑风暴"式的分析技术,不同程度地受到工程人员经验的限制,容易疏漏某些系统失效状态或者误判系统失效的影响。因此,上述方法不适用于当前高度综合的复杂装备系统。针对此,AKERLUND 将计算机学科形式化验证中的模型检验(Model Checking,MC)引入复杂系统的安全性评估领域。模型检验利用遍历算法,既可从数学上保证搜索出系统的所有状态,又可利用计算机检验工具 NuSMV,自动识别出导致某系统顶事件发生的最小失效组合,减少对分析人员技能和经验的依赖。但是,利用 NuSMV 采用自己的一套程序语言,给该方法的运用造成了极大困难。Petri 网及其高级模型在描述复杂系统静态结构、系统动态行为,以及所有失效状态、失效时序等方面具有极强的能力。因此,Petri 网较传统安全性建模技术,能够构建更为准确、客观的安全性分析模型。

3. 复杂装备系统危险耦合传递描述模型问题

关于装备危险耦合传递研究相对较少。危险因素之间紧密联系、相互作用,存在明显的耦合传递现象;根据 Orton 等的定义,影响装备安全性的各种因素称为危险耦元,危险耦元通过特定方式相互联系起来恶化为安全事故;改进区域安全分析(Zonal Safety Analysis,ZSA)方法,从飞机系统组元相互关系入手,以遍历方式分析故障因素和能量因素的耦合影响,从定性角度提出飞机安全性度量方法,但未进行危险耦合传递的定量描述;复杂网络具有抽象性、复杂性、规模性,并不适用于具体危险事件分析。对此,相关学者采用如事件序列图（Event Sequence Diagram，ESD）、Petri 网等进行耦合传递关系的具体描述。由于不能较好地估计结果状态到达的时间分布，耦合传递过程刻画也不明确，效果不是很理想。图示评审技术（Graphical Evaluation and Review Technique，GERT）通过逻辑节点和枝线把复杂系统转换为结构简单的随机网络模型，具有建模直观、求解简单、概率分布类型广泛等优点，已经在很多领域获得成功应用。基于此，便可对复杂装备危险耦合传递分阶段、分部件进行描述，不仅具有极强的逻辑功能，而且利于计算机模拟分析。

4. 复杂装备安全性数据分布规律拟合问题

当前，系统安全性方法已有很多，但在实际应用中还存在各自需要解决的问题。其中，一个重要的共性问题是可用安全性数据分布规律拟合问题。为了保证找到系统特征，大部分安全性分析方法都需要一系列可信的历史统计资料和相关数据。部分学者认为事故数据应当服从泊松分布，并以此计算事故发生概率。显然，该假设对复杂装备系统而言难以保证总是成立的；部分学者采用二次样条函数的方法，建立装备事故比例危险模型。然而，这并不适用于事故数据贫乏情况。针对此，极值分布作为独立同分布概率变量最值的渐近分布，开始用于系统安全性评估。然而，对于极值变量，人们很难获得其精确的分布，仍需对极值分布的参数进行估计。针对人为假设概率分布主观性、小样本数据估计参数不确定性问题，极大熵分布（Maximum Entropy Distribution，MED）受到广泛关注。极大熵分布是基于极大熵准则构造先验概率分布，具有无数据充分要求、无主观假设、与试验步骤无关等优点。

综上所述，传统安全性分析方法是系统化、结构化的分析技术。虽然已经非常成熟，但是都是从硬件结构和系统功能的角度出发，对系统进行静态分析。对于复杂装备系统中呈现出来的动态特性，分析能力明显不足。Petri 网以其强大的静态结构和动态行为分析能力，成为系统安全性分析的核心方法，能够进行较为复杂的危险事件分析，并且拥有成熟的仿真平台。GERT 方法在解决装备危险耦合传递问题方面有很大的优势，能够进行包括过程变量、人的因素以及历史场景等动态因素的综合分析，适合小规模的微观危险事件分析。但是，两者都需要进行事故数据分布的假设和检验。而蒙特卡罗、极大熵分布和灰色建模方法对该问题的解决提供了重要途径。

3.2.3 传统装备安全性分析方法的不足

1. 演化涌现建模薄弱

虽然认识到复杂装备事故是装备危险因素经由非线性作用演化涌现的结果，但是对该过程尚无较好的数学描述模型。事故致因理论仅分析了事故原因和结果之间的简单定性关系，没有进一步展开定量研究；事物安全"流变—突变"理论表明，装备安全性是由内外因素及其相互作用共同决定的，对其演化分析具有重要意义。但是，该理论主要针对简单装备，且缺乏对装备安全性涌现的描述；马红岩建立了事故演化涌现的结构关系模型，但仅是进行了形式化描述；杜纯等提出了复杂系统立体危险因素网络，通过危险因素风险熵分布表征复杂事故演化状态。该方法不考虑具体危险因素或事件具体属性，抽象为网络模型，并用熵方法从总体上进行度量。虽然较定性分析有了新的进步，但是没有给出宏微观整体演化的关联过程和事故涌现的判据，对工程实际的指导意义还不充分。综上所述，相关学者已经开始认识到复杂装备事故的层次性、耦合性，并利用复杂系统理论和模型克服传统事故模型的局限性。但是，大部分理论探索还不系统，相关安全性演化涌现模型也仅限于定性层面。

2. 层次特性关注不够

当前，对装备服役安全性的研究，主要考虑了装备事故发生原因和结果，对其中间环节的关注较少。主要是因为复杂装备危险因素较多，关联关系错综复杂，直接分析安全事故的微观致因难度较大。直到20世纪80年代，美国学者佩罗提出从系统角度定义事故为子系统或者系统的损坏，提出事故分层思想，将事故划分为零件层、组件层、子系统事件层、系统事故层。虽然没有进一步阐述事故发生的机制，但是事故分层的思想值得借鉴。因为事故的系统涌现特性，恰恰体现在事故层次之中。根据肖小玲等对场景事件层次的分析和佩罗对装备事故是危险事件恶化为深层破坏的论断，装备事故同样具有层次结构与时空特性；基于此，高庆等根据装备组成结构和故障模式，提出了层次化的故障诊断技术，取得了较好的应用效果。

3. 耦合现象描述不清

随着高技术装备研制采用综合集成设计，复杂装备成为人工系统、技术系统和机电系统相互耦合而形成的具有一定结构和功能的有机整体。它融合了多种高新技术、先进材料以及高能物质，不但使得装备自身组成结构错综交联，物料、信息、能量流转模式多元，而且对维修的依赖和使用的要求也越来越高。由于复杂装备子系统之间在结构和功能上的交联非常广泛和复杂，"人—机—环境"等危险因素也开始网络化关联，耦合安全性问题更为突出。当外部环境与内部条件之间的耦合协调状态遭到破坏时，就可能导致装备安全事故。为此，《俄联邦航空飞行事故及事故征候调查条例》明确提出坚持"多因素致因论"分析装备事故。多因素耦合导致的复杂装备事故在其孕育、演化和涌现过程中呈现出随机不确定性、动态复杂性等非线性特征，传统方法已经不能胜任新型装备安全性分析。相关学者运用事件序列图（Event Sequence Diagram，ESD）、灰色-Markov等方法，对系统危险耦合过程进行动态化建模。这些方法虽然体现了耦合过程的动态性，但不能较好地估计结果状态到达的时间分布。

4. 完备性分析欠考虑

FTA、FMEA等可靠性方法被应用于装备安全性分析，是针对单个装备部件或者维修/使用环节，从事故因果关系、先验概率着手描述各装备危险事件序列之间的线性关系。而复杂装备系统安全性分析对象涉及人员、设备、财产和环境，较可靠性更为广泛。因此，传统安全性分析模型不仅容易漏掉由于危险因素之间非功能性交互导致的装备危险状态，而且其初因事件选择的合理性、完备性和线性推理结果的可信性也难以得到保证。

3.3 复杂装备安全性演化涌现多层耦合分析

3.3.1 复杂装备安全性涌现过程

复杂装备系统是由多个部件组成的综合体，其安全性是"系统级"属性的一项关键特征。事故致因理论认为，装备安全性演化涌现是"人—机—环境"等多种危险因素交互作用的结果；Leveson 教授在其 STAMP 事故模型中提出安全性不是单个部件的属性，而是装备系统各部件在微观层面非线性耦合作用下所展现出来的宏观涌现性。系统安全性是由其相关内外因素及其相互作用所共同决定的，是系统在各部件工作时，经由若干危险事件综合耦合作用所表现出来的一种整体"涌现"特性。装备事故涌现源于事故场景与危险因素初始结构的耦合效应。其中，事故场景指装备与其给定环境/条件之间的作用关系；危险因素初始结构指装备部件之间的作用关系。

何学秋提出了事故安全演化涌现的"流变—突变"规律。通过定义损伤量，绘制事物安全演化涌现曲线。若将装备事故视为由其部件磨损等因素造成，可建立如图 3.12 所示的装备服役安全性演化涌现曲线。其中，OA 段为装备服役初期的磨合阶段，具有减速磨损的特征；AB 段为装备在初期磨损后的匹配阶段，具有故障率低，工作较平稳的特征；BC 段是装备部件寿命相关的初期老化阶段，具有故障率和磨损量均增高的特征；CD 为装备由安全流变向安全突变转化的临界老化阶段。D 点是装备损伤量临界点，表征装备损伤量超出该点，就会产生突变。当装备的原始安全状态遭到破坏后，又重新跃迁到一个低损伤的安全状态 E，如此反复循环，直至装备退役报废。

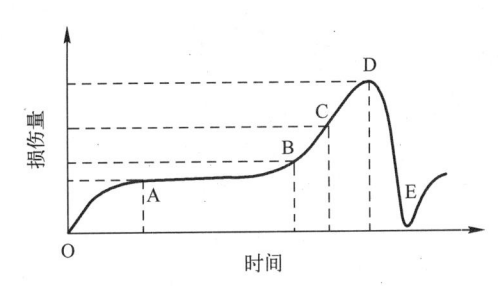

图 3.12 装备安全性演化涌现曲线

在实际寿命过程中，装备自身平衡结构不断受到各种危险的扰动，可靠性和安全寿命在总体上呈现不规则递减。当积聚的危险当量超过部件安全阈值时，装备系统安全控制变量就可能越过临界点，激发各部件之间的危险耦联，导致安全状态由原来的稳定有序走向无序崩溃。可见，装备系统安全性是在其自身寿命禀赋 A 的基础上，经由外部约束因素 E 影响双重流变因素 M，进而表征出相应的系统危险度 H_s。建立装备系统安全"流变—突变"函数如下：

$$H_s = \frac{1}{E} \ln \left[\frac{A(A_1, A_2, f) + M(f, E)t}{A(A_1, A_2, f) - t} \right] \tag{3.1}$$

式中，A 是装备自身结构 A_1、构成部件 A_2 和部件老化规律 f 的函数；外部约束因素 E 是装备寿命过程中的外部环境 e_1 和条件 e_2 的函数；M 是 f 和 E 的函数。

复杂装备事故演化涌现是"人—机—环境"等多种危险因素耦合交互决定的一种整体"涌现"特性。可见，多危险因素耦合是复杂装备事故演化涌现的基本规律。那么，如何建立多危险因素耦合与装备安全性演化涌现之间的复杂关系呢？一般系统论指出，通过系统层级结构，能够刻画系统要素相互关系和整体状态。多危险因素耦合是对事故结构关系的归约，装备安全性演化涌现也必须从宏微观之间的层次化关联中得到解释。因此，事故层次结构既是多危险因素耦合的本征表现，又分析装备安全性演化涌现的核心线索。

在认识到危险因素之间的层次特性后，相关学者展开更为深入细致的研究。郝云堂等为了得到产品结构及其与环境的作用规律，提出了多维多层次的全息产品模型。该模型是根据层次全息建模（Hierarchical Holographic Modeling，HHM）方法演绎而来的，对于构建复杂装备危险因素层次模型具有重要指导作用；张我华等在《灾害系统与灾变动力学》一书中指出，损伤局部化和趋近突变点反映了事故演化从微观层次向宏观层次耦合级联发展的特征，在各类事故分析预判方面具有一般性。对于装备事故而言，损伤局部化是装备危险因素经由耦合传递恶化至一定规模和等级；趋近突变点则是装备危险状态空间演化至事故涌现状态的前兆。可见，装备安全事故演化涌现是多危险因素多层次非线性耦合作用的过程。通过层次性分析可以提供一个完备的空间，使装备危险因素的耦合传递过程都可以在这个空间中找到。

因此，针对复杂装备系统危险因素多、耦合程度高以及多层次效应等特征，必须从装备系统结构层面出发，构建复杂装备系统安全性演化涌现的多层耦合分析框架，以期为构建其安全性宏微观整体演化模型和涌现判据提供支持。

3.3.2 复杂装备安全性的多层耦合效应

在装备事故场景中，装备危险因素及其耦合事件交互关系具有动态复杂性，直接进行装备安全性分析难度较大。结合装备结构层次与事故层次特性，可基于事故场景对装备安全性进行分层转化。为此，将单个危险因素导致的危险事件统称为个体危险事件（Entity Hazard Event, EHE），耦合危险因素导致的危险事件称为耦合危险事件（Coupling Hazard Event, CHE）。装备系统危险事件（System Hazard Event, SHE）则是由 EHE 和 CHE 经由涌现机制产生的。因此，可将 EHE、CHE、SHE 划分为底层事件（Bottom Hiberarchy Event, BHE）、中层事件（Middle Hiberarchy Event, MHE）、顶层事件（Top Hiberarchy Event, THE）。另外，按照佩罗提出的事故分层思想和便于分析的原则，将事故层次划分为部件级、子系统级和系统级，则可构建复杂装备安全性多层映射关系，如图 3.13 所示。

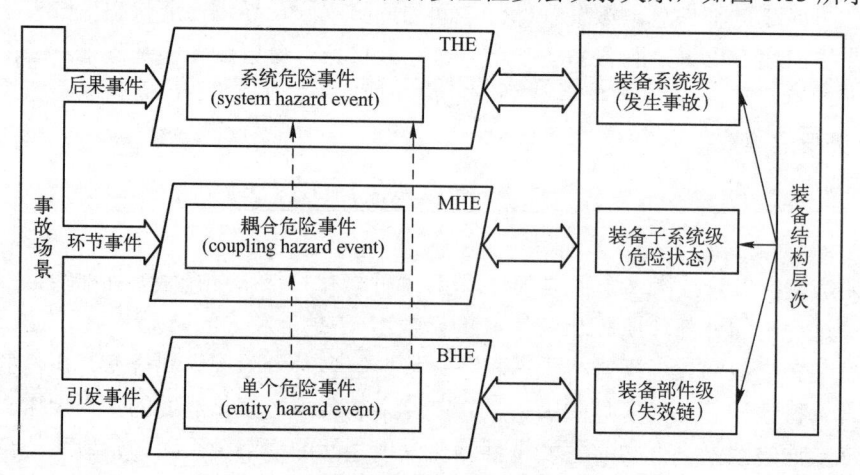

图 3.13 复杂装备安全性多层映射关系

自组织理论认为，系统与系统之间的相互作用是事物存在的普遍范式，并将这种范式称为耦合。在物理学中，耦合是指两个或两个以上系统通过各种相互作用而彼此影响的现象。可以看出，耦合的基本前提是危险耦合各方必须存在某种关联；危险耦合的结果是危险耦合各方的属性发生变化。据此，将装备危险耦合定义为装备系统中各种危险之间的相互依赖和影响关系。装备危险耦元主要包括系统部件、使用人员、工作环境等各种因素。各危险耦合之间只有通过特定的方式相互联系起来才可能导致装备事故。这种耦元之间的相互关联关系称为耦联方式，简称耦联。复杂装备活动主体是由人员、装备、环境等要素构成，按照一定的流程、指令和工艺运行。所以，装备危险存在于装备任务活动过程中，危险耦联主要由任务剖面决定。危险状态取决于装备系统中各子系统危险的存在方式和耦合程度，并随着任务剖面的运行动态改变危险参与规模和多层次耦合作用方式，导致危险的范围被不规则地扩大，最终改变危险传递当量或危险性质。危险因素间的依赖和影响程度越大，危险耦合程度就越高，反之危险耦合程度越低。该性质称为复杂装备安全性的多层耦合效应。

当装备系统出现强耦合效应时，装备危险多层次耦合恶化为装备事故。装备事故描述所造成的不期望后果包括人员伤亡、设备损坏、财产损失和环境破坏等。而事故场景则描述这些不期望后果发生的原因、危险状态恶化过程。一个事故场景由引发事件、环节事件、后果事件构成，与一个失效链相对应。当多条失效链再进行更高一级的非线性耦合作用时，则可能引发复杂装备事故。可见，失效链是以危险因素为基元的耦合链路，属于线性耦合；事故是以失效链为单元的危险因素耦合网络，属于非线性耦合。系统所有可能的事故场景按照某种关联映射形成相应的复杂装备危险状态空间，当到达其安全性突变点时，发生装备系统事故。构建复杂装备安全性多层耦合效应示意图如图3.14所示。

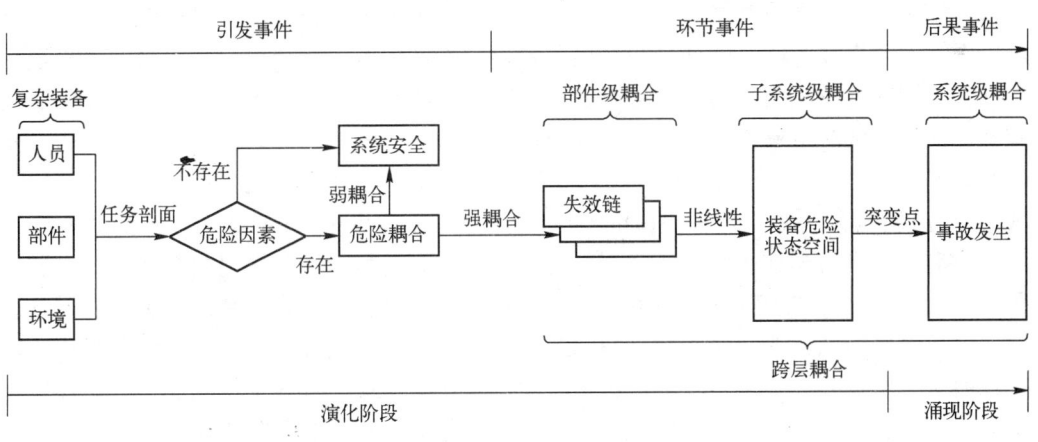

图 3.14 复杂装备安全性多层耦合效应示意图

3.3.3 多层耦合分析框架

3.3.3.1 多层耦合分析思路

由上一节可知，装备层次节点与事故层次节点是彼此关联的。那么，该如何确定该关联关系呢？通过业务流程的层次化分解，可以构建危险耦合传递时序关系的方法。在复杂装备服役阶段，流程指令、规程、工艺等实现了物质流、能量流、信息流的动态关联和流转。危险因素正是利用该关系禀赋形成耦合传递能力进行级联渗透，并在一定工作环境中不断累积直至发生事故。所以，危险因素的耦合关系和传递时序由复杂装备任务剖面决定。复杂装备任务剖面可分解成若干个独立的处理环节，而复杂装备系统危险又可分为部件级、子系统、系统3个基本层次。各层次从微观到宏观逐层集成，反映复杂装备系统危险的完备信息。复杂装备危险耦合传递、演化涌现正是建立在这三个事故层次上。基于此，构建复杂装备安全性演化涌现的多层耦合分析思路如图3.15所示。

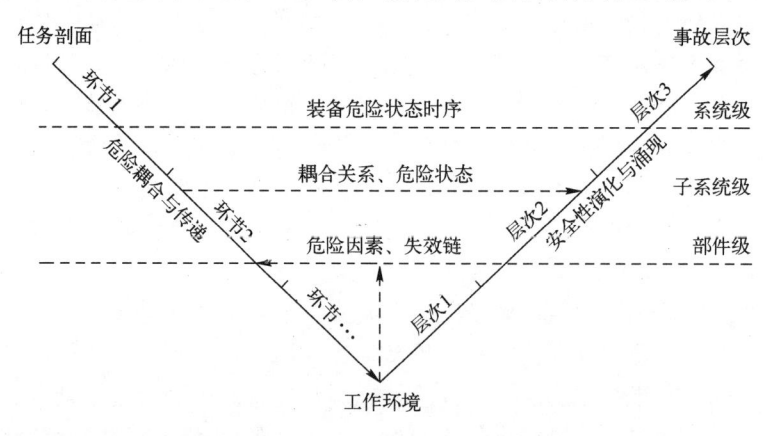

图3.15 复杂装备安全性演化涌现多层耦合分析思路

3.3.3.2 多层耦合分析模型

复杂装备危险耦合传递具有涉及因素众多、层次关系复杂、作用过程随机性大等特征。虽然复杂网络（Complex Network，CN）能够直接进行描述，但微观层面分析能力欠缺。这是因为复杂网络属于一种抽象的、单层次的宏观分析方法，只用宏观平均量不足以表征安全事故涌现。此外，复杂装备危险因素在失效链形成以及危险网络重构过程中具有不同的理论机制。因此，必须运用自底向上的层次化网络方法，从复杂装备服役安全性演化涌现的多层耦合效应着手，采用合适的理论解释复杂装备危险各层次的不同属性。根据提出的多层耦合分析思路，构建如图3.16所示的复杂装备服役安全性演化涌现的3层次耦合网络分析模型(Three-hierarchical Coupling Network Analysis Model，TCNAM)。第1分析层为危险因素层，由复杂装备系统危险因素网络分解而来，主要任务是运用相关领域知识对危险因素进行识别和评估。该层次构成了复杂装备事故场景引发事件；第2分析层为子系统层，复杂装备危险子系统是由任务剖面耦合关联而成，往往包括多个失效链。单个失效链包含的危险因素的基本属性由第1层次获得。通过对所有失效链非线性耦合作用的分析，得到复杂装备危险子系统的危险规模和危害等级，构成了复杂装备事故场景环节事件；第3分析层为系统层，是第2分析层在一段时间内的演化轨迹，即为一个时变危险状态空间。第2层次的所有失效链分析对应第3分析层次的一个复杂装备危险状态。复杂装备系统事故突变在该层次被看作是各子系统危险状态的时序变化过程。基于此，可以分析危险当量变化趋势和事故突变点接近度，从而判定复杂装备总体危险程度，构成复杂装备事故场景后果事件。

该网络模型分别从耦合层次维和危险状态时序维进行构建。纵向上，低层次为高层次提供复杂装备服役安全性分析微观线索；横向上，整体逐阶段更新复杂装备危险状态，为复杂装备系统事故判定提供宏观分析线索。

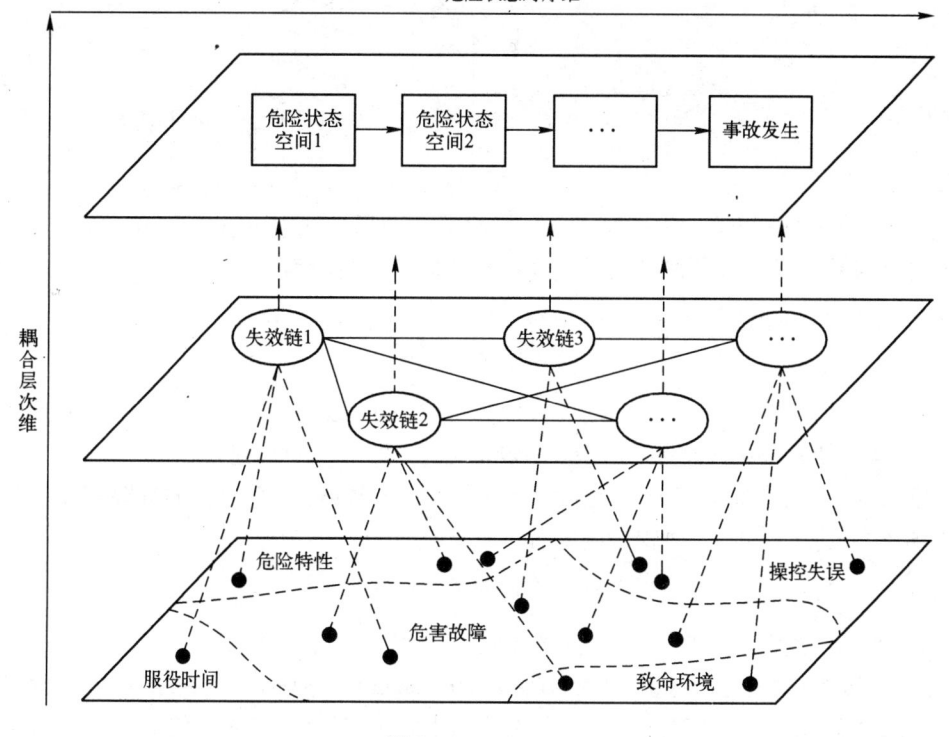

图 3.16 TCNAM

3.3.4 安全性多层耦合分析形式化描述

由 TCNAM 可知，复杂装备危险因素网络是危险因素从局部到整体、低层到高层逐级整合形成的层次化整体网络，具有耦合性、不确定性、层次性等非线性系统的典型特征。张景林等指出复杂的安全系统是一个耗散结构；吴超等将事故重新定义为偏离安全有序状态的涨落导致系统局部失稳的结果，并提出关注事故的非线性系统特征，以"熵方法、灰色系统方法、突变论"等现代系统科学理论进行事故分析。因此，复杂装备事故层次耦合网络模型形式化是以现代非线性理论为基础，以层次耦合为主线，分别定义危险因素、耦合度、失效链、危险状态、危险熵、事故发生等概念来完成。

定义 3.1 危险因素 x_i。危险因素 x_i 为该网络第 1 分析层次中诱发装备事故的节点。x_i 的属性值即危险度 h_i 由其领域知识具体计算。则装备 M_{name} 所有带属性值的危险因素 $X(M_{name}, x_i, v_i)$ 可以表示为：

$$X(M_{name}, x_i, v_i) = \begin{Bmatrix} M_{name} & x_1 & h_1 \\ & x_2 & h_2 \\ & \vdots & \vdots \\ & x_n & h_n \end{Bmatrix}$$

定义 3.2 耦合度 C_{ij}。耦合度 C_{ij} 为该网络第 1 分析层次中任意 2 个危险因素 h_i、h_j 之间的相互关联、相互影响程度。耦合度矩阵 C 可以表示为：

$$C = (c_{ij})_{n \times n} = \begin{matrix} \\ x_1 \\ x_2 \\ \vdots \\ x_n \end{matrix} \begin{matrix} x_1 & x_2 & \cdots & x_n \\ \begin{bmatrix} c_{11} & c_{12} & \cdots & c_{1n} \\ c_{21} & c_{22} & \cdots & c_{2n} \\ \vdots & \vdots & \vdots & \vdots \\ c_{n1} & c_{n2} & \cdots & c_{nn} \end{bmatrix} \end{matrix}$$

定义 3.3 失效链 P_i。失效链 P_i 为该网络第 2 分析层次中由若干个相互联系、相互作用的危险因素 x_i 基于装备系统任务剖面耦合关联（包括串联、并联、循环）而成的失效函数。则有：

$$P_i = \Theta(x_i, x_{i+1}, \cdots, x_{i+j}) \tag{3.2}$$

式中，Θ 为耦合关联算子。通常由事件序列图(Event Sequence Diagram，ESD)、图示评审技术（Graph Evaluation and Review Technique，GERT）等网络模型具体确定。

定义 3.4 危险状态 $M_i(t)$。危险状态 $M_i(t)$ 是该网络第 t 个时刻的危险程度，由若干个失效链 P_i 经过非线性映射得到。则有：

$$M_i(t) = \Psi(P_i(t), P_{i+1}(t), \cdots P_j(t)) \tag{3.3}$$

式中，Ψ 为失效链与危险状态之间的非线性映射。通常由回声状态网络（Echo State Network，ESN）、支持向量机（Support Vector Machine，SVM）等智能算法拟合得到。

定义 3.5 演化序列 M。演化序列 M 为该网络第 3 分析层次中装备危险状态空间的时间序列。则有：

$$M = \{M(t) \rightarrow M(t + \Delta t) \rightarrow \cdots \rightarrow M(t + j\Delta t)\} \tag{3.4}$$

式中，$M(t) = \{M_1(t), M_2(t), \cdots, M_k(t)\}$ 是危险状态空间组成的向量。

定义 3.6 危险熵 $S(t)$。危险熵 $S(t)$ 是指该网络第 t 时段内的装备危险演化的不确定度。令 $p(M_i)$ 为装备危险因素网络处于危险状态 M_i 的概率，则有：

$$S(t) = -\sum_i p(M_i) \ln p(M_i) \tag{3.5}$$

式中，$p(M_i) = \dfrac{D(M_i)}{\sum_i D(M_i)}$，$D(M_i)$ 为装备网络处于危险状态 M_i 对应的损失。

定义 3.7 危险熵函数 $F_s(t)$。令装备危险熵时间序列为 $\{S(t), S(t + \Delta t), \cdots, S(t + j\Delta t)\}$。考虑到装备危险系统的灰特征，采用灰色时间序列建模 GM 方法，得到装备系统拟合熵函数表达式如下：

$$F_s(t) = ae^{-bt} + c \tag{3.6}$$

式中，a, b, c 分别为灰色模型求解得到的表达式参数。

复杂装备系统危险熵函数表征了危险状态空间的演化轨迹。若能从中找出危险熵值突变点，就可以判断距离安全性崩溃临界点的趋近程度。为此，运用相关数学方法将公式（3.6）转化为尖点突变模型的势函数 $V(F_s(t))$ 和分叉集 Δ，如式（3.7）、（3.8）所示：

$$V(F_s(t)) = z^4 + uz^2 + vz + \varsigma \tag{3.7}$$

式中，z 为尖点突变模型熵势函数的状态变量；u、v 为正负熵流 2 个控制参量；ς 为常数项。

$$\Delta = 8u^3 + 27v^2 \tag{3.8}$$

由尖点突变性质易知，当 $\Delta > 0$ 时，复杂装备系统处于安全稳定态；当 $\Delta < 0$ 时，复杂装备系统处于无序崩溃态；$\Delta = 0$ 时，复杂装备系统处于安全临界态。

定义 3.8 事故发生 E。事故发生 E 是指该网络危险状态空间演化至危险控制 $u-v$ 平面的 $\Delta < 0$ 区域时出现装备安全失稳的现象。则有：

$$E = \lim_{M(t) \to M_\Delta} f(\bigcup_i M(t + i\Delta t)) \tag{3.9}$$

式中，f 为装备危险因素网络事故发生函数；$M_\Delta = M(t) \in \{\Delta < 0 | u,v\}$。

综上所述，复杂装备服役安全性演化涌现多层耦合分析的基本思路是通过危险因素耦合关系、传递链路，找出装备危险演变轨迹，并根据各时刻点定义的危险状态空间判断装备系统是否到达安全突变点。当危险因素在耦合网络上耦合传递达到一定规模，或者其危险属性趋近事故突变点时，预示复杂装备事故很可能发生。结合上述定义，建立复杂装备危险多层耦合网络定义及其分析步骤如下：

定义 3.9 复杂装备危险多层耦合模型 N_{MHC}。复杂装备危险因素多层耦合网络 $N_{\text{MHC}} = <\boldsymbol{X},\boldsymbol{C},\boldsymbol{M},\boldsymbol{S},f>$ 是一个五元组，存在如下层次关联关系：

$$\begin{cases} \bigcup_i P_i = \boldsymbol{X} \times \boldsymbol{C} \times \Theta \big|_S \\ \boldsymbol{M}(t) = \bigcup_i P_i \times \Psi \\ E = f(\bigcup_i \boldsymbol{M}(t + i\Delta t)) \big|_{M_\Delta} \end{cases} \tag{3.10}$$

式中，$\boldsymbol{X} = \{x_1, x_2, \cdots x_n\}$ 为网络中的复杂装备危险因素集合；$\boldsymbol{C} = (c_{ij})_{n \times n}$ 为复杂装备危险因素之间的耦合度矩阵；$\boldsymbol{M}$ 为复杂装备危险状态空间演化序列；$\boldsymbol{S} = \{S_1, S_2, \cdots S_j\}$ 为该复杂装备危险因素网络的事故场景集合，对应于各失效链 P_i；f 为复杂装备危险因素网络事故发生函数，表征 3 个网络层次间的推理关系。

根据 TCNAM 及其形式化建模过程，构建复杂装备服役安全性演化涌现多层耦合分析流程，如图 3.17 所示。

步骤 1 任务剖面构建。根据复杂装备服役规程，逐阶段确定任务交互时序。

步骤 2 装备危险层次展开。根据装备结构/功能层次，建立装备危险因素 HHM 模型。

步骤 3 危险网络构建。以危险因素为节点，以危险因素之间关系为边，以耦合度为权重，将事故装备危险因素层次空间转化为装备危险网络。

步骤 4 失效链分析。按照装备危险耦合因素 HHM 模型，在装备系统危险网络中搜索所有可能失效模式，得到系统可能的初始事件集合，并用 GERT、ESD 等方法进行失效链分析。

步骤 5 危险状态评估。包括危险因素耦合传递规模和危害程度分析。由于复杂装备事故成因的复杂性,需要选取ESN、SVM等全局智能搜索算法和评估算法。

步骤6 危险熵函数拟合。根据危险状态,构建危险熵,并采用灰色时间序列模型GM拟合危险熵函数。

步骤7 事故发生判定。将危险函数转化为标准突变模型,进行装备服役安全性判定。

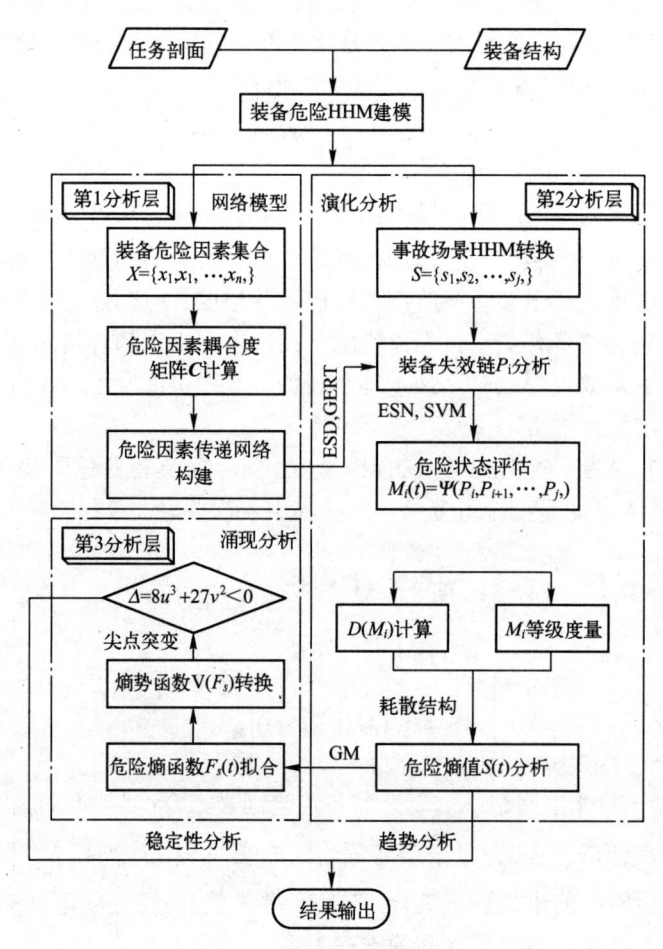

图 3.17 复杂装备安全性多层耦合分析流程

第4章　复杂装备部件级危险特性分析

从系统构成来看，复杂装备是由部件、子系统、系统逐级隶属配套而成。装备部件级的危险因素是其他各层级危险状态变化的根源。复杂装备自身拥有多种高能物质以及新技术安全风险，多因素耦合诱发的装备安全事故时有发生。统计表明，由多个因素耦合诱发的飞行事故比重达到92%，每个事故平均有4.39~20个基元危险事件。装备事故的发生是由基元危险事件非线性耦合作用累积导致的。因此，失效链分析是进行复杂装备系统安全性分析的基础。

4.1　装备部件危险因素

4.1.1　SHELL 模型

系统安全观指出，安全是"人—机—环境"的共变结构体，具有显著的关联、匹配、涌现特性。Elwyn Edwards 教授于1972年提出了 SHELL 模型，如图4.1所示。从宏观角度描述人与软件（Software）、人与硬件（Hardware）、人与环境（Environment）以及人（Liveware）之间的耦合关系。只有通过不断地调整，使人员、硬件、软件、环境4个要素达到协同一致，才能减少或消除事故发生的可能性。

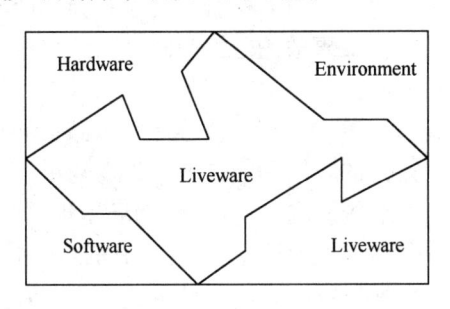

图 4.1　SHELL 模型

4.1.2　5M 模型

装备安全"5M"模型中的"5M"是指影响装备服役安全性的因素的总称，包括人员（Man）、装备（Machine）、环境（Media）、管理（Management）、任务（Mission），如图 4.2 所示。人员、装备和环境相互作用决定战训任务的成败，管理提供各因素之间相互作用的规则。人员、装备和环境之间直接彼此关联，具体的关联关系由管理决定。当战训任务失败或者发生装备事故时，必须重新评估和调整5M因素之间的相互作用。

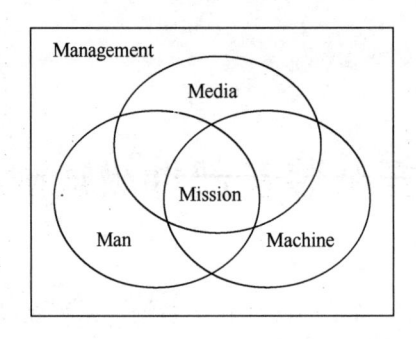

图 4.2 "5M"模型

无论是 SHELL 模型还是 5M 模型，都涉及了人员、环境、装备这 3 个危险因素。其中，SHELL 模型中软件、硬件可与装备等效。不同的是，5M 模型还提到了管理因素和任务因素。人是主体，装备由人操控。在装备可靠性大幅提高的情况下，人为差错是导致装备事故的重要因素。人为差错分为个体错误和组织错误。其中，组织错误由安全控制措施不落实、安全信息不畅通、安全培训缺失等一系列组织漏洞组成，是人为差错由个体层面推进到组织层面的另一种表现形式，与管理因素等效。因此，管理因素是人为差错的高级表现形式，可以统一为人为差错。而任务因素与其他因素不是并列关系，只是随着任务不同其他危险因素的属性值不同而已。换言之，人员、装备、环境因素涵盖了任务因素对装备系统安全性的影响。因此，任务因素可以不作为装备危险因素，而是危险因素关联特性的导向或依据。

虽然装备系统安全性和可靠性都是时间的函数，但也存在明显差异。可靠性有"规定的时间和规定的条件"这一约束，而安全性则没有。在该约束下，当装备系统发生故障时，属于可靠性研究范畴。可靠性度量指标都是基于故障进行定义的。装备系统故障是指某些功能丧失。仅当装备故障引发人员伤害、设备损坏或环境恶化即发生事故时，才属于安全性范畴。此类能够引发事故的恶性故障称为危害故障，是造成安全事故的主要原因；李晓磊等认为装备危险因素由故障因素、能量因素（如毒气、燃油、高压等）以及耦合危险因素 3 部分组成。其中，能量因素是形成致命环境的重要因素；此外，装备系统安全性还包括超越"规定的时间和规定的条件"约束下不发生事故的能力。某些不适宜的环境会对系统安全性造成影响。这表明致命环境也是装备系统的重要危险因素。美国国防部军事装备系统安全性工程设计指南 MIL-HDBK-764 也指出了军用装备危险因素，包括材料和设备的危险特性、致命环境、设备故障、人为差错 4 个部分。刘东亮等基于飞行事故场景，将危险因素划分为装备故障、致命环境、操控失误。此外，装备系统中危险特性的危险物质、制造缺陷可能会危险人员健康、导致人为差错，应当一并作为装备事故的耦合因素之一。

综上所述，可将装备危险因素归纳为危害故障、危险特性、致命环境、操控失误及各因素的耦合。

4.1.3 复杂装备危险因素全息建模

复杂装备安全性演化涌现时空跨度大，涉及危险因素多，所处环境复杂。从单一维度进行装备系统危险辨识，难以建立完备的危险因素网络模型，在一定程度上降低了模型信度。层次全息建模（Hierarchical Holographic Modeling，HHM）是 Haimes 在 1981 年提出的，该模型从多维度、多层次刻画系统内在本征结构和外在环境属性。将该模型用于复杂装备危险因素辨别，可全面综合捕捉、展现危险因素的多维多级特征。这里的层次是指系统危险的不同层面，全息是指系统危险的多个维度。

复杂装备系统各危险因素状态是随时间变化的，可抽象为时间的函数。因此，时间是事故演化的一个重要维度。此外，任务剖面描述了复杂装备在完成规定任务过程中经历的所有事件及其交互时序，为事故场景的构建提供线索，也应作为一个事故维度。综上所述，将复杂装备系统危险因素细分为组成部件、任务剖面（战训任务和维修流程）、危害故障、操控失误（使用人员、维修人员）、致命环境（高温高湿、强风高压、雨雾沙尘）、危险特性（危险物质、制造缺陷）、寿命阶段（磨合、匹配、老化）7 个维度。基于此，建立复杂装备危险因素 HHM 辨识模型如图 4.3 所示。

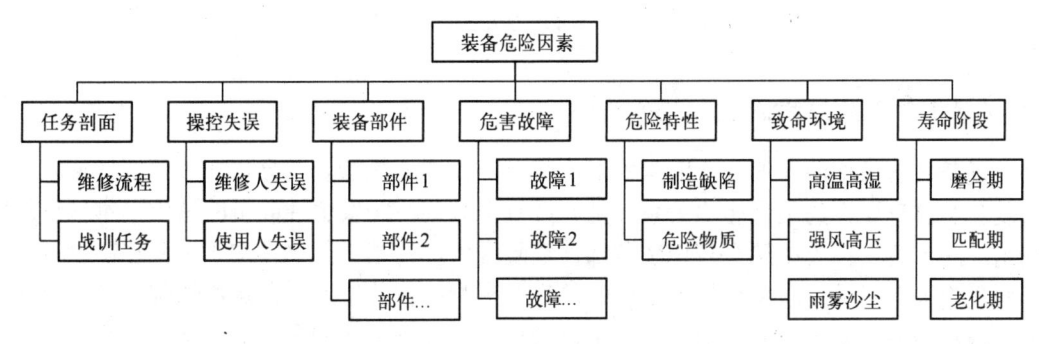

图 4.3　复杂装备危险因素 HHM 辨识模型

4.2　装备部件危险耦合特性分析

4.2.1　危险耦合过程

装备危险因素耦合传递是指装备系统出现一个或多个危险因素，通过非线性耦合作用依次影响或者诱发新的危险，直至造成装备系统事故。要充分认识危险因素及其相互作用关系并有效地开展装备安全性分析，必须分析其耦合传递过程。通过反复迭代搜索装备危险因素 HHM 模型，最终能够捕获装备部件所有的危险因素耦合传递关系。但是，由于装备系统危险因素较多，非线性耦合关系错综复杂，直接分析装备危险因素耦合传递过程难度较大。装备自身属性及其操控之间的关系属于内部耦合，而与其环境条件的关系属于外部耦合，二者共同构成事故场景。可见，事故场景是装备危险因素的时序交互集合，既是开展装备安全性分析的中心，也是确定危险因素耦合传递关系的基线。复杂装备安全性问题的本质是内外部多危险因素在一系列事故场景中经由非线性耦合作用的结果。因此，为识别多危险因素耦合产生的事故场景，将图 4.3 装备危险因素 HHM 模型进行分层耦合转化，如图 4.4 所示。

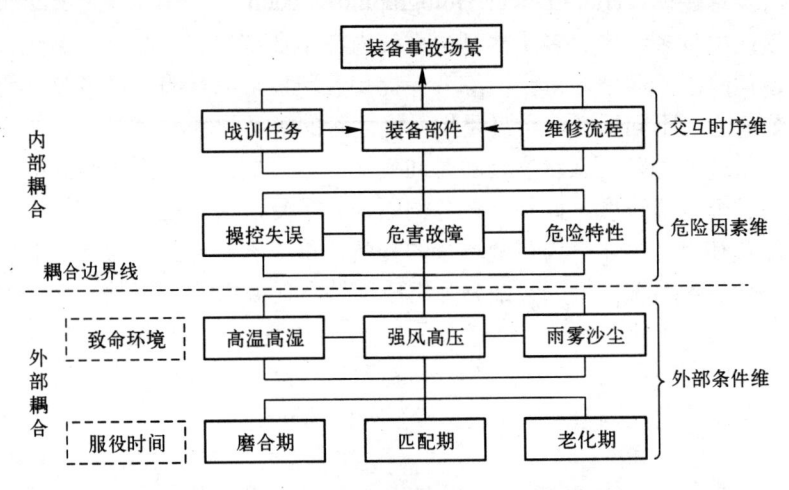

图 4.4 复杂装备事故场景 HHM 识别模型

4.2.2 部件危险耦合特性分析

复杂装备部件涉及的危险因素较多、所处工作环境复杂。充分认知装备部件危险因素及其对自身属性的耦合影响关系，是开展复杂装备系统安全性分析的基础。本项目拟采用层次全息结构模型综合辨识装备部件危险因素，并基于其物理知识和演化微分方程分析危险因素对单个装备部件多维属性的耦合影响；在此基础上，运用物理学中的容量耦合函数模型和蒙特卡罗数值分析技术，分析面向任务剖面的多个装备部件危险耦合影响特性。

1. 单个装备部件危险耦合响应特性分析

令 x_i ($i=1,2,\cdots,n$) 为某装备部件的第 i 个属性；$f(x_1,x_2,\cdots,x_n)$ 为 x_i 的非线性函数，构建装备部件危险耦合特性演化方程为：

$$\frac{dx(t)}{dt} = f(x_1, x_2, \cdots, x_n), \quad i=1,2,\cdots,n \tag{4.1}$$

根据泰勒级数展开方法和 Lyapunov 第一近似定理，得到公式（4.1）的非线性近似表示式：

$$\frac{dx(t)}{dt} = \sum_{i=1}^{n} a_i x_i^k, \quad i=1,2,\cdots,n \tag{4.2}$$

式中，a_i 为 $f(x_1,x_2,\cdots,x_n)$ 在 $x=0$ 处的偏导数；k 为保留的低次项幂指数。

然后，依据上述方法分别建立装备部件危险因素综合属性函数 $f(x)$ 和装备部件综合属性函数 $g(y)$。若令装备部件危险耦合特性满足 S 型演化机制，分别建立单个装备部件危险耦合度 C 的数学模型如下：

$$C = \arctan f(x)/g(y) \tag{4.3}$$

2. 多个装备部件危险耦合响应特性分析

借鉴物理学中的容量耦合函数模型，建立 n 个装备部件的耦合度 M 模型如下：

$$M = \left[\frac{w_1C_1 \times w_2C_2 \times \cdots \times w_nC_n}{(w_1C_1 + w_2C_2 + \cdots + w_nC_n)^n}\right]^{\frac{1}{n}}, \quad \sum_{i=1}^{n} w_i = 1, \quad w_i > 0, \quad i = 1, 2, \cdots, n \tag{4.4}$$

式中，C_i ($i=1,2,\cdots,n$) 为装备部件节点 i 的耦合度；w_i 为装备部件 i 的耦合度所占的比重。w_i 的确定与装备安全性的耦合网络结构拓扑关系相关，可通过蒙特卡罗数值分析得到。

根据系统耦合理论提出的耦合度划分区间，便可以确定装备部件危险耦合程度。然而，装备部件危险耦合响应特性实际服从多种演化机制，可借助蒙特卡罗数值分析技术进一步探讨装备部件类型与其相应的耦合响应特性演化机制的映射规律。

4.3 复杂装备部件级危险多失效链分析

4.3.1 相互关系

通常情况下，危险耦合类型可分为单因素危险耦合、双因素危险耦合、多因素危险耦合 3 种类型。美空军条例《安全调查与报告》AF191-204 指出："绝大部分事故由一系列比较复杂的情况链造成的，事故分析应以'多因素论'原则和失效链分析为基础"。可见，绝大部分装备事故是由多个危险因素耦合传递造成的。失效链体现了危险耦合传递过程及其基本特征，是表征危险因素耦合传递的有效描述工具。从耦合传递角度，失效链可重新定义为两个及两个以上的危险耦元协同作用形成的装备危险事件。有多少耦合传递路径，就对应多少条失效链。根据装备危险事件类型不同，可以分别采用单失效链或多失效链进行分析。当为单个装备危险事件时，利用一个失效链即可完成事故分析，称为单失效链分析；当为耦合危险事件时，单失效链就无法胜任，需要同时利用多条失效链进行综合分析，称为多失效链分析。

4.3.2 危险耦合传递单失效链分析

单失效链采用事件序列的表达方式，反映了危险耦合传递过程的因果关系。单失效链构造需要首先确定初始事件，然后以"下一步可能发生什么"的询问方式依次确认后继响应事件。该模型认为单个危险事件是由多个危险因素均出现，并进行相互关联导致的。复杂装备危险因素耦合传递第 i 条单失效链 $L_{\sin}^i$ 的一般表达式为：

$$L_{\sin}^i = x_{i1} \bigcap x_{i2} \bigcap \cdots \bigcap x_{ij} \cdots \bigcap x_{im} \tag{4.5}$$

式中，x_{ij} ($j=1,2,\cdots,m$) 为第 i 条失效链的第 j 个条件，表示造成装备危险事件的危险因素。如果所有 x_{ij} 都等于 1，则危险事件发生，多个 x_{ij} 之间具有独立或相关关系。如果所有 x_{ij} 不全等于 1，L_i 越接近于 1，危险事件发生的可能性就越大。

4.3.3 复杂装备危险多失效链分析

复杂装备危险事件具有多模式特征，绝大部分是多危险因素的多种组合，是由多条失效链综合作用导致的。这就从客观上要求进行多失效链分析。当复杂装备危险耦合传递存在多个失效链时，不但任意一条失效链均可导致危险事件发生，而且各失效链之间还可能存在相互作用，强化危险耦合传递当量。复杂装备危险耦合传递第 i 条多失效链 L_{mul}^i 分析的一般表达式为：

$$L_{mul}^i = L_{\sin}^i(1) \bigcup L_{\sin}^i(2) \bigcup \cdots \bigcup L_{\sin}^i(j) \cdots \bigcup L_{\sin}^i(n) \qquad (4.6)$$

式中，$L_{\sin}^i(j)$（$j=1,2,\cdots,n$）为第 i 条多失效链 L_{mul}^i 的第 j 个失效链。如果任意 $L_{\sin}^i(j)$ 等于 1，则耦合危险事件发生；多个 $L_{\sin}(j)$ 之间具有独立或相关关系。如果所有 $L_{\sin}(j)$ 不全等于 1，L_{mul} 越接近于 1，复杂装备耦合危险事件发生的可能性就越大。

目前，失效链分析主要采用可靠性方法。但是，装备事故是系统级的"涌现"，具有环境和条件的多态性。采用可靠性方法，难以保证危险因素以及其传递路径鉴别的完备性。Leveson 提出的 STAMP 方法，超越了以具体故障事件和预定功能为中心的安全性研究思路，利用一种系统化的理论方法来理解事故之间的因果关系。因此，可从装备系统层面出发，运用事故场景 HHM 识别模型，建立危险发生的完备事故场景，梳理出所有失效链，选取合适的方法进行具体分析。

4.4 复杂装备部件级多失效链 GERT 分析

4.4.1 GERT 网络

图示评审技术（Graphical Evaluation and Review Technique，GERT）是一种带概率分支的广义随机网络计划技术。该模型先后经过 Eisner、Elmaghraby、Pritsker 等学者的不断改进，最终于 1966 年正式形成。作为一种随机网络模型，GERT 按概率决定后继路线，允许存在多输入、多输出和回路。利用其强大的结构简化性质，无需进行繁琐的推导即可求解随机网络。

4.4.2 危险耦元函数及信号流图解析算法

GERT 模型的解析计算是在其基本网络结构运算和等价传递参数计算的基础上，利用矩母函数性质和信号流图方法进行的。

4.4.2.1 相关概念

（1）危险耦元 v：在 GERT 网路模型中，设一条枝线 $a_i=(v_i,v_j)$ 上的危险度为 h_i。令 h_i 的概率分布密度为 $f(h_i)$ 或者概率分布为 $p(h_i)$。

（2）矩母函数 $M_{v_i}(\theta)$：

$$M_{v_i}(s) = E(e^{sh_i}) = \begin{cases} \sum_{x=0}^{\infty} e^{sh_i} p(h_i), & h_i \text{为离散型随机变量} \\ \int_{-\infty}^{+\infty} e^{sh_i} f(h_i) \mathrm{d}h_i, & h_i \text{为连续型随机变量} \end{cases} \qquad (4.7)$$

（3）特征传递函数 $W_{ij}(\theta)$：令 p_{ij} 为活动 $a_i=(v_i,v_j)$ 完成的概率。根据梅森公式（信号流拓扑方程），得到 $a_i=(v_i,v_j)$ 的特征传递函数为：

$$W_{ij}(\theta) = p_{ij}M_{v_i}(\theta) \tag{4.8}$$

4.4.2.2 结构运算关系

下面分别对串联结构、并联结构和自环结构中等价传递函数的运算关系给出说明，如表 4.1 所示。

表 4.1 三种基本结构的等价传递函数运算关系

结构关系	网络结构	等价传递函数 $W_E(\theta)$	说明
串联结构	$i \xrightarrow{W_{ik}} k \longrightarrow j$	$W_E(\theta) = \prod_{k=1}^{m} W_{ik}(\theta)$	$k=1,2,\cdots,m$，m 为串联路线的条数
并联结构	$i \overset{W_{i1,j1}}{\underset{W_{im,j2m}}{W_{ik,jk}}} j$	$W_E(\theta) = \sum_{k=1}^{m} W_{ik,jk}(\theta)$	$k=1,2,\cdots,m$，m 为并联路线的条数
自环结构	$i \overset{W_{ii}}{\circlearrowleft} \xrightarrow{W_{ij}} j$	$W_E(\theta) = \dfrac{W_{ij}(\theta)}{1 - W_{ii}(\theta)}$	

4.4.2.3 GERT 信号流图解析方法

当输入活动节点仅为互斥型，输出节点为概率型时，GERT 网络将转化为一个典型的线性系统。因此，可以运用信号流图理论求解 GERT 活动节点之间的传递关系，基于矩母函数性质推演各概率分布数字特征，最终得到 GERT 稳态解析解。

1953 年，美国梅森（Mason）教授提出信号流图理论。信号流图属于线性系统分析工具，是一种用节点和箭线来描述变量之间相互关系的网络图。节点表示变量或信号，箭线表示节点之间的传递函数。Mason 通过信号流图及其拓扑方程，计算任意两个节点间的等价传递系数，构建了 GERT 网络解析方法。在给出计算公式之前，相关概念说明如下：

（1）环：环是指由开始节点和结束节点完全重合所形成的封闭路径。

（2）一阶环：环内任意节点都能够相互到达，且不含其他环。

（3）n 阶环：n 阶环是指由 n 个互不相交的一阶环构成的环组。

基于上述概念，拓扑方程表述如下：

设 x_i，x_j 为信号流图中的任意两个节点的变量值，T_{ij} 为节点 i 到 j 的传递系数，则有：

$$T_{ij} = \frac{x_j}{x_i} = \frac{\sum_{k=1}^{n} p_k \Delta_k}{\Delta} \tag{4.9}$$

$$\Delta = 1 - \sum_{m}\sum_{i}(-1)^n T_i(L_m) \tag{4.10}$$

式中，Δ 表示信号流图的特征式；Δ_k 为除掉路径 k 后剩余信号流图的特征式；$T_i(L_m)$ 表示 n 阶环中第 i 个环的传递系数；p_k 表示由节点 i 到 j 第 k 条路径的传递系数。

4.4.3　GERT 多失效链分析的适用性探讨

GERT 网络是在系统随机变化环境和内部随机变量共同作用下对分析系统活动过程的一种强大网络分析技术。GERT 模型能够描述装备活动中危险耦元之间的关系及状态的转移，并能有效地反映危险耦合传递的随机特性。

虽然 GERT 模型具备了进行复杂装备安全性分析的可行性，但是在模型参数解析和模型结果分析方面还存在缺陷。GERT 模型参数包括实现概率和随机变量的概率分布。实现概率主要通过专家经验给定。在部队装备使用/维修实际中，主要以一线工程人员为主，需要简明地实现概率计算方法。直接对 GERT 模型随机变量概率分布的研究也甚少。Kenzo 等用统计学检验的方法进行判断，其缺点是需要反复进行分布检验直至符合指数分布、正态分布等某种常规分布。然而，装备危险耦合传递过程应当服从任意分布，需要 GERT 模型能推广到任意分布情况；相关学者从随机变量概率密度着手，求解任意概率分布。Shan 等提出随机变量概率密度的支撑向量机（Support Vector Machine，SVM）估计模型。虽然估计结果具有很好的精度，但是不能给出便于 GERT 矩母函数计算的具体解析式；为此，Wang 等运用极大熵（Maximum Entropy，ME）模型求得 GERT 随机变量的概率密度的指数形式拟合函数。此外，运用传统 GERT 模型仅能得到装备系统总体危险度，对安全管理工作的指导性、应用性还不强，需要对模型分析变量进行扩展。

针对上述问题，采用 GERT 模型，描述装备活动过程中系统危险耦合传递关系。在此基础上，利用极大熵方法（ME）对装备危险耦合传递 GERT 模型进行改进，称为广义 GERT 模型（General GERT，G-GERT）。然后，对 G-GERT 模型的分析参数进行扩展，变量求解进行规范优化，定量计算装备危险的发生概率、危险程度、危险耦元重要度、危险路径隶属度，为装备危险状态分析、预判和安全资源配置提供依据。

4.5　复杂装备部件级多失效链 G-GERT 分析

4.5.1　危险耦合传递多失效 G-GERT 建模

危险度是从对立面表征装备安全状态。在装备安全"流变—突变"理论中，危险度曲线用来描述装备安全性在其寿命周期内的时变规律。单个危险元的个体危险度要根据其属性建立公式求出。而装备系统耦合危险的总体危险度由 GERT 模型求出。若以装备活动中的危险耦元为网络节点，以危险耦元之间的耦合关系为网络边，以危险度 h_i、传递率 p_{ij} 为网络流，建立如图 4.5 所示的装备系统危险耦合传递 GERT 结构模型，作如下定义：

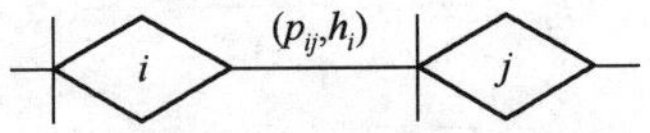

图 4.5　危险耦合传递 GERT 结构模型

定义 4.1　危险耦合传递 G-GERT 网络。装备危险耦合传递 G-GERT 网络 $G=(V,A,S)$ 是一个三元组。其中，

$V = \{v_1, v_2, \cdots, v_n\}$ 表示仅含"异或"型危险耦元节点集合；

$A = \{a_i | a_i = (v_i, v_j)\}$ 表示危险耦元连接枝线集合；

$S = V \times A \cup A \times V = \{s_{ij} | (P, H)\}$ 表示枝线 a_i 上的危险流。其中，$P = \{P_{ij} | V \times A \to (0,1)\}$ 为危险耦元传递率集合，$H = \{h_i | V \times A \to H\}$ 为节点危险度集合。

对于危险耦元 v_i，给定其危险度样本 $\boldsymbol{X} = \{x_1, x_2, \cdots, x_l\}$，便可利用极大熵（ME）模型求得随机变量 h_i 的概率密度函数 $f(h_i)$ 具体解析式（如式（3.7）所示），从而将装备危险因素危险度概率分布推广至任意分布情况。

$$f(h_i) = \exp\left(\lambda_0 + \sum_{j=1}^{M} \lambda_j h_i^j\right) \tag{4.11}$$

式中，M 为密度函数 $f(h_i)$ 的已知矩的个数，m_j 为第 j 阶矩。λ_0、λ_j（$j = 1,2,\cdots,M$）为变分法引入的拉格朗日乘子。

根据 GERT 网络的建模原理，利用式（4.12）、式（4.13）得到装备危险耦元 v_i 危险度 $h_i \in R$ 的矩母函数 $M_{v_i}(\theta)$ 以及边 $v_i \to v_j$ 的传递系数 $W_{ij}(\theta)$。

$$M_{v_i}(\theta) = \int_R e^{\theta h_i} \exp(\lambda_0 + \sum_{i=1}^{M} \lambda_j h_i^j) \mathrm{d} h_i \tag{4.12}$$

$$W_{ij}(\theta) = p_{ij} M_{v_i}(\theta) \tag{4.13}$$

需要说明的是，在式（3.9）中变迁传递函数计算过程中，采用三阶熵概率密度表征广义分布密度函数后，矩母函数虽仍为指数函数的积分，但其积分函数幂指数也变成三阶多项式，记为 $MGF(\theta) = \int_0^1 \exp[\omega_0 + (\omega_1 + \theta)x + \omega_2 x^2 + \omega_3 x^3] \mathrm{d}x$。其中，$\omega_i (i = 0,1,2,3)$ 由极大熵模型求出，θ 为接近于 0 的未知变量。考虑到该积分没有对应的原函数，也无法通过查表法或者 Matlab 求出。因此，采用泰勒级数方法将积分函数在原点处 $x = 0$ 展开近似求解，并通过预设精度确定展开项数。如此，便可由 Matlab 编程求解。

4.5.2 耦合传递多失效链 G-GERT 求解

由定义 4.1 可知，运用 GERT 网络模型进行装备危险耦合传递关系分析，需要确定模型变量 p_{ij}、$f(h_i)$。分别求解如下：

1. 实现概率 p_{ij} 计算

在装备活动过程中，装备危险耦元之间相互影响、相互作用，最终改变危险传递流量。装备系统危险耦合度 C_{ij} 就是对这种关系的度量，表征危险耦元 v_i 的影响力依赖以及影响危险 v_j 发生的程度，等同于传统 GERT 模型的活动实现概率 p_{ij}。秦永涛等[146]指出 C_{ij} 值越大，危险耦元级联传递能力就越强，并利用集对分析方法，由任意两个危险耦元 v_i、v_j 之间的同一度、对立度、波动度加权和得到耦合度 C_{ij}。但是，其所有度值和权重均由人工经验给定，具有较大的主观性。运用物理学中的容量耦合函数模型，提出一般系统的基于客观数据的耦合度计算公式，在装备风险耦合度计算方面取得效果较好。据此，作如下定义：

定义 4.2 耦合度。令装备危险耦元 v_i 与 v_j 功效系数分别为 u_i、u_j。称

$$p_{ij} = [(u_i \times u_j)/(u_i + u_j)^2]^{\frac{1}{2}} = \frac{\sqrt{u_i u_j}}{u_i + u_j} \tag{4.14}$$

为装备危险耦元 v_i 与 v_j 之间的耦合关系强度。

式中，$u_i = \begin{cases} (h_i - \beta_i)/(\alpha_i - \beta_i), & u_i \text{具有正功效} \\ (\alpha_i - h_i)/(\alpha_i - \beta_i), & u_i \text{具有负功效} \end{cases}$，$\alpha_i$，$\beta_i$ 分别为装备系统危险耦元 v_i 危险度 h_i 样本的上限值和下限值。

2. 危险度概率密度估计

危险度概率密度极大熵（ME）估计的基本原理是在所有满足给定约束条件下的许多概率密度函数中，信息熵最大的密度函数即为最优密度函数。该模型所需统计样本较少，不引入任何假设，以先验信息为约束条件，结果更为准确可信。以熵函数 $S(h_i)$ 为目标函数，以危险度数据样本 X 各阶统计矩 M_j 为约束条件。构建模型如下：

$$\begin{aligned} \max \quad & S(h_i) = -\int_R f(h_i) \ln f(h_i) \mathrm{d}h_i \\ \text{s.t.} \quad & \begin{cases} \int_R f(h_i^j) \mathrm{d}h_j = 1 \\ \dfrac{\int_R h_i^j \exp(\sum_{j=1}^M \lambda_j h_i^j) \mathrm{d}h_i}{\int_R \exp(\sum_{j=1}^M \lambda_j h_i^j) \mathrm{d}h_i} = M_j \end{cases} \end{aligned} \tag{4.15}$$

式中，$\max S(h_i)$ 即为被求解密度函数 $f(h_i)$ 的最小无偏估计，其解析表达式如式（3.7）所示。只要求出拉格朗日系数 $\lambda_j (j=1,2,\cdots,m)$，便可求得危险度概率密度解析形式。

然而，在实际求解过程中无法求其解析解，只能借助数值方法。构建便于数学描述和编程解算的极大熵改进的无约束规划模型如式（4.16）所示。

$$\delta_j = M_j \int_R \exp(\sum_{i=1}^m \lambda_i h_i^j) \mathrm{d}h_i - \int_R h_i^j \exp(\sum_{i=1}^m \lambda_i h_i^j) \mathrm{d}h_i \tag{4.16}$$

当 $\sum_{j=1}^m \delta_j^2 < \varepsilon \to \min$ 时，达到指定误差精度，从而得到 $\lambda_0 = -\ln \int_R \exp(\sum_{j=1}^m \lambda_j h_i^j) \mathrm{d}h_i$、$\lambda_j (j=1,2,\cdots,m)$。在求解上述无约束规划模型时，可利用智能算法予以求解。

量子进化算法（Quantum Evolutionary Algorithm，QEA）利用量子群在整个可行解空间中搜索全局最优解即全局寻优能力强，和声搜索算法（Harmony Search Algorithm，HS）简捷方便，具有很好的局部收敛效果。因此，利用 HS 的微调特性来提高 QEA 算法的搜索效率和解的精确度，构建 QHSME 算法如下：

步骤 1 建立危险度样本，初始化量子和声算法参数。包括和声记忆库（Harmony Memory，HM）取值概率 *HMCR*、记忆库规模 *HMS*、音调调节区间 *bw*、音调调节概率

PAR 等。

步骤2 量子和声算法 QHS 通过随机数的方式获得产生规模为 *HMS* 的初始和声库 *HM*。其中，第 *i* 个量子的维数为 *m*，分别代表的参数 $\lambda_1, \lambda_2, \cdots \lambda_m$。

步骤3 利用 HS 算法对初始和声库进行局部寻优，得到最优的初始位置。

步骤4 计算每个和声的适应值，并进行适应度值比较，更新全局最优和声库 *HM*。选取极大熵模型的残差平方和 $\sum_{j=1}^{m}\delta_j^2$ 作为适应度函数。

步骤5 解空间变换。执行量子相位旋转，产生新的 θ 角，生成新的和声库 HM，并进行和声微调，产生新的初始解。

步骤6 重复执行步骤3～5，直到达到满足量子算法终止条件。

步骤7 对新和声库进行 HS 局部寻优，若最优值在若干次内保持不变，则结束寻优操作。

4.5.3 多失效链 G-GERT 扩展参数分析

传统 GERT 模型仅能得到装备活动的系统危险度，缺乏装备危险耦合传递微观信息分析，对危险诊断和管控的实际指导意义还不充分。因此，对传统 GERT 模型分析参数进行扩展，提出危险耦元重要度、危险路径隶属度，分别从危险节点和路径角度分析危险耦合传递的微观信息。

定义 4.3 装备系统危险度。装备系统危险度是装备活动耦合传递 GERT 网络的总路危险度。称

$$H_E = \frac{\sqrt{D(H_E)}}{E(H_E)} \tag{4.17}$$

为装备系统危险度。

式中，$D(H_E) = \frac{d^2 M_E(\theta)}{d\theta^2}\big|_{\theta=0} - (E(H_E))^2$，$E(H_E) = \frac{dM_E(\theta)}{d\theta}\big|_{\theta=0}$。

命题 4.1 危险耦元重要度。危险耦元重要度是指危险耦元节点危险度的变化引起装备系统危险度 H_E 变化的程度。称

$$I_i(t) = H_E(1_i, h(t)) - H_E(0_i, h(t)) \tag{4.18}$$

为装备活动中危险耦元 v_i 重要度。

式中，$H_E(1_i, h(t))$、$H_E(0_i, h(t))$ 分别为装备系统在 t 时刻危险耦元 v_i 传递和不传递时的系统危险度。

证明：令 $h(t) = (h_1(t), h_2(t), \cdots, h_n(t))$ 为危险度向量，根据命题 4.1，危险耦元 v_i 重要度表达式为：

$$I_i(t) = \frac{\partial H_E(h(t))}{\partial h_i(t)} \tag{4.19}$$

运用全概公式，将装备系统危险度展开为：

$$H_E(h(t)) = (1 - h_i(t)) \cdot H_E(0_i, h(t)) + h_i(t) \cdot H_E(1_i, h(t)) \tag{4.20}$$

将式（3.16）代入式（3.15），证毕。

定义 4.4 危险路径隶属度。令装备活动的第 k 个危险路径的特征危险度向量 $\boldsymbol{I}_k^0 = \{I_k^i | k = 1,2,\cdots,s\}$，待检危险度向量为 $\boldsymbol{I}_k = \{I_i(k) | k = 1,2,\cdots,s\}$。则称由邓氏关联度计算得到

$$\gamma_k(\boldsymbol{I}_k^0, \boldsymbol{I}_k) = \frac{\min_l \min_i \Delta I_i(k) + \rho \max_l \max_i \Delta I_i(k)}{\Delta I_i(k) + \rho \max_l \max_i \Delta I_i(k)} \quad (4.21)$$

为危险耦元向量相对第 k 个危险路径的隶属度。

式中，$\Delta I_i(k) = |I_k^i - I_i(k)|$，$\rho$ 为分辨系数；当危险耦元节点 v_i 属于该危险路径时，I_k^i 通常设定为 1，$I_i(k)$ 则取其危险耦元重要度，否则为 0。

结合传统 GERT 模型解析过程，提出基于 G-GERT 模型进行装备危险耦合传递分析的主要步骤如下：

步骤 1 网络模型构建。确定复杂装备活动中的危险耦元，以及各危险耦元的耦合关系，构建装备系统危险耦合传递 GERT 模型。

步骤 2 模型变量求解。采集危险度时间序列，根据式（4.14）和 QHSME 模型，分别求解耦合关系强度 p_{ij} 和危险度函数密度 $f(h_i)$。

步骤 3 计算网路等效参数。利用计算式（4.22）、式（4.23）得到 GERT 网络总路的等价实现概率 p_E 和等价矩母函数 $M_E(\theta)$。

$$p_E = W_E(\theta)|_{\theta=0} \quad (4.22)$$

$$M_E(\theta) = \frac{W_E(\theta)}{P_E} \quad (4.23)$$

步骤 4 解析参数计算。利用式（4.18）、式（4.20）和式（4.21），分别计算装备系统危险度、危险耦元重要度和危险模式隶属度。

4.6 应用案例

以某型先进单座战斗机危险高度俯冲科目为例，进行危险 G-GERT 耦合传递分析。战斗机爬升到 1800 米高度时，由平飞俯冲至 400 米。此时，自动驾驶仪触发危险高度条件，向电传控制系统输出法向和侧向过载指令。电传控制系统由纵向信道传感器接收指令并操纵飞机按指定过载拉起。如果自动驾驶仪或者纵向通道传感器发生故障，将导致飞机大速度非指令俯冲。此时，飞行员通过电传操纵系统或者机械操纵系统将飞机拉起。

1. 事故场景描述

该科目事故场景为飞机下降至最低安全高度前，若飞行员不能及时拉起，则可能发生飞行事故。事故场景有两个：一是自动驾驶仪或纵向通道传感器发生故障，飞机大速度俯冲，飞行员处置不及时；二是飞行员发现自动驾驶仪或纵向通道传感器发生故障后，飞行员及时处置，但飞机机械操纵系统故障。

2. 装备危险耦元分析

该科目的危险耦元有自动驾驶仪故障、纵向通道传感器故障、机械操纵系统故障、

飞行员反应滞时。其危险度分别记为 h_1、h_2、h_3、h_4。令部件或系统累积使用 t_a 小时时的故障率 $\lambda(t_a)$，且服从三参数 Weibull 分布。则在实际工作环境中，h_1、h_2、h_3 可由式（4.24）计算。

$$h_{1,2,3} = \alpha_1 \alpha_2 \lambda(t_a) t_c \tag{4.24}$$

式中，$\lambda(t_a) = \dfrac{\beta}{\eta}\left(\dfrac{t_a - \tau}{\eta}\right)^{\beta-1}$；$\alpha_1$ 表示故障类型比；α_2 表示故障影响概率；t_c 表示完成一次任务所需的运行时间；η 为寿命均值；τ 为最小寿命；β 为分布律参数。

反应滞时 t_d 是指特情发生到危险状态改出所经历的反应时间。令反应滞时期望时间为 t_0，其危险度 h_4 为：

$$h_4 = \frac{1}{t_0}\sqrt{\frac{1}{n}\sum_{i=1}^{n}(t_{d_i} - t_0)^2} \tag{4.25}$$

3. 危险 G-GERT 耦合传递模型构建

根据上一节分析，建立飞机危险高度俯冲科目危险耦合传递 GERT 模型，如图 4.6 所示。危险活动代码 1～6 分别表示飞机爬升到定高、自动驾驶仪故障、过载传感器故障、飞行员反应滞时、机械操纵系统故障、飞机非指令俯冲。其中，在危险活动 4 处，飞行员意识到飞机不能自动拉起，并分别以 80%的概率选择电传操纵系统和 20%概率选择机械操纵系统手动拉起飞机。

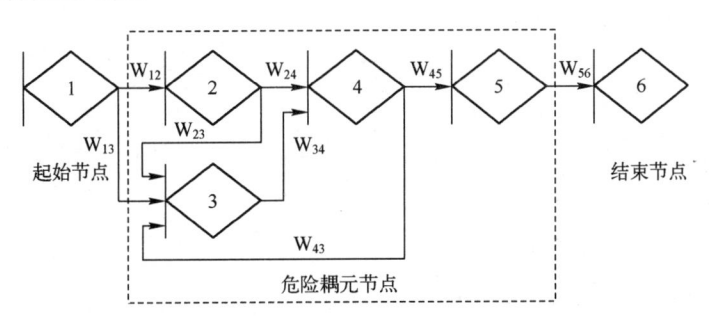

图 4.6 危险高度俯冲危险耦合传递 G-GERT 模型

取 $\beta=2$，自动驾驶仪、纵向传感器、机械操纵系统的 η 为寿命均值分别取 1000h、600h、2000h；最小寿命 τ 分别取 800h、500h、1500h；表示故障类型比 α_1 分别取 0.2、0.3、0.1，$\alpha_2=1$。根据该型 05 号飞机 1999—2001 年期间该科目训练数据样本，分别计算相应的 h_1、h_2、h_3、h_4，结果如表 4.2 所示。

取 $L=4$，$M=1$，$N=200$，$\rho(W)=0.9$，$D=0.05$，$\alpha=1$，$\gamma=0.02$，HMS=5，HMCR=0.90，PAR=0.2，bw=0.01，HS 算法迭代次数为 300；量子规模为 20，GEA 算法迭代次数 300。算法平均运行 200 次，取其均值。以自动驾驶仪数据为例，将仿真输出的最小值作为标准值进行比较，得到其优化曲线如图 4.7 所示。QHSME 算法得到适应度函数最优值为 0.1742。从图 4.7 全局最优值搜索过程，可看出自第 36 代开始达到最优值。为比较文中算法效果，用 HS 算法、QHS 算法、粒子群算法（Particle Swarm Optimization，PSO）同时求解上述问题。每种算法分别进行 200 次仿真计算。种群规模和最大进化代数仍为 20、300。HS 和 QHS 算法参数设定不变。PSO 算法仍以极大熵模型的残差平方和为适应度函数，算法惯性权重变化范围为 0.1~0.9，加速度常数均为 2.0，优化结果同样如图 4.7 所示。为比较无约束规划求解效果，分别比较三种优化算法的寻优结果、收敛次数、平均代数，详见表 4.3。

表 4.2　飞机危险高度俯冲科目危险度样本（单位：10^{-6}）

时段 危险度	1 13	2 14	3 15	4 16	5 17	6 18	7 19	8 20	9 21	10 22	11 23	12 24
h_1	0.14	0.19	0.32	0.34	0.38	0.58	0.27	0.42	0.53	0.38	0.61	0.80
	0.65	0.73	0.61	0.94	0.86	0.39	0.78	0.89	0.64	0.52	0.49	0.72
h_2	0.44	0.63	0.52	0.77	0.46	0.82	0.39	0.76	0.91	0.84	0.65	0.37
	0.88	0.42	0.60	0.55	0.74	0.93	0.81	0.66	0.73	0.76	0.59	0.68
h_3	0.32	0.43	0.64	0.33	0.71	0.53	0.78	0.51	0.46	0.80	0.38	0.55
	0.73	0.65	0.69	0.49	0.57	0.39	0.89	0.61	0.59	0.61	0.31	0.58
h_4	0.24	0.19	0.12	0.23	0.28	0.17	0.09	0.21	0.17	0.13	0.16	0.23
	0.21	0.19	0.54	0.08	0.41	0.24	0.32	0.22	0.31	0.17	0.09	0.19

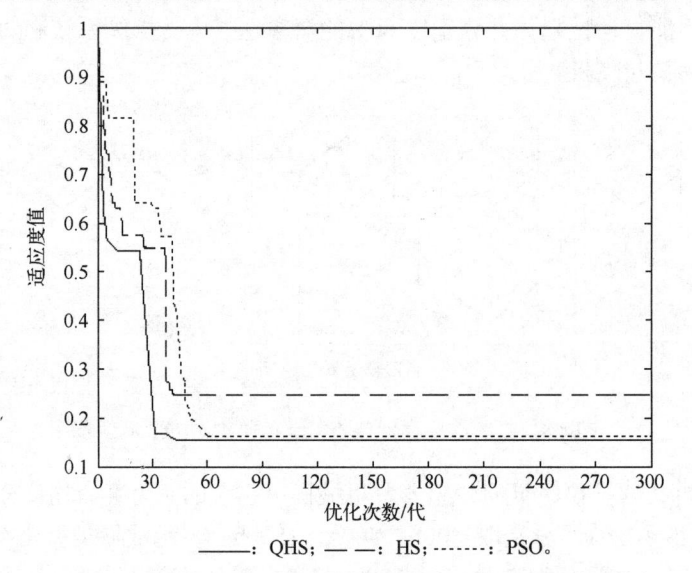

图 4.7　三种算法优化曲线对比

表 4.3　三种算法性能比较

算　法	最优结果	收敛次数	平均代数
QHS	0.1724	182	36.21
HS	0.2457	96	43.86
PSO	0.1803	155	67.43

通过比较可知，在整个迭代优化过程中，QHS 算法收敛速度最快，且得到最优结果，

与 PSO 非常接近。HS 算法虽然收敛速度较快，但是求解准确率较低，部分情况容易陷入局部最优解。

由 QHSME 模型得到各危险耦元危险度概率密度函数如下：

$f(h_1) = \exp(-6.788+0.950x-0.078x^2+0.002x^3)$；$f(h_2) = \exp(-2.321-0.072x-0.598x^2+0.011x^3)$；$f(h_3) = \exp(-3.562-0.426x-0.983x^2+0.079x^3)$；$f(h_4) = \exp(-0.805-0.241x-0.648x^2+0.085x^3)$。

根据式（4.12）和式（4.13），得到各危险耦元传递系数 w_{ij}。然后，由图 4.6 所示的危险耦元传递关系和梅森公式，得到 G-GERT 网络等效传递系数如下：

$$W_E(\theta) = [w_{12}(w_{24}+w_{23}\frac{w_{43}}{1-w_{43}w_{34}}) + w_{13}\frac{w_{43}}{1-w_{43}w_{34}}]w_{45}w_{56}$$

利用式（4.14）和表 4.2 数据，得到 $(p_{23}, p_{24}, p_{34}) = (0.498, 0.365, 0.610)$。此外，枝线 1→2，1→3 均表示飞机爬升到定高，假定其一定实现，即 $p_{12}=p_{13}=1$；案例给定 $p_{43}=0.8$，$p_{45}=0.2$；枝线 5→6 表示机械系统故障导致飞机非指令俯冲，其概率可由部队飞行训练数据统计得到，取值为 $p_{56}=0.124$。根据上述求得的各危险度概率密度和实现概率，进行 G-GERT 模型扩展参数分析如下：

（1）利用式（4.17）得到飞机危险高度俯冲科目的系统危险度 $H_E=1.536\times 10^{-6}$。通过持续评估，能够得到装备系统危险度走势图。根据经验设定危险临界点，便可实现所执行任务的危险度预警。

（2）根据命题 4.1，分别令 $M_{v_i}(\theta)=0$，$i=2,3,4$，由式（4.18）重新解算上述模型得到，$I_2=0.531$，$I_3=0.209$，$I_4=0.361$，$I_5=0.008$。$I_2>I_4>I_3>I_5$ 表明在该科目中，自动驾驶仪故障最危险，飞行员反应能力和纵向通道传感器故障次之，机械操纵系统故障排最后。

（3）由于图 4.6 中危险路径达 6 条之多。选取 1→2→4→5→6 路径 1 和 1→3→4→5→6 路径 2 为例，进行危险路径隶属度分析。根据定义 4.4，路径 1 和 2 的特征危险向量分别为 {0,1,0,1,1,0}、{0,0,1,1,1,0}。以样本 12 时段的数据为例，取 $\rho=0.5$，则由式（4.21）得到，$\gamma_1=0.827$，$\gamma_2=0.635$，$\gamma_1>\gamma_2$ 表明危险路径 1 发生的可能性较大，在加强飞行员特情反应训练的同时，还应着重对自动驾驶仪进行通电检查和维护保养。

第 5 章 复杂装备子系统级危险耦合演化

随着装备研制综合化、集成化，装备部件之间信息交互、功能交联十分复杂，其服役安全性更易受到装备故障、操控失误、运行环境的影响。复杂装备事故致因也开始呈现出模块化网络特征，并耦合演化为相应的危险状态。因此，复杂装备子系统级的危险状态评估变得更加复杂，多失效链分析已经不能胜任如此大规模和多状态情形。只能通过启发式智能算法探寻危险因素属性与危险状态之间的非线性映射关系。

5.1 复杂装备子系统级危险状态

5.1.1 基本内涵

根据装备事故层次耦合效应，复杂装备危险状态是由危险因素耦合传递形成并动态改变的。若令某装备子系统事故是从危险因素初始集合 X_1 开始，耦合传递至危险因素集合 $X_2, X_3, \cdots, X_n$，由此导致该装备子系统区域 $Z_1, Z_2, \cdots, Z_m$ 处于危险状态，造成相应的危害等级分别为 $H_1, H_2, \cdots, H_m$。可见，装备危险状态是指危险因素耦合传递时序构成的一系列危险状态剖面，包括危险耦合传递的规模及其造成的危害等级，分别简称为危险传递规模和危害等级。

5.1.2 危险状态耦合形成过程

在复杂装备危险耦合传递过程中，各危险耦元之间通过信息关联、能量关联、控制关联等耦联方式进行匹配，进而相互影响、相互作用，最终改变危险状态，甚至危险性质。其中，危险性质改变也称为危险突变，是事故涌现的具体展现。为了综合描述 t 时刻装备危险状态耦合形成过程，提出危险当量这一概念。危险当量是装备危险传递规模和造成的危害等级的综合表征。假设装备系统 t 时刻有 m 个输入危险因子与 n 个输出危险因子。$H_{i,l}(t)$ 为该点 t 时刻第 l 个输入危险当量，$H_{o,k}(t)$ 为该点 t 时刻第 k 个输出危险当量。$TH_{i,l}(t)$、$TH_i(t)$ 分别为 t 时刻危险耦合反馈形成的第 l 个输入危险当量和输入危险总当量，$TH_{o,k}(t)$、$TH_o(t)$ 分别为 t 时刻耦合后第 k 个输出因子的危险当量和输出的总危险当量。则 t 时刻的危险状态耦合形成过程如图 5.1 所示。

当装备系统危险处于零耦合时，t 时刻危险剖面的输入危险当量与输出危险当量相等。各输入危险因子所获得的当量可根据输入当量的大小确定。当为非零耦合时，各输入危险因子所获得的危险当量则应根据实际输出危险当量的大小确定。即存在如下关系：

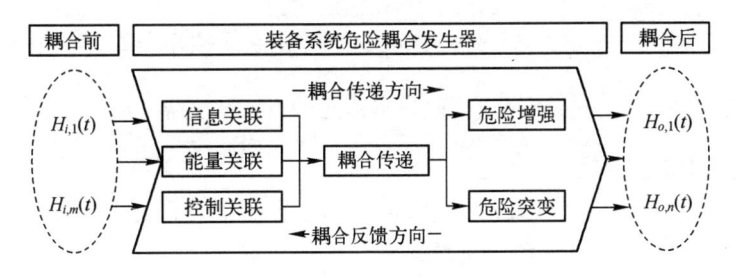

图 5.1　t 时刻装备危险状态耦合形成过程

$$TH_{i,l}(t) = TH_o(t) \times \frac{H_{i,l}(t)}{\sum_{k=1}^{n} H_{o,k}(t)} \tag{5.1}$$

$$TH_i(t) = \sum_{l=1}^{m} TH_{i,l}(t) = TH_o(t) \times \frac{\sum_{l=1}^{m} H_{i,l}(t)}{\sum_{k=1}^{n} H_{o,k}(t)} \tag{5.2}$$

5.2　复杂装备子系统级危险状态评估

5.2.1　评估思路

由上一节危险状态耦合形成过程可知，复杂装备危险状态涉及危险因素很多，存在多种耦合匹配方式，且经过耦合效应后很难找到具体公式进行定量计算危险当量。因此，将复杂装备危险状态评估划分为危险传递规模搜索和危害等级度量两个阶段，避免危险当量难以计算的问题。

近年来，网络科学在分析系统静态结构、耗散结构理论在描述网络动态演化方面显示出其优越性。孟锦等指出交互频繁的危险耦元之间联系紧密，容易聚合成危险模块。如果将危险因素抽象为节点，将危险耦联抽象为边，则构建了复杂装备危险网络模型。在耗散结构理论视野下，复杂装备危险耦元利用该网络固有结构禀赋形成传递能力进行耦合级联，并不断累积危险当量（由势函数 V 表征）。当危险当量 V 达到阈值 p_L 时，危险网络产生"巨涨落"，以事故形式释放势量，从而形成新的稳定结构。据此，进行形式化建模如下：

假设复杂装备系统在 t 时刻包含 n 个危险模块 m_i，$1 \leqslant i \leqslant n$。每个危险模块又包括若干危险耦元，即 $m_i = \{x_{ij}\}$；令装备系统安全事故 E 分为 q 级，即有 $E = \{E_1, E_2, \cdots, E_q\}$；$V(\bullet) \in [0,1]$ 为危险传递势能指数，装备系统安全阈值为 θ，当且仅当 $V(\bullet) \geqslant \theta$ 时装备事故发生。则有：

$$V(m_1, m_2, \cdots, m_n) = \begin{cases} E & \theta \leqslant V(\bullet) \leqslant 1 \\ 0 & 0 \leqslant V(\bullet) < \theta \end{cases} \tag{5.3}$$

因此，利用该网络结构特性、耗散特性，能够提取危险耦合传递的特征参数，再选取合适的启发式智能算法,便可分阶段完成危险传递规模搜索及相应的危险等级度量。

5.2.2 复杂装备子系统级危险传递规模 IACA 搜索

5.2.2.1 危险传递参数

复杂装备危险耦合传递可分为 2 个步骤:第 1 步是危险耦元发生安全风险,其概率称为发生概率;第 2 步是装备危险进行耦合传递,其耦合程度即为耦合度。因此,复杂装备子系统级危险传递参数包括危险发生概率和危险耦元之间的耦合度。其中,耦合度 c_{ij} 计算同第 3 章给出的计算式(3.10)。因此,只需给出危险耦元发生概率的计算方法。具体如下:

发生概率是指装备危险耦元出现的频度或可能性,记为 p_i。考虑到装备安全事故信息不完全、数据贫乏,以及消除参数先验分布假设不当等引起的主观误差,采用极大熵(ME)方法进行求解。令危险耦元 v_i 发生概率 p_i 的概率密度函数为 $f(x)$。以熵函数为目标函数,以装备系统运行数据样本 S 测量值的各阶统计矩 M_i 作为约束条件,求解熵函数的最大值来估计装备系统危险耦元发生的概率分布密度。Jaynes 证明当式(5.4)所示熵值 H 取极大值时,对应的一组概率向量最接近真实概率。建立随机变量 p_i 的概率分布极大熵模型如下:

$$\max H = \max \int_S [-f(x)\ln f(x)]dx$$
$$\text{s.t.} \int_S f(x) = 1 \tag{5.4}$$
$$\int_S x^i f(x)dx = M_i$$

运用拉格朗日乘子法得到网络节点发生概率密度函数 $f(x)$,进而求得相应的发生概率:

$$p_i = \sqrt{\int_S x^2 f(x)dx / (\int_S xf(x)dx)^2 - 1} \tag{5.5}$$

5.2.2.2 危险传递规模 IACA 分析

1. 改进蚁群算法 IACA

蚁群算法(Ant Colony Algorithm, ACA)是 M.Dorigo 等于 20 世纪 90 年代提出的一种启发式智能搜索算法。在路径搜索过程中,蚂蚁根据路径上信息素量及距离在各节点之间自动转移。蚂蚁 l 在 t 时刻在节点 i、j 之间的状态转移概率公式和信息素更新公式分别如下:

$$p_{ij}^l(t) = \begin{cases} \dfrac{[\tau_{ij}(t)]^\alpha [\eta_{ij}]^\beta}{\sum_{j \in N_i^L} [\tau_{ij}(t)]^\alpha [\eta_{ij}]^\beta} & j \in N_i^l \\ 0 & \text{其他} \end{cases} \tag{5.6}$$

式中,τ_{ij} 表示 t 时刻路径(i, j)上的信息量;$\eta_{ij}(t)$ 为启发函数;N_i^l 为蚂蚁 l 位于节点

i 时的可行邻域节点集合；α,β 是控制信息素和启发信息对概率影响大小的参数。

$$\tau_{ij} = (1-\rho)\tau_{ij} + \Delta\tau_{ij}, \quad \Delta\tau_{ij} = \sum_{l=1}^{N_a} \Delta\tau_{ij}^l \tag{5.7}$$

式中，N_a 为算法所使用的蚂蚁数；$\rho \in (0,1)$ 为路径上所留信息素的挥发系数；$\Delta\tau_{ij}^l$ 为蚂蚁 l 由节点 i 转移 j 过程中所留信息素的增量，计算公式如式（5.8）所示：

$$\Delta\tau_{ij}^l = \begin{cases} QD_l & \text{蚂蚁经过}(i,j)\text{时} \\ 0 & \text{其他} \end{cases} \tag{5.8}$$

式中，D_l 为蚂蚁 l 所找路径的目标函数值；Q 是 D_l 的常量系数。

蚁群算法主要用于解决大规模系统的路径搜索问题，非常适合复杂装备危险传递规模分析。林德明等引入蚁群算法成功求解了复杂系统最高风险崩溃路径。通过对大量算例的观察发现，随着每只蚂蚁走过的网络节点增多，备选节点相应变少，蚂蚁往往在远距的零散节点之间跳跃，影响了蚁群算法的搜索效率。这是因为蚂蚁在选择网络节点时没有考虑剩余节点的空间态势。李杨等通过在路径网络上进行同心圆簇覆盖，并由外到内赋值递减的权重修改蚂蚁转移概率予以解决。但是，权重需要人工分配，取值大小也难以把握，尤其是当路径节点数量庞大时可操作性大大降低。为此，建立以发生概率和功效系数为坐标，将 n 个危险节点定位，计算任意节点与发生节点之间的距离，形成 $(n-1)\times 1$ 的距离索引向量 $A_{j,1}(n-1)$，对蚂蚁从 v_i 到 v_j 的选择概率 p_{ij} 作加和修正，将其称为改进蚁群算法（Improved Ant Colony Algorithm, IACA）。具体如下：

$$p_{ij}^l(t) = \begin{cases} \dfrac{[\tau_{ij}(t)]^\alpha [\eta_{ij}]^\beta}{\sum\limits_{j \in N_i^L} [\tau_{ij}(t)]^\alpha [\eta_{ij}]^\beta} + w_j & j \in N_i^l \\ 0 & \text{其他} \end{cases} \tag{5.9}$$

式中，$w_j = \dfrac{A_{j,1} - \min\limits_{j}|A_{i,1}|}{\max\limits_{j}|A_{j,1}| - \min\limits_{j}|A_{j,1}|}$ 为 v_j 的修正项，其他参量同基本蚁群算法。

2. 危险传递规模 IACA 建模

为建立危险传递网络模型，需将危险耦联结构转换成网络图。以装备系统危险耦元为网络节点 v_i，它们之间的耦合关系为网络边 e_{ij}，耦合度作为连接权重 w_{ij}。郝生宾等[167]认为，仅当 $C[i,j] \geq 0.3$ 时为强耦合。据此，若危险耦元之间的连接权重 $0.3 \leq w_{ij} \leq 1$，存在连接边。否则，不存在连接边。再根据式（5.4）和式（5.5）求出危险耦元发生概率。此外，为了便于装备服役安全性管理，将所有存在较高可能耦合传递路径的危险耦元称为该危险耦元关联集。其中，频繁出现的危险耦元是安全管理的重点，称为危险耦元关键集。据此，作如下定义：

定义 5.1 危险耦元关联集。若危险耦元 v_i 与 v_j 之间存在较高可能（目标函数值大于设定阈值 ε）可达路径 $P[v_i \sim v_j]$，则认为 v_i 到 v_j 的所有可达耦元构成可达模块集，称为危险耦元关联集，记为 $S[M_i]$。

定义 5.2 危险耦元关键集。在危险耦元各关联集 $S[M_i]$ 中，所有出现频率较高的危险耦合构成的集合称为危险耦元关键集，记为 $\tilde{S}[M_i]$。

根据复杂装备系统危险传递规模形成过程，构建其 IACA 搜索模型如下：

$$\begin{cases} \max & \sum_{k \geq 1} p_k C(V_{k-1,k}) \\ \text{s.t.} & \prod_k C_k \geq p_L \quad i \in S_{k-1}, j \in S_k \end{cases} \quad (5.10)$$

式中，S_k 表示第 k 步的危险传递节点集合；p_L 为概率阈值。当危险传递路径上总耦合传递概率值小于 p_L 时，认为危险传递过程终结。每经过一次循环，各条路径上的信息素按式（5.8）更新；t 时刻第 l 只蚂蚁在节点 i 选择前往节点 j 的概率按照式（5.9）进行取值；由于危险优先选择耦合度高的节点进行传递，将启发式信息值定义为 $\eta_{ij}(t) = C_{ij}$。

5.2.2.3 应用案例

以军机危险高度俯冲科目为例，进行危险传递规模 IACA 搜索分析。在该科目中，涉及自动驾驶系统、电传操纵系统、机械操纵系统的部分功能，交联形成飞机危险高度俯冲危险子系统。将涉及的各部件及飞行员作为危险耦元，则包括迎角传感器、自动驾驶仪计算机、飞行员拉起滞后、反馈电位计、垂直陀螺、纵向通道传感器、横向通道传感器、角速度传感器、电传计算机、舵机、极限状态控制器共计 11 个因素。根据该航空兵团 03 号飞机 2007 年的安全监控信息，运用式（5.4）和式（5.5）计算各危险耦元的发生概率如下：

$(p_1, p_2, \cdots, p_{11}) = (0.005, 0.041, 0.022, 0.028, 0.051, 0.047, 0.012, 0.008, 0.031, 0.057)$。

运用危险耦合度式（3.2），求解任意危险耦元的功效系数 μ_i 以及它们之间耦合度 C_{ij}，并将其标注在飞机危险高度俯冲危险网络图上，如图 5.2 所示。各危险节点对应的名称如表 5.1 所示。

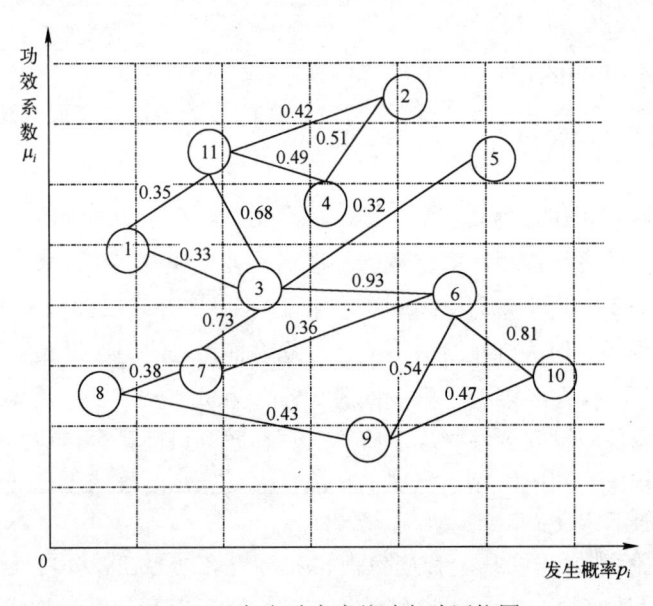

图 5.2 飞机危险高度俯冲危险网络图

表 5.1 危险节点名称

节点	名称	节点	名称
1	迎角传感器	7	横向通道传感器
2	自动驾驶仪计算机	8	角速度传感器
3	飞行员拉起滞后	9	电传计算机
4	反馈电位计	10	舵机
5	垂直陀螺	11	极限状态控制器
6	纵向通道传感器		

考虑到在装备安全性分析中，数量级为 10^{-5} 为可接受安全风险边界线，模型（5.10）中目标函数阈值 ε 设定为 10^{-5}。耦合度低于 0.3 时为弱耦合，则将概率阈值 p_L 设定为 0.3。由发生概率和功效系数计算 w_j，蚁群算法相关参数进行设置，如表 5.2 所示。选择不同初始危险网络节点，通过基本蚁群算法和改进蚁群算法，求得危险耦元关联集和关键集分别如下：

$$S[M_i]=\{4-11-3,5-3-7-6,5-3-6,8-7-3,9-6-3\}；\tilde{S}[M_i]=\{3,6,7\}。$$

可见，在该科目中存在 5 条较高可能危险传递路径，构成相应的危险传递规模；节点 3、6、7 对应的飞行员拉起滞后、纵向通道传感器、横向通道传感器为高频危险节点。根据对该科目的事故统计，由此三个危险耦元导致的事故占到了 84.6%，表明结果是符合实际的。虽然这两种算法均能得到相同的结论，但是其区别在于平均路径较高危险路径次数和平均迭代次数上，对比结果如表 5.3 所示。因此，加权蚂蚁算法均优于基本蚂蚁算法，具有较高的搜索效率。

表 5.2 IACA 参数设置

信息素重要性参数	启发式信息重要性参数	信息素挥发参数	常数	蚂蚁总数	迭代次数
α	β	ρ	Q	N_a	N_c
2	1	0.8	0.0001	4	300

表 5.3 两种蚁群算法结果对比

算法名称	较高危险路径次数	平均迭代次数
ACA	4	213
IACA	6	176

5.3 复杂装备子系统级危害等级 QPS-ESN 度量

5.3.1 危害等级度量

复杂装备子系统级危害等级度量是基于事故这一参数展开的，然而装备事故的发生是一个随机事件，通常由不安全基元事件的非线性耦合作用累积导致。装备系统的危害等级度量较为复杂，一方面是因为装备系统自身复杂的功能结构，另一方面是因为与可靠性条件和外部环境的耦合。相关学者主要采取了两种思路分析事故场景中各耦合因素与装备危险等级之间的非线性映射。一是描述仿真法，如事件序列图（Event Sequence Diagram，ESD）、Petri 网等方法。由于不能较好地估计结果状态到达的时间分布，多因素耦合作用关系也不明确，效果不是很理想；二是数据拟合法，运用较多的是多元回归模型和多元时间序列方法，后来发展到了神经网络。神经网络虽然具有强大的逼近非线性映射能力，但是也存在学习算法复杂度大、训练时间长等缺点。

作为一种新的循环神经网络，回声状态网络（Echo State Network，ESN）在全局最优性和训练复杂性方面相对传统神经网络都有较大改进，从而具备更好的短期记忆和学习能力。而且，ESN 的大规模储备池处理机制使其可以很好地用于时间序列模型描述。然而，经典 ESN 训练输出过分强调学习精度，导致泛化性能不强，存在网络不稳定的情况。量子和声算法（Quantum Harmony Search Algorithm，QHS）在解决优化问题上能够保证进行迭代时的多样性，增强跳出局部最优解的能力。HS 算法在多维函数优化问题上较遗传算法、模拟退火算法具有更好的优化性能。因此，采用 QHS 调整 ESN 储备池的状态空间，建立装备危害等级 QHS-ESN 动态度量模型，确定各危险耦元之间的连接权重。

5.3.2　QHS-ESN 算法

5.3.2.1　ESN 模型

回声状态网络 ESN 由 L 个输入，M 个输出，包含 N 个神经元的库构成，各层间通过权值连接。其中，输入连接权重矩阵 W^{in}、库连接权重矩阵 W 和输出反馈连接权重矩阵 W^{back} 是在网络建立前随机生成的，且构成后保持不变。仅有输出连接权重矩阵 W^{out} 经由训练计算得到。

ESN 通过储备池生成多元输入变量连续变化的复杂状态空间，基于储备池状态变量和期望输出变量最小均方误差原则进行 Wiener-Hopf 方程学习，最终输出连接权值矩阵 W^{out}。令 $Y_0(k)$ 为长度为 T_t 的训练序列，$k = 1, 2, \cdots, T_t$，经过 W^{back} 送入 ESN 库。库状态 $X(k)$ 和 $Y_0(k)$ 分别收集到矩阵 M 和 T。ESN 的储备池状态和输出按照式(5.11)、式(5.12)进行更新：

$$X(k+1) = (1-\alpha\gamma)X(k) + \gamma \tan sig(W^{in}u(k)) + WX(k) + W^{out}\hat{Y}(k)) \quad (5.11)$$

$$\hat{Y}(k+1) = W^{out}X(k+1) \quad (5.12)$$

式中，α, λ 是漏积分神经元参数，$\alpha > 0, \gamma > 0, \alpha\gamma < 1$；$\tan sig$ 是双曲正切函数；$X(0) = 0$；$W^{out} = (M^TM)^{-1}(M^TT)^T$；$\hat{Y}(k)$ 为预测输出；$u(k)$ 是定常偏置输入。

5.3.2.2　量子和声搜索算法

Z.W.Geem 等基于乐队和声调谐原理，提出和声搜索算法（Harmony Search Algorithm，HS）。HS 是一种启发式全局优化搜索算法，将乐器 $i(i = 1, 2, \cdots, m)$ 作为优化问题中的第 i 个变量，乐器声调的和声 $H_j(j = 1, 2, \cdots, HMS)$ 作为优化问题的第 j 个解向量，和声记忆库

（Harmony Memory，HM）作为和声调节空间，效果评价则等同于目标函数。由于 HS 算法是基于邻域搜索，初始解对搜索性能影响很大。在初始解距离最优解较远时，很难找到最优解。量子和声算法 QHS 利用量子进化算法（Quantum-Inspired Evolutionary Algorithm，QEA）的全局搜索能力克服 HS 算法对初始解的依赖性。首先，通过随机数的方式获得量子角序列 $\theta_i^0 = [\theta_1^0, \theta_2^0, \cdots, \theta_n^0]$，产生初始和声库 HM。通过量子门旋转产生一个新的和声向量；然后，随机产生 0~1 的随机数 Rand，进行音调。如果新和声向量的目标函数值优于 HM 中最差和声向量，则更新 HM。如此循环至最大代数或者到达预定目标函数值。其中，音调变量 $x_i'(i=1,2,\cdots,N)$ 在可能的值域内搜索，存在 HM 内部和外部两种微调情况，分别按照式（5.13）和式（5.14）进行：

$$x_i' = \begin{cases} x_i' \in (x_i^1, x_i^2, \cdots, x_i^{HMS}), & Rand > HMCR \\ x_i' \in X_i, & 其他 \end{cases} \quad (5.13)$$

$$x_i' = \begin{cases} x_i' + Rand \times bw, & Rand < PAR \\ x_i' \in HM, & 其他 \end{cases} \quad (5.14)$$

式中，HMCR 为和声记忆库取值概率；bw 为音调微调带宽；PAR 为音调微调概率。

5.3.2.3　QHS-ESN 模型

ESN 的稳定性和泛化能力对储备池处理系统的反馈连接非常重要。稳定性差和泛化能力不佳会导致个别极大的输出权值，使得网络呈现混沌特性。W^{out} 不仅决定预测输出的精度，而且影响 ESN 的稳定性。宋青松等综合考虑 ESN 输出精度及其 Lyapunov 稳定性，将输出连接权重 Wiener-Hopf 方程学习转化为无约束优化问题，以此作为适应度函数 $\Phi(W^{out})$，如式（5.15）所示：

$$\Phi(W^{out}) = f(W^{out}) + \gamma_1 \theta max[0, \delta]^{\gamma_2} \quad (5.15)$$

式中，$\rho(\tilde{W}) = \rho(W + W^{back}W^{out})$ 为改进的谱半径；参数 γ_1, γ_2 和 θ 为动态惩罚函数；$f(W^{out}) = \frac{1}{T_t - T_0} \sum_{k=T_0+1}^{T_t} (y_0(k) - W^{out}X(k))^2$ 为训练均方误差，其中 $y_0(k)$ 为给定训练序列 $Y_0(k)$ 的第 k 个取值；后半部分为约束违反量，$\delta = \rho(\tilde{W}) - \alpha + \varepsilon$，$\varepsilon > 0$ 为稳定裕量常量。

据此，提出量子和声回声状态网络 QHS-ESN 模型。QHS-ESN 中每个和声库 HM 为 ESN 输出权重矩阵 W^{out} 的可能解，HM 的取值 $\Phi(HM)$ 是对该和声库的评价函数。通过 QHS 算法的优化搜索，在较少的样本空间里训练 ESN 的权值 W^{out}。ESN 参数包括 L、M、N，库连接权重矩阵 W 谱半径 $\rho(\tilde{W})$、连通密度 D、α 和 γ，并随机产生 W^{in}、W 和 W^{back}；QHS 参数包括记忆库参数取值概率 HMCR、记忆库规模大小 HMS、音调调节区间 bw、音调调节概率 PAR、量子算法与和声算法最大迭代次数分别为 T_{QE}^{max}、T_{HS}^{max}。则构建 QHS-ESN 算法流程如图 5.3 所示。

步骤 1　量子和声库初始化。随机生成量子角序列 $\theta_i^0 = [\theta_1^0, \theta_2^0, \cdots, \theta_n^0] = 2\pi \times Rand(0,1)$。计算 $\sin(\theta_i^0)$ 和 $\cos(\theta_i^0)$ 得到和声库空间 HM，以此作为初始权重输出 W^{out}；

步骤 2 初始适应度函数计算。根据式（5.15）计算初始解的适应度值，记为 *step*=1。当前适应度值 $\Phi(W^{out}(step))$ 作为该和声库的最佳评价值，并将最小评价值对应求取和声向量记为 X_{worst}；

步骤 3 解空间变换。执行量子相位旋转，产生新的 θ 角，生成新的和声库 *HM*。

步骤 4 根据式（5.13）和式（5.14）进行和声搜索，产生和声算法的初始解 X'。

步骤 5 计算 $\cos(X')$ 和 $\sin(X')$ 产生新的和声库 *HM*。

步骤 6 将和声库作为输出连接权重 W^{out} 植入 ESN，更新 ESN 储备池状态 $X(k)$。

步骤 7 计算和声解及和声适应度值。如果更新解 x' 对应的适应度值 $\Phi(W^{out}(X'))$ < $\Phi(W^{out}(X_{worst}))$，则 $X_{worst} = X'$，*step*=*step*+1。

步骤 8 和声算法终止条件判断。如果和声搜索迭代次数 $k > T_{HS}^{max}$，则停止搜索，转步骤 9；否则转步骤 4。

步骤 9 ESN 保留全局最优 *HM*。

步骤 10 量子算法终止条件判断。如果量子算法迭代次数 $l > T_{QE}^{max}$，则算法停止，并将此时的 *HM* 作为 W^{out} 的最优解，否则转步骤 3。

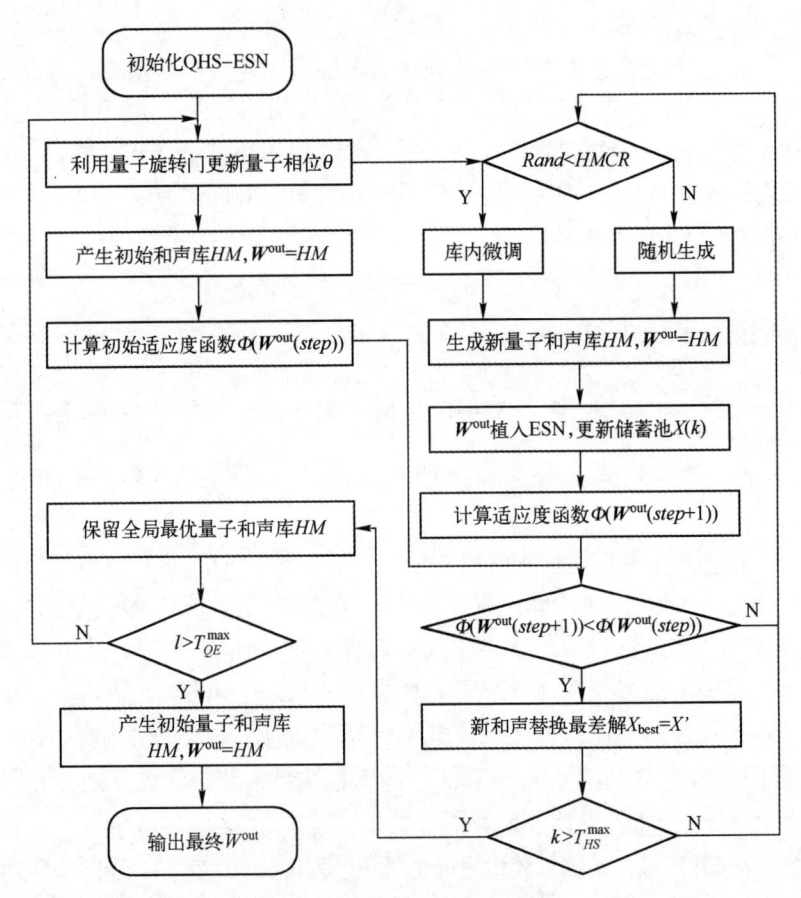

图 5.3 QHS-ESN 算法流程图

5.3.3 应用案例

以某型飞机危险高度俯冲科目为例,对多因素耦合诱发事故进行 QHS-ESN 动态度量。在该科目中,添加战斗机高速俯冲时可能出现包皮撕裂情形,构建更为复杂的装备危险状态空间。

1. 事故场景描述

该科目事故场景为飞机下降至最低安全高度前,若飞行员不能及时拉起,则发生飞行事故。事故原因有三个:一是自动驾驶仪或纵向通道传感器发生故障,飞机大速度俯冲,飞行员处置不及时;二是飞行员发现自动驾驶仪或纵向通道传感器发生故障后,飞行员及时处置,但飞机机械操纵系统故障;三是由于飞机包皮材料、制造工艺的限制,俯冲产生的巨大动压将飞机包皮撕裂,导致升力急剧下降,飞机非指令俯冲。

2. 危险因素量化

该科目中除了包含第 3 章案例中自动驾驶仪故障、纵向通道传感器故障、飞行员反应滞时、机械系统故障之外,还有飞机包皮撕裂五个危险因素,其对应的危险度分别即为 $h_1 \sim h_5$。其中,$h_1 \sim h_4$ 计算公式与第 3 章相同。因此,只需考虑飞机包皮撕裂危险度 h_5,具体如下:

包皮撕裂危险度 h_5 由开裂概率 P_p 表征。包皮开裂概率与飞机飞行动压 Q_m 成正比。则有:

$$h_5 = P_p = \eta \cdot Q_m = \frac{1}{2}\eta\rho v^2 \tag{5.16}$$

式中,ρ 为大气密度,与飞行高度相关,可通过查询两者关系对照表获得;η 为比例系数;v 为最大飞行表速。

3. QHS-ESN 度量分析

该科目有两种危险因素耦合方式诱发飞行事故,一个是"自动驾驶仪(纵向传感器故障)+飞行员操纵失误"的人—机耦合;另一个是"飞机包皮质量差+动压过大+飞行员操作失误"的人—机—环境耦合。以飞行安全损失值作为该场景因素耦合情形下的飞行危险度,其对照关系如表 5.4 所示。

表 5.4　飞行安全损失值对照表

损失等级 L	损失值 D (10^2)
特大飞行损失	1.00
重大飞行损失	0.40
一般飞行损失	0.25
轻微飞行损失	0.10

取 $\beta=2$,自动驾驶仪和纵向传感器的 η 为寿命均值分别取 1000h、600h,最小寿命 γ 分别取 800h、500h,故障类型比 α_1 分别取 0.2、0.3,由于训练数据为事故数据,则故障影响概率 $\alpha_2=1$;飞行最大表速、高度、反应滞时由实际情况赋值。根据某型 03 号飞机 2005—2007 年期间该科目的 20 条飞行训练数据,分别计算相应的 $h_1 \sim h_5$,结果如表 5.5 所示。其中,前 12 组数据作为训练样本,后 8 组作为测试样本。

表 5.5 飞机危险高度俯冲科目危险耦元危险度数据

样本	耦合分量	h_1 (10^{-6})	h_2 (10^{-6})	h_3 (10^{-6})	h_4 (10^{-6})	h_5 (10^{-6})	$D(10^2)$
训练样本	NO.1	0.1432	0.4427	0.4577	0.4367	0.4332	0.40
	NO.2	0.1985	0.6335	0.5689	0.5023	0.3475	0.25
	NO.3	0.3239	0.5254	0.6073	0.6327	0.2526	1.00
	NO.4	0.2423	0.7767	0.6743	0.4561	0.5635	0.40
	NO.5	0.3104	0.4625	0.7145	0.4712	0.2498	0.40
	NO.6	0.5873	0.8278	0.6513	0.7613	0.2356	0.10
	NO.7	0.2785	0.3962	0.5373	0.5624	0.2376	0.25
	NO.8	0.4294	0.7624	0.4838	0.3255	0.5224	1.00
	NO.9	0.1305	0.9113	0.7663	0.2766	0.3121	0.25
	NO.10	0.3824	0.8445	0.7326	0.4524	0.1123	0.25
	NO.11	0.6176	0.6578	0.4374	0.4634	0.4323	0.40
	NO.12	0.3024	0.3787	0.3925	0.2352	0.3221	
测试样本	NO.13	0.7262	0.2334	0.7357	0.5352	0.5326	0.40
	NO.14	0.4325	0.5624	0.6482	0.2765	0.7134	0.25
	NO.15	0.7868	0.6278	0.5311	0.6342	0.2245	0.10
	NO.16	0.5335	0.7822	0.6432	0.4531	0.5243	0.25
	NO.17	0.6727	0.5374	0.5627	0.7463	0.8112	1.00
	NO.18	0.5193	0.8732	0.4554	0.4526	0.2532	0.10
	NO.19	0.3333	0.4934	0.3423	0.4565	0.1233	0.25
	NO.20	0.8428	0.9386	0.4563	0.5363	0.0212	0.10

取 $L=4$，$M=1$，$N=200$，$\rho(W)=0.9$，$D=0.05$，$\alpha=1$，$\gamma=0.02$，$HMS=8$，$HMCR=0.95$，$PAR=0.3$，$bw=0.01$，迭代次数为 $T_{HS}^{\max}=300$；量子规模为 20，迭代次数 $T_{QE}^{\max}=300$，惩罚参数 γ_1,γ_2 和 θ 根据经验进行设定。将表 5.5 前 12 组数据作为训练数据，利用 QHS-ESN 算法，得到适应度函数 $\Phi(W^{\text{out}})$ 最优值为 0.1396。从图 5.4 全局最优值搜索过程，可看出自第 18 代开始达到最优值。为比较文中算法效果，用 ESN 模型、QHS-ESN 模型、HS-BP 模型同时求解上述问题。群体规模和最大进化代数仍为 20、300。ESN 模型、QHS-ESN 模型参数不变。HS-BP 模型输入、输出神经元个数同 ESN 模型，隐层神经元个数为 10 个。将仿真输出的适应度函数最小值进行比较，仿真变化曲线如图 5.4 所示。通过比较可知，QHS-ESN 和 HS-BP 算法都能够寻找到最优解，而且 QHS-ESN 算法收敛速度最快。ESN 算法虽然收敛速度较快，但是准确率低，部分情况下陷入局部最优解。

为了比较上述算法的度量效果，以表 5.5 中的后 8 组数据作为测试数据，分别比较 ESN 模型、QHS-ESN 模型、HS-BP 模型的拟合结果（图 5.5），以均方误差 A_{MSE}、平均差 A_{MD}、整群剩余系数 A_{CRM} 和确定系数 A_{CD} 四个评价指标进行预测效果比较。由表 5.6 可以看出，ESN 模型的 $A_{MD}<0$，$A_{CRM}<0$，其预测值高于实际值，其他两个模型均大于 0，

说明预测值低于实际值；ESN 模型、QHS-ESN 模型的 A_{MSE}、A_{MD}、A_{CRM} 比 HS-BP 模型更接近于 0，表明预测精度相对较高，QHS-ESN 模型次之；QHS-ESN 模型 $A_{CD}<1$，其他两个模型 $A_{CD}>1$，表明 QHS-ESN 模型存在一定误差，但能够表征全部指标信息，ESN 模型和 HS-BP 模型则可能会遗漏指标特殊取值。综上所述，QHS-ESN 模型精度高于 HS-BP，非常接近 ESN，但稳定性较 ESN 模型要好。

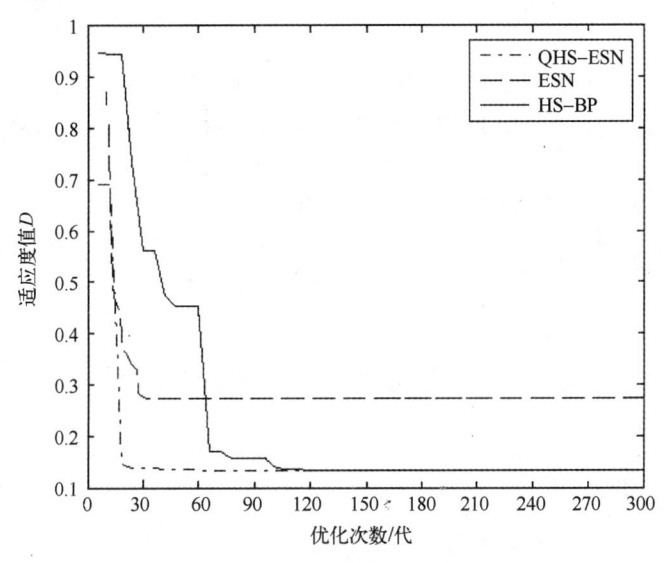

图 5.4 三种模型优化曲线

表 5.6 三种模型预测效果比较

模　型	A_{MSE}	A_{MD}	A_{CRM}	A_{CD}
ESN	0.0168	−0.0300	−0.0980	2.9334
HS-BP	0.0661	0.1088	0.3551	4.2619
QHS-ESN	0.0224	0.0213	0.0694	0.5618

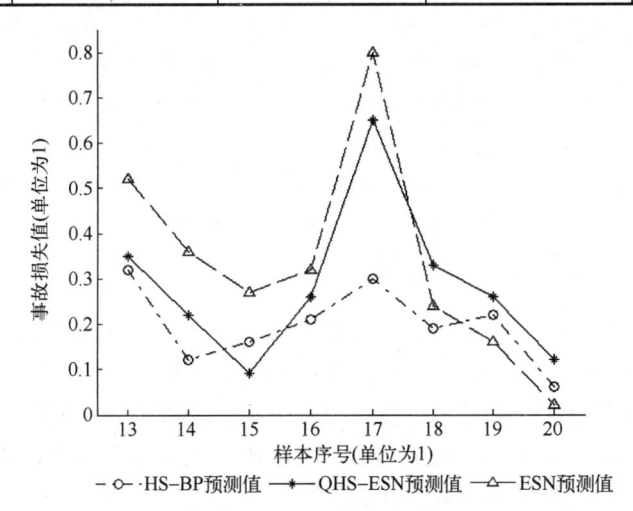

图 5.5 三种模型的飞行安全损失预测值

第6章　复杂装备系统级事故涌现突变论分析

随着装备结构/功能的复杂化，部件之间多重交联，所造成的事故也随之具有隐蔽性、连锁性、不可逆性等特点，严重制约了部队装备完好性和作战效能的提高。事故判定作为复杂装备系统级安全性分析的核心内容，对于提高安全事故预警水平，进一步降低装备事故率，具有更为直接的现实意义。因此，构建复杂装备系统安全状态从稳定到突变的涌现判定模型，既是系统安全性分析的关键问题，也是部队装备使用/维修安全管理工作的现实需要。

6.1　复杂装备事故与系统涌现

6.1.1　涌现的定义

关于涌现的研究是随着系统科学和复杂性科学的发展而逐步深入的。涌现颠覆了人类的还原论思维，从关注系统组元自身细节转向其相互作用关系，并以此解释系统在演化过程只出现在整体层面的新的属性、结构、模式。因此，探索系统宏观新质与微观作用机制之间的联系是研究涌现问题的核心任务。在此过程中，国内外学者对涌现作了许多定义，具体如表6.1所示。

表6.1　涌现定义

相关学者	涌现定义
范冬萍	涌现是从简单系统开始建构，进而多层次跃迁生成的一种不可还原的新的控制关系
Fromm	涌现产生于系统微观和宏观之间的交互层面，且伴随有蕴含自身规律的新质出现
颜泽贤	涌现特性不能根据系统各组元及其总和的性质进行预测，是系统整体所独有的性质
Holland	涌现是指在复杂系统中，经由一系列简单的局部作用产生复杂整体的现象
狄增如	涌现是经由系统组元之间的局部作用，在更高层次上所产生的新的属性、模式的现象，且不需要系统中存在全局控制关系

6.1.2　复杂装备事故的涌现观

Hollnagel认为复杂装备事故就是一种涌现，仅分析各部件的性质不能预判事故的发生，其决定性因素是各组成部件之间的交互关系。由涌现产生的层次特性可知，复杂装备事故也必然是由多层次耦合作用所导致的，该作用使得部件危险性质上升为系统崩溃性质。在此过程中，装备事故经历了危险因素产生耦合、累积传递、恶化突变等若干阶段。复杂装备危险的动态变化以及它们之间的非线性交互，是装备事故发生的本质所在。张维忠也认为，非线性交互是系统涌现的必要条件。因此，进行复杂装备事故判定分析，不但要关注微观危险耦元之间的动态关联关系,而且要把握系统宏观的演化趋势。

6.1.3 复杂装备事故熵突变描述

近年来,熵作为一种更为普遍的概念被提出来以后,熵在复杂系统分析领域的应用获得蓬勃发展。熵表示由复杂系统组元之间相互作用而产生的关联程度。据此,可建立熵 S 的一般函数关系,公式如下。

$$S = \eta + \sum_i \gamma_i x_i + \sum_{ij} \gamma_{ij} x_i x_j + \sum_{ijk} \gamma_{ijk} x_i x_j x_k + \cdots \quad (6.1)$$

式中, $x_1 \sim x_n$ 表示系统组元的属性值; $\gamma_{i\sim n}$ 为系统组元之间的关联系数; η 为偏离常数。

式中的所有参数可以通过相关数据学习得到,无需依靠人类主观经验设定若干演化规则。张景林指出安全系统是一个耗散结构,复杂装备安全系统更是如此。复杂装备事故的发生是其内在调节能力退化而趋于无序的过程。相关研究表明,熵方法能够准确描述该演化过程。基于该方法,Li 等提出了熵流概念,定量表征工业流程系统的安全性水平;王艳辉等采用熵方法提出了城轨运营事故涌现的网络模型,建立了一种分析事故判定的定量方法;事物安全"流变—突变"(Rheology-Mutation,R-M)理论认为,系统安全事故演化除了具备渐变特性外,还存在安全临界点和突变点;Song 等分析了煤矿开采过程中岩土坍塌的非线性动态特性,提出了有效的工程预防措施;对公路交通、刹车部件等典型系统的研究表明,随着安全控制变量的连续变化,装备系统安全性会突然崩溃,出现突变现象。袁大祥等提出了事故突变论,通过定义事故潜势判断事故是否发生,为装备事故的定量判定提供借鉴。综上所述,将熵与突变论相结合,建立复杂装备系统熵突变模型,能够同时从层次和过程两个方面完整描述复杂装备事故的发生。

6.2 装备系统危险熵

6.2.1 信息熵

1948 年,Shannon 将 Boltzmann 熵引入信息论,表征信息的不确定性和信息量。信息是系统有序度的一个度量,熵则是无序度的一个度量,二者互为相反数。按照信息熵的概念作如下定义:令系统的状态为 $X(x_1, x_2, \cdots, x_i, \cdots, x_n)$,系统所在处 x_i 的概率 $p(x_i)$, $\sum_{i=1}^{n} p(x_i) = 1$。则熵可以表示为:

$$s(t) = -\sum_{i=1}^{n} p(x_i) \ln p(x_i) \quad (6.2)$$

式中, $s(t)$ 为第 t 时段复杂系统的熵,它是一个状态函数。由熵和系统有序度的关系可知,复杂系统的演变方向取决于系统的熵变机制。据此,建立复杂系统演化方向的判别式:

$$\Delta S = S(t+1) - S(t) \quad (6.3)$$

式中, $S(t), S(t+1)$ 分别为 t 时段初态和末态的熵值。根据 ΔS 的正负性,判断系统演化方向。

6.2.2 装备危险熵的提出

由耗散结构理论可知，复杂装备系统安全性崩溃是其自身蕴含的危险当量达到某阈值而发生整体秩序失稳。可见，系统危险规模分布是安全状态演化的直接体现和是否达到崩溃临界的标志。熵作为系统安全状态不确定性、无序性的度量，能够较好地刻画各部件危险当量及其分布特性。所以，可将装备危险状态演化视为系统危险能量的熵变过程。为此，在装备系统部件危险发生时间序列 $X = \{x_1, x_2, \cdots, x_n\}$ 上定义一个时间滑动窗。令初始窗宽为 w，滑动因子为 δ。构建滑动窗 $X(m, w, \delta)$（$m = 1, 2, \cdots M$）如下：

$$X(m, w, \delta) = \{x_i, i = 1, 2, \cdots, w + m\delta\} \tag{6.4}$$

式中，$M = (N - w)/\delta$，x_i 为第 i 个危险规模蕴含的危险当量。在本书第 4 章中，危险当量是通过装备危险传递规模搜索和危害等级度量的两阶段法予以求解的，没有将二者结果进行综合。考虑到采用一般加权方法合成存在较强的主观性，本书在时间滑动窗思想的基础上，基于熵方法进行综合。将该时间窗内所有由危险传递规模和危害等级构成的二元信息集合，按照相似原则，划分为若干子危险状态组，统计得出各子危险状态出现的概率。然后，根据熵的定义，提出装备危险熵。则根据 Boltzmann 熵，定义装备系统滑动窗 $X(m, w, \delta)$ 的危险熵如下：

定义 6.1 装备系统危险熵。装备系统危险熵是装备系统各危险耦元所蕴含的危险当量在运行中的不确定度，记为 $S(X(m, w, \delta))$。计算公式如下：

$$S(X(m, w, \delta)) = -\sum_{i=1}^{w+m\delta} p(s_i) \ln p(s_i) \tag{6.5}$$

$$p(x_i) = \frac{s_i}{Q_m} = \frac{s_i}{\sum_{i=1}^{w+m\delta} s_i} \tag{6.6}$$

式中，$p(s_i)$ 为第 m 个滑动窗内子危险状态 s_i 出现的概率；Q_m 为第 m 个滑动窗内的子危险状态总数，$i = 1, 2, \cdots, w + m\delta$。复杂装备系统危险熵 $S(X(m, w, \delta))$ 综合反映了不同状态下危险当量增量的不确定性分布。装备系统危险熵的连续变化特性，表征其安全状态演化轨迹。从中找出危险熵值突变点，就可以判断距离事故临界点的趋近程度。

6.3 装备危险熵函数的 QPS–DGM 构建

熵变模型主要通过系统能量或力的连续函数转化得出。就复杂装备系统而言，其熵变模型必然基于危险当量的时空分布规律构建危险熵函数得出。当前，相关学者还没有提出的熵函数标准表达式，一般基于观测熵值数据拟合而成。考虑到装备事故数据的不完备性、内在关联复杂性等特征，采用离散灰色模型（Discrete Grey Model，DGM）拟合装备危险熵值时间序列。此外，鉴于装备系统危险熵值的振荡变化特性和熵函数拟合的高精度要求，采用量子粒子群（Quantum-Behaved Particle Swarm Optimization，QPSO）

算法优化 DGM(2,1)参数，构建高精度的装备系统危险熵突变模型，推导装备事故判据，为装备系统安全性分析和控制提供依据。

6.3.1 DGM（2,1）模型

由于按照给定时间窗定期采集装备系统危险状态数据，装备危险熵函数 $F(S)$ 求解转化为等距危险熵值时间序列 $\{S_i\}$ 的函数拟合问题。DGM(2,1)模型是 GM(2,1)模型的离散形式，具有更好的拟合效果。

定义 6.2 DGM（2,1）方程。若由 n 个原始数据样本构成的非负等距时间序列为 $X^{(0)}=(x^{(0)}(1),x^{(0)}(2),\cdots,x^{(0)}(n))$，1-AGO 累加序列 $X^{(1)}$ 和 1-IAGO 累减序列 $\alpha^{(1)}X^{(0)}$ 分别表示如下：$X^{(1)}=(x^{(1)}(1),x^{(1)}(2),\cdots,x^{(1)}(n))$，$\alpha^{(1)}X^{(0)}=(\alpha^{(1)}x^{(0)}(2),\alpha^{(1)}x^{(0)}(3),\cdots,\alpha^{(1)}x^{(0)}(n))$。则称

$$\alpha^{(1)}X^{(1)}+aX(0)=b \tag{6.7}$$

为 DGM(2,1)灰色微分方程，其中

$$\begin{aligned}&\alpha^{(1)}X^{(1)}+aX(0)=b,k=1,2,\cdots,n\\&\alpha^{(1)}x^{(0)}(k)=x^{(0)}(k)-x^{(0)}(k-1),k=2,3,\cdots,n\end{aligned} \tag{6.8}$$

式中，a 为发展系数；b 为灰色作用量。

定理 6.1 若迭代基值 $\hat{x}^{(1)}(1)=x^{(0)}(1)$，DGM(2,1)模型的时间响应序列 $x^{(1)}(k+1)$（$k=1,2,\cdots,n$）为

$$\hat{x}^{(1)}(k+1)=\left(\frac{b}{a^2}-\frac{x^{(0)}(1)}{a}\right)e^{-ak}+\frac{b}{a}(k+1)+\left(x^{(0)}(1)-\frac{b}{a}\right)\frac{1+a}{a} \tag{6.9}$$

$$\hat{x}^{(0)}(k+1)=\alpha^{(1)}x^{(1)}(k+1)=\hat{x}^{(1)}(k+1)-\hat{x}^{(1)}(k) \tag{6.10}$$

6.3.2 QPSO-DGM（2,1）模型

针对 DGM(2,1)模型的拟合优度和预测精度问题，曾祥艳引入累积法对模型参数 a，b 进行优化估计；谢乃明比较了迭代基值选取为始点、中间点和终点三种不同形式对模型精度的影响。这里将三种初值情况统一为 $\mu x^{(0)}(1)$，μ 为迭代基值修正系数。可见，改进 DGM(2,1)模型的拟合及预测精度主要取决于模型参数 a、b、μ。考虑到模型参数与模型精度之间具有显著的非线性关系，解析方法难以求出。前馈神经网络（Back Propagation Neural Network，BPNN）、遗传算法(Genetic Algorithm，GA)、粒子群算法（Particle Swarm Optimization，PSO）用于模型参数优化时，虽然在一定程度上提高了模型精度，但是容易陷入局部最优。原因主要有两个：一是定义的适应度函数不合适。通常的方法是以平均拟合误差最小为目标，没有从全局考虑；二是智能优化算法本身容易陷入局部最优。对此，提出 QPSO-DGM（2,1）模型。在构造粒子适应度函数时，以拟合值 $\tilde{X}_{(k)}^{(0)}$ 与实际值 $X_{(k)}^{(0)}$ 的灰色关联度最小为目标构建适应度函数，确保预测结果最大限度地保证原有数值序列整体拟合效果；QPSO 算法通过量子搜索机制提高对解空间的遍历能力，从而增加种群多样性和全局最优解获得概率。在 QPSO-DGM（2,1）模型中，迭

代基值为 $\mu x^{(0)}(1)$，则有如下推理：

推理 6.1 若迭代基值 $\tilde{x}^{(1)}(1) = \mu x^{(0)}(1)$，QPSO-DGM（2,1）模型的时间响应序列 $\tilde{x}^{(1)}(k+1)$（$k = 1,2,\cdots,n$）为：

$$\tilde{x}^{(1)}(k+1) = \left(\frac{\tilde{b}}{\tilde{a}^2} - \frac{\mu x^{(0)}(1)}{\tilde{a}}\right) e^{-\tilde{a}k} + \frac{\tilde{b}}{\tilde{a}}(k+1) + \left(\mu x^{(0)}(1) - \frac{\tilde{b}}{\tilde{a}}\right)\frac{1+\tilde{a}}{\tilde{a}} \quad (6.11)$$

$$\tilde{x}^{(0)}(k+1) = \alpha^{(1)} x^{(1)}(k+1) = \tilde{x}^{(1)}(k+1) - \tilde{x}^{(1)}(k) \quad (6.12)$$

推理 6.2 若 $\tilde{a}, \tilde{b}, \mu x^{(0)}(1)$ 如推理 6.1 所述，装备系统安全熵函数 $F_s(t)$ 为：

$$F_s(t) = \tilde{x}^{(0)}(k) = \left(1 - e^{\tilde{a}}\right)\left(\frac{\tilde{b}}{\tilde{a}^2} - \frac{\mu x^{(0)}(1)}{\tilde{a}}\right) e^{-\tilde{a}(t-1)} + \frac{\tilde{b}}{\tilde{a}} \quad (6.13)$$

将得到的 $\tilde{a}, \tilde{b}, \mu x^{(0)}(1)$，代入式（5.13）求出装备系统安全熵函数。构建 QPSO 算法流程如下：

步骤 1 参数初始化。设定学习因子 c_1, c_2，惯性权重 w，最大迭代次数 $T_{\max}$，全局极值 p_g。随机产生 m 个粒子，粒子维数 n 为 3，分别代表求解的参数 a、b、μ。各粒子的量子态 $|0\rangle$ 和 $|1\rangle$ 分别占据正余弦位置 p_{is} 和 p_{ic}。以量子位的概率幅作为粒子当前位置的编码，生成公式如下：

$$\begin{bmatrix} p_{ic} \\ p_{is} \end{bmatrix} = \begin{bmatrix} \cos(\theta_{i1}) & \cos(\theta_{i2}) & \cdots & \cos(\theta_{in}) \\ \sin(\theta_{i1}) & \sin(\theta_{i2}) & \cdots & \sin(\theta_{in}) \end{bmatrix} \quad (6.14)$$

式中，$\theta_{ij} = 2\pi \times rand(0,1)$。$i \in \{1,2,\cdots,m\}$ 表示种群规模；$j \in \{1,2,\cdots,n\}$ 表示空间维数。

步骤 2 解空间变换。粒子 p_j 上第 i 个量子位的量子态 $|0\rangle$ 和 $|1\rangle$ 的概率幅为 $[\alpha_i^j\ \beta_i^j]^T$。对应的解空间位置变量 $[X_{ic}^j\ X_{is}^j]^T$ 为：

$$\begin{bmatrix} X_{ic}^j \\ X_{is}^j \end{bmatrix} = \frac{1}{2}\begin{bmatrix} b_i(1+a_i^j) + a_i(1-a_i^j) \\ b_i(1+\beta_i^j) + a_i(1-\beta_i^j) \end{bmatrix} \quad (6.15)$$

步骤 3 适应度计算。将位置代入适应度函数 $f(a,b,\mu)$ 计算新的适应度。若粒子适应值优于 p_g，则赋值目前位置给 p_g。其中，$f(a,b,\mu)$ 计算公式如下：

$$f(a,b,\mu) = \frac{1}{n}\sum_{k=1}^n \frac{\min\limits_{1\leqslant k\leqslant n}\left|X_{(k)}^{(0)}(t) - \tilde{X}_{(k)}^{(0)}(t)\right| + \rho \max\limits_{1\leqslant k\leqslant n}\left|X_{(k)}^{(0)}(t) - \tilde{X}_{(k)}^{(0)}(t)\right|}{\left|X_{(k)}^{(0)}(t) - \tilde{X}_{(k)}^{(0)}(t)\right| + \rho \max\limits_{1\leqslant k\leqslant n}\left|X_{(k)}^{(0)}(t) - \tilde{X}_{(k)}^{(0)}(t)\right|} \quad (6.16)$$

步骤 4 更新粒子状态。粒子群体更新公式如下：

$$\begin{bmatrix} p_{ic} \\ p_{is} \end{bmatrix} = \begin{bmatrix} \cos(\tilde{\theta}_{i1}(t)) & \cos(\tilde{\theta}_{i2}(t)) & \cdots & \cos(\tilde{\theta}_{in}(t)) \\ \sin(\tilde{\theta}_{i1}(t)) & \sin(\tilde{\theta}_{i2}(t)) & \cdots & \sin(\tilde{\theta}_{in}(t)) \end{bmatrix} \quad (6.17)$$

式中，$\Delta\theta_{ij}(t+1) = w\Delta\theta_{ij}(t) + c_1 r_1(\Delta\theta_l) + c_2 r_2(\Delta\theta_g)$ 为粒子 p_j 上量子位幅角增量。其中，r_1, r_2 为 $[0,1]$ 之间的随机数。$\Delta\theta_l$ 为粒子相移量；$\Delta\theta_g$ 为粒子群全局最优相位与当前粒子的相移量；$\tilde{\theta}_{ij}(t) = \theta_{ij}(t) + \Delta\theta_{ij}(t+1)$。

步骤 5 变异操作。对每个粒子依变异概率 p_m 进行变异操作。由量子非门实现的变异操作公式如下：

$$\begin{bmatrix} 0 & 1 \\ 1 & 0 \end{bmatrix} \begin{bmatrix} \cos(\theta_{ij}) \\ \sin(\theta_{ij}) \end{bmatrix} = \begin{bmatrix} \sin(\theta_{ij}) \\ \cos(\theta_{ij}) \end{bmatrix} \tag{6.18}$$

步骤 6 循环操作。返回步骤 2，直到满足收敛条件。当适应度函数 $f(a,b,\mu) > 0.6$ 时，灰色模型能达到精度要求。

6.3.3 装备系统事故危险熵突变建模

复杂装备事故的危险熵突变模型是以危险熵函数为状态函数，以正负熵流为控制变量。所以，应采用尖点突变模型。尖点突变模型包括势函数和突变条件两个部分。复杂装备危险熵势函数标准型是由危险熵函数转化而来。上一节求出的危险熵函数为指数形式，可由最小二乘法转化为幂级数形式，再用微分同胚变换方法转化为尖点突变标准型。据此，构建复杂装备危险熵势函数和发生突变的条件和分叉集方程，求出装备事故判据。构建复杂装备危险熵势函数如下：

$$V(F_s) = \sum_{i=0}^{4} a_i t^i = z^4 + uz^2 + vz + c \tag{6.19}$$

式中，z 为尖点突变模型势函数的状态变量；u、v 为其 2 个控制参量；$a_i\ (i=0,1,2,3,4)$ 为转化系数，可由最小二乘法分别求出；

$$u = \begin{cases} \dfrac{b_2}{\sqrt{b_4}}, & b_4 > 0 \\ \dfrac{-b_2}{\sqrt{-b_4}}, & b_4 < 0 \end{cases}$$

$$v = \begin{cases} \dfrac{b_1}{\sqrt[4]{b_4}}, & b_4 > 0 \\ \dfrac{-b_1}{\sqrt[4]{-b4}}, & b_4 < 0 \end{cases}$$

$$z = \begin{cases} (t+q)\sqrt[4]{b_4}, & b_4 > 0 \\ (t+q)\sqrt[4]{-b_4}, & b_4 < 0 \end{cases}$$

$$b_1 = a_1 - 2a_2 q + 2a_3 q^2\ ;\ b_2 = a_2 - \frac{3}{2}a_3 q$$

$$b_4 = a_4\ ;\ q = \frac{a_3}{4a_4}\ ;\ c = \frac{a_0}{\sqrt[4]{|a_4|}} \text{为常数项}$$

由尖点突变理论易知，复杂装备系统安全熵突变流形 M 为：

$$\frac{\partial V(F_s)}{\partial z} = 4z^3 + 2uz + v = 0 \tag{6.20}$$

分叉集方程为:

$$\Delta = 8u^3 + 27v^2 = 0 \quad (6.21)$$

该分叉集将控制变量 $u-v$ 平面划分为 $\Delta>0$ 和 $\Delta<0$ 两个区域,相应的装备系统级事故涌现的熵突变判据为:

(1) 当 $\Delta>0$ 时,装备系统处于安全稳定态。装备系统安全性熵突变流形 M 有一个实根, u、v 的平稳变化总是引起系统的平稳变化。

(2) 当 $\Delta<0$ 时,装备系统处于无序崩溃态。

(3) 当 $\Delta=0$ 时,复杂装备系统处于安全临界平衡态。

考虑到尖点突变模型对观测数据序列的确定性变化要求,在建立装备危险熵突变模型之前必须由 QPSO-DGM(2,1) 模型得到危险熵函数。因此,将 QPSO-DGM(2,1) 和突变模型相结合,建立 QPSO 算法优化的复杂装备系统级事故灰色—熵突变判据算法。具体算法流程如图 6.1 所示。

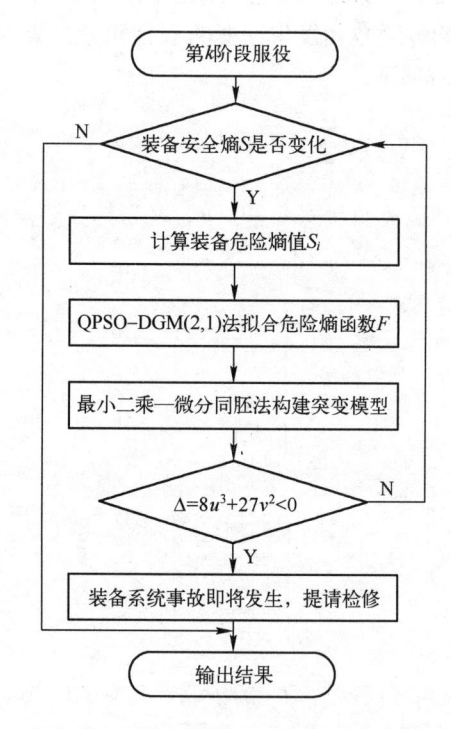

图 6.1 复杂装备系统级事故灰色—熵突变判据算法流程

6.4 应用案例

以某型飞机主起落架刹车控制系统为例。该型飞机主起落架刹车控制系统由刹车机轮、刹车装置、伺服阀、刹车阀、控制盒和速度传感器组成。其危险状态主要包括油路压力过大、电液力伺阀增益下降、机轮速度传感器增益故障、刹车装置故障、机轮散热性能降低 5 种情形。相应的子危险状态可通过飞机质量控制软件的记录信息进一步划分得到。取时间初始窗宽 w 为 2012 年 1 月，滑动因子 δ 为 1 个月。运用式（6.5）和式（6.6），分别计算主刹车控制系统 12 个月的危险熵值，详见表 6.2。取群体规模为 20，最大进化代数 50，ρ =0.5。用 QPSO-DGM(2,1)进行拟合，得到适应度函数 $f(a,b,\mu)$ 最优值为 0.6327，收敛代数为 15。此时，相应的模型最优参数为 $\tilde{a}$ = 0.0431，$\tilde{b}$ = 0.0413，μ = 0.0487。从图 6.2 可看出，自第 15 代开始接近最优值。为比较该算法效果，用 GA 算法、PSO 算法、QPSO 算法同时求解上述问题。每种算法分别进行 300 次仿真计算。将仿真输出的最小值作为标准值进行比较。取群体规模和最大进化代数为 20、200，得到仿真变化曲线如图 6.3 所示。通过比较可知，PSO 和 QPSO 算法基本能够找到最优解，且 QPSO 算法收敛速度较快。GA 算法虽然收敛速度最快，但是准确率较低。为进一步比较安全熵值的拟合效果，分别求解传统 DGM（2,1）模型，QPSO-DGM(2,1)模型的拟合结果、平均误差、灰关联度，如表 6.2 所示。

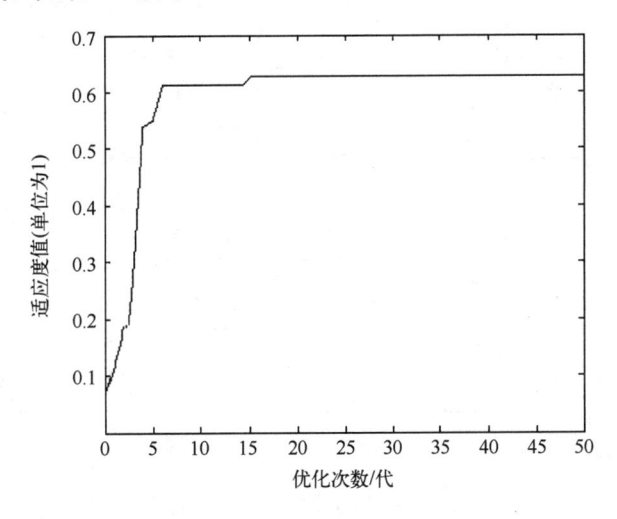

图 6.2 QPSO 算法优化迭代过程

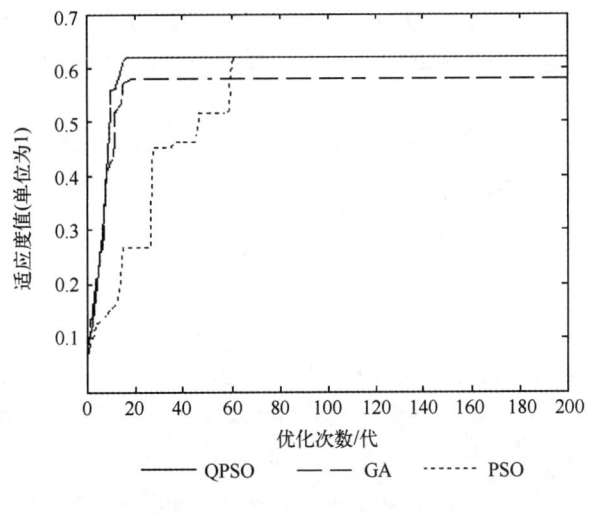

图 6.3 三种算法性能比较

表 6.2 飞机主起落架控制系统危险熵值及其拟合结果

时间窗号	实际熵值	DGM(2,1)模型拟合值	QPSO-DGM(2,1)模型拟合值
2012.01	0.0781	0.0781	0.0766
2012.02	0.0802	0.0812	0.0772
2012.03	0.0793	0.0884	0.0798
2012.04	0.0811	0.0913	0.0951
2012.05	0.1075	0.1084	0.1072
2012.06	0.0830	0.1222	0.0841
2012.07	0.1197	0.1194	0.1206
2012.08	0.1364	0.1309	0.1452
2012.09	0.1890	0.1676	0.1694
2012.10	0.2352	0.1808	0.2211
2012.11	0.2999	0.2621	0.2830
2012.12	0.3357	0.2336	0.3150
平均相对误差%		10.8297%	2.0187%
灰色关联度		0.5362	0.6527

将 $\tilde{a}$，$\tilde{b}$，μ 的值代入式（6.13），得到的主起落架控制系统危险熵函数为：

$$F_s(t) = 0.413e^{0.0431t} + 0.0487$$

将实际熵值和 DGM(2,1)、QPSO-DGM(2,1) 的拟合的数据绘制成图，如图 6.4 所示。由表 6.2 和图 6.4 容易看出，QPSO-DGM(2,1) 模型较传统 DGM(2,1) 模型，拟合值与实际值的灰色关联度更高，更好地刻画了实际危险熵值的整体变化规律，平均误差较小，且拟合效果稳定。

通过 Matlab 编程，计算危险熵函数转为尖点突变势函数的最小二乘系数解为：
$[a_0, a_1, a_2, a_3, a_4]$=[0.09, 0.0018, 3.8360e-005, 5.5110e-007, 5.9381e-009]。利用微分同胚转化式（6.20），可得 $u = -23.3587$，$v = 0.8088$。

$$V(F_s) = z^4 - 23.3587z^2 - 0.8088z + 10.2525$$

由式（6.22）计算分叉集，有 $\Delta = -1.0123e+005 < 0$。

由于 $\Delta < 0$，该飞机主起落架控制系统发生了安全突变，处于无序崩溃状态，近期很可能发生安全事故。另外，通过 QPSO-DGM(2,1) 模型对主起落架控制系统安全状态进行预测（见图 6.4），可知其危险熵值在迅速增加，表明系统安全性处于无序加剧态，也表明有发生事故的趋势。这与 2013 年 1 月份发生的刹爆轮胎和 2 月份发生的丧失刹车功能，导致飞机冲出跑道的两起事故相吻合。

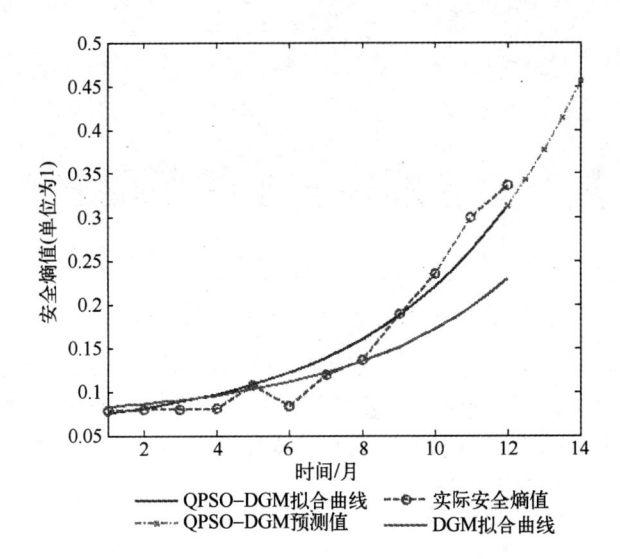

图 6.4 飞机起落架控制系统危险熵值拟合效果图

第7章 复杂装备服役安全性多层 Petri 网仿真

复杂装备危险多层耦合传递具有涉及因素较多、层次关系复杂、作用过程不确定等特征，直接建模困难较大。因此，仿真方法成为揭示复杂装备安全性演化涌现的重要研究手段。Petri 网仿真模型能够同时进行装备危险的多失效链分析和危险网络多状态分析，且输出的数据可作为前面各章分层模型的数据来源，为复杂战训条件下装备服役安全性管理提供模型验证平台和辅助决策依据。

7.1 装备事故建模技术研究

7.1.1 传统事故推演建模技术

目前广泛应用的技术层面的事故分析方法，如事件树(ETA)/故障树(FTA)分析等，是用链的方式描述从初因事件到事故的过程，链中的事件一般是线性的因果关系。在核工业、航空航天等领域不断发展的事故分析评价方法概率风险评估(PRA)，实际是主逻辑图、事件序列图、故障树和事件树等方法的综合应用。该方法虽然提出了事故场景的概念，强调分析所有可能造成重大事故的场景。但由于其采用的分析方法仍是 ETA/FTA 等传统方法。因此，依然存在初因事件选取是否合理、基于二态树的事件发展过程分析是否全面、不能描述多因素间的耦合关系等问题。

7.1.2 事故推演 Petri 网建模技术

7.1.2.1 事故推演思想

随着科学技术的进步，人们对事故致因的认识越来越深入。事故致因理论发展的最后阶段是系统归因模型。该类模型认为事故在演变的过程中，不存在固定的事件序列，只要在某一时空范围内，存在人、机、环等多种因素，各种因素相互作用，事故就会发生。从多因素耦合的角度开展系统运行轨迹的建模分析，可以有效开展事故预防和控制工作。

事故推演模型是一种新的系统归因模型。它是一种多维状态空间模型，阐述了维度及其之间的关系和安全状态空间等概念，从多因素耦合的角度描述系统运行轨迹和推演事故发生过程。

1. 维度

维度主要分为系统维度和时间维度两大类。系统从安全状态到危险状态演化过程中，其每一组成部分及其耦合关系都起着至关重要的作用。因此，各组成部分都可表征事故的一个特征，作为状态空间的一个维度。系统各部分的状态是随时间变化的，则系统从安全状态到危险状态的演化，可以抽象为时间的函数。因此，时间作为状态空间的另一个维度。

2. 各维度关系

每一个系统维度都和时间维度关联。同时，每一个系统维度又和其他系统维度关联，而且该系统维度的状态又影响其自身及其他系统维度的状态。以各系统随时间的变化为纵轴，以各系统之间的耦合关系为横轴，两者共同构成了系统状态演变的轨迹空间。随着时间的变化，设备出现了异常情况，人员接收该信息后进行判断决策，可能会导致人的不安全行为。设备的不安全状态和人的不安全行为出现了耦合，最终导致了事故。

3. 系统状态空间与安全状态空间

系统维度和时间维度共同组成了系统状态空间，它包含系统所有状态演变的轨迹。系统状态空间可分为安全状态空间和非安全状态空间。其中，安全状态空间是指系统的安全状态构成的空间。剩余空间即为非安全状态空间。系统安全状态空间的判别方法由研究对象的特点及掌握的系统信息详细程度等因素确定。

事故推演模型系统是相互作用的多元素的复合体。其目的是通过描述系统各部分状态变化及其之间的耦合关系，明确系统的安全状态空间和事故空间，找出系统从安全状态到事故的演变轨迹，从而揭示事故的成因、演变过程及结果。

7.1.2.2 Petri网事故推演技术

整体涌现性、层次性是系统的基本特性。对于复杂系统，耦合也是其重要特性之一。基于系统学理论，安全性是系统的一种涌现特性。组成系统的各部分都是相互耦合的，系统各部分及其关系的整体涌现如果在系统安全边界范围之内，则系统表现为安全；反之，则系统表现为事故。

Petri网是C.A.Petri在1982年提出来的。Petri网采用图形建模方法，通过表征系统模型中各种可能发生的状态以及迁移关系，描述分析系统的静态结构和动态行为。采用位置、变迁、连接弧描述系统的静态结构，采用变迁的激发和托肯在位置中的分布变化描述系统动态行为，根据变迁激发规则自动进行状态迁移。综合了数据流控制流和状态转移，能方便地描述系统的分布、并发、资源共享、同步、异步及冲突等重要特性，并能够通过状态转换体现系统的动态行为特征和系统状态的推演过程。将面向对象技术、分层机制等功能引入Petri网中，建立基于层次化面向对象的Petri网(Hierarchical Object-oriented PetriNets，HOOPN)，能够清晰地描述不同层次、不同对象的差异、联系、衔接和相互过渡，直观地体现系统的耦合性和涌现性。该方法无疑是能够满足事故推演模型要求、解决复杂系统事故推演问题的根本方法。

Petir网模型反映了复杂系统的状态演变过程特性：

（1）动态性。多维状态空间通过描述系统在时间维度上的变化，反映了系统状态随着时间而发生改变的动态特性。

（2）并发性。所谓并发性，是指系统各部分的状态改变可能是同时的，系统可能有多个事件同时发生。多维状态空间中，每一个系统维度各自随时间变化，能够描述系统的并发性。

（3）不确定性。影响系统安全的系统各组成部分，如人的操作行为和设备故障等具有不确定性，使得系统从安全状态到事故状态的演变呈现不确定性。因此，同一时刻点对应的系统状态,不是一个点,而是点的集合。

(4) 耦合性。系统各组成部分是相互依赖、相互制约的。这种关系一方面形成了系统的功能;另一方面却使各组成部分的变化影响到其他组成部分甚至整个系统的状态变化。而这种变化可能就是从安全到事故的变化。多维状态空间中的各系统维度间的关联关系,即体现了系统内部的耦合性。

7.2 复杂装备服役安全性多层次 Petri 网仿真架构

7.2.1 复杂装备安全性仿真平台

复杂装备的任务剖面和运行环境多种多样,确定系统中危险耦元之间的动态逻辑关系难度很大。虽然解析方法、统计方法在装备服役安全性局部或某一阶段分析具有优势,但是在统一描述装备系统由正常状态向事故状态演化方面还很薄弱。这是因为复杂装备安全性具有层次耦合特性,单一的模型方法仍难以兼顾模型描述能力和分析能力,不能获取系统所有层次的安全信息,难以形成完整的安全态势。因此,进行复杂装备安全性仿真,同时刻画微观危险活动耦合传递过程和推演系统事故宏观涌现,对复杂装备服役安全性动态模拟、综合分析、优化控制具有重要意义。

复杂装备服役安全性演化涌现具有不稳定性、层次性、规模性和耦合性等特点,使得传统安全性仿真方法难以适用。随着安全性仿真技术的不断发展,罗鹏程提出了PEFF(Petri-ETA-FMEA-FTA)综合仿真分析方法;郑龙等构建了动态系统安全性分析平台(Dynamic System Safety Analysis Platform,DSSAP)。其目的是利用复杂装备服役事故基础数据,基于任务剖面和装备系统结构建立事故场景,选取单层次或者多层次仿真模型输出更有价值的安全性数据,进而描述装备系统危险耦合传递路径,评估装备系统危险态势、判断装备系统是否到达安全临界,从而对装备系统危险进行全局调整控制。基于此,构建当前复杂装备服役安全性仿真分析平台,如图 7.1 所示。

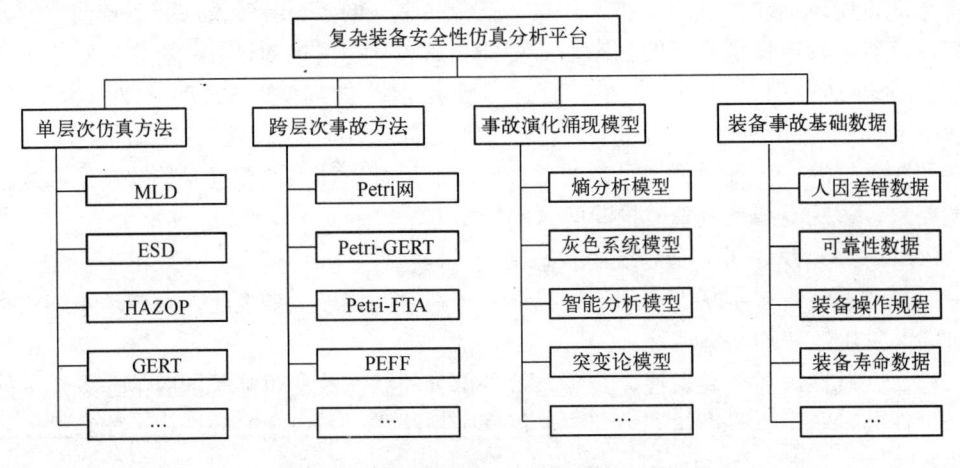

图 7.1 复杂装备安全性仿真分析平台

7.2.2 Petri 网仿真的可行性

将 Petri 网应用于复杂装备安全性仿真具有以下优势：

（1）相关学者在基本 Petri 网的基础上，引入时间、颜色、层次、概率等变量，出现时间 Petri 网（Time Petri Net，TPN）、颜色 Petri 网（Colour Petri Net，CPN）、随机 Petri 网(Stochastic Petri Net，SPN)、层次 Petri 网(Hiberarchy Petri Net，HPN)、面向对象 Petri 网(Object Oriented Petri Net，OOPN)等一系列高级 Petri 网模型及其组合模型。这使得 Petri 网模型相对其他系统安全性分析模型具有更为丰富的描述和分析能力，具有直观、准确、易学、易用的特点。

（2）Petri 网由局部的串行、并行、异步、冲突等动态行为特性组合得到全局状态和行为，不仅能够同时描述多个危险后果，而且可以得到导致危险后果发生的事件序列及其发生概率，降低了复杂系统建模的复杂度；此外，基于 Petri 网从局部到全局的多层次因果推演过程，能够跟踪系统运行过程实时判定事故状态是否可达，识别相应的事故路径，提高了系统安全性分析性能。

（3）Petri 网具有良好的数学性质，能够与矩阵理论、随机过程、信息论结合建立系统状态方程、代数方程，描述和分析系统状态的动态随机性。

7.2.3 装备安全性多层次 Petri 仿真架构

复杂装备服役安全性仿真必须采用多层次仿真方法，这是由其演化涌现的多层次耦合特性决定的。由图 7.1 可知，当前用于系统安全性的多层次仿真分析方法主要是 Petri 网及其组合方法。然而，该方法主要是针对某一具体装备事故，在进行复杂装备系统安全性仿真时不具有一般性。因此，探讨一种基于 Petri 网自身的扩展仿真架构，并合理采用各种高级 Petri 进行改进，是进行复杂装备服役安全性仿真的首要任务。

根据复杂装备服役安全性演化涌现特点，其仿真需要引入分层、概率、时间等因素改进基本 Petri 网，即分层时间随机 Petri 网（HTSPN）。因此，HTSPN 融合了时间 Petri 网、随机 Petri 网和分层 Petri 网的相关语义和建模思想，在时间 Petri 网、随机 Petri 网的基础上赋予面向对象的性质，自顶向下地嵌套若干子网。它既有普通 Petri 的直观表达的优点，又可以将复杂装备系统化简为若干具有逻辑独立的分层，形成层次化的高级 Petri 网模型结构，如图 7.2 所示。为便于模型描述，采用递归方法给出 HTSPN 的形式化定义如下：

定义 7.1 $HTSPN = \{PM, CM, CP, O_M, R, K\}$ 是一个六元组。其中，

PM 为父 HTSPN 模型标志。当 $PM = null$ 时，表示该模型为顶层模型。

$CM = \{CM_i\}$ 为子 HTSPN 模型对象集。当 $CM = null$ 时，表示该模型无子 HTSPN 网模型。

$CP = \{CP_j\}$ 为子 Petri 网模型对象集。当 $CP = null$ 时，表示该模型无子 Petri 网模型。

$O_M = (\Sigma, IM, OM, F_M)$ 为对象子网模块 $O_{Mi}(i=1,2,\cdots,m)$ 的集合；其中，Σ 为子网模块 $\Sigma_i(i=1,2,\cdots,m)$ 的集合。其中，Σ_i 由若干基本 SPN 构成；$IM = \{IM_i, i=1,2,\cdots,I\}$ 表示子网模块中输入消息接口；$OM = \{OM_i, i=1,2,\cdots,I\}$ 表示子网模块中输出消息接口；$F_M \subseteq OM \times G \cup G \times IM$ 表示输出消息库所到门变迁和门变迁到输入库所的有序

偶集合。

$R = \{R_{ij}, i,j = 1,2,\cdots,I, i \neq j\}$ 表示子网模块 O_{Mi} 之间的消息传递关系，与 O_M 存在如下关系：①$O_M \cap R \neq \varnothing$；②$O_M \cap R = \{OM, IM\}$；③$O_M \cap R = Gate$；门变迁 Gate 是用于实现子网模块之间消息传递，在子网模块 OM、IM 间执行连接操作。

K 为确定过渡变迁如何发生的判别规则集 K_{ij} 的集合。

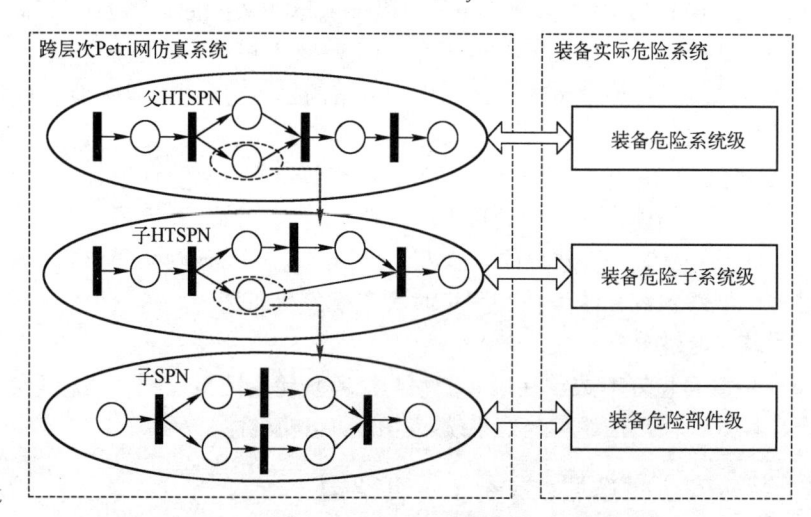

图 7.2　复杂装备服役安全性多层 Petri 网仿真架构

7.3　复杂装备安全性 Petri 网分析

上一节构建了多层次仿真 HTSPN 模型架构，适应复杂装备事故特点解决了总体仿真设计问题。接下来的问题则是底层模型如何实现 SPN 安全性分析问题。虽然 SPN 已经有了相当成熟的定义和仿真工具，但是应用于系统安全性分析，还存在变迁分布限制、分析变量不足等缺点。针对此，在系统安全性 SPN 分析基本模型基础上提出广义任意分布 SPN。

7.3.1　装备危险 SPN 分析模型

SPN 模型 $\Sigma = \langle P, T, A, M, \lambda \rangle$ 是一个五元组，其中：$P = \{P_1, P_2, \cdots, P_m\}$ 为库所集；$T = \{T_1, T_2, \cdots, T_n\}$ 为模型变迁集；$A \subseteq \{T \times P\} \bigcup \{P \times T\}$ 为模型有向弧集合；$M = \{M_1, M_2, \cdots, M_l\}$ 为模型危险状态集合；$\lambda = \{\lambda_1, \lambda_2, \cdots, \lambda_n\}$ 为模型变迁平均实施速率；$I = \{P | (P_i, T_i) \in F\}$ 为模型输入库所集合；$O = \{P | (T_i, P_i) \in F\}$ 分别为模型输入/输出库所集合。为便于模型描述和改进，作如下定义：

定理 7.1　$T-$不变量。X_Σ 为 SPN 网 Σ 的一个 $T-$不变量，当且仅当 $\forall X_\Sigma$，满足 $AX_\Sigma = 0$。

式中，X_Σ 为 n 维非负整数向量。根据求解的 $T-$不变量解 X_Σ，可以确定事故变迁路径集合 S；A 为 Σ 的关联矩阵，$A(i,j) = O(P_i, T_j) - I(P_i, T_j)$。

定义 7.2 邻接状态变迁概率 $Q^{(1)}_{M_i,M_j}(\tau)$。令 SPN 状态 M_i 经由 1 步变迁 $T^{(1)}=\{T_k\}$ 可达状态集合为 $M_i^{(1)}$。在时段 τ 内，$\forall M_j \in M_i^{(1)}$，则由 M_i 到 M_j 的变迁概率 $Q^{(1)}_{M_i,M_j}(\tau)$ 等价于除 T_i 之外其他变迁 T_k（$k \neq i$）均不发生的概率：

$$Q^{(1)}_{M_i,M_j}(\tau) = \int_0^\tau (1-\sum_{k \neq i} F_k(\tau)) \mathrm{d} F_k(\tau) \tag{7.1}$$

式中，$F_k(\tau) = \int_0^\tau f_k(x)\mathrm{d}x$ 表示在变迁 T_k 发生所历经时间 τ 内，危险耦元的危险度概率分布函数；$T_k \in T^{(1)}$ 为 M_i 到 M_j 所经历的 1 步变迁。

定义 7.3 装备危险度 H。装备危险度 H 是指装备从危险状态 M_i 历经多级状态、多条变迁路径到达 M_j 事故状态的概率总和。则在定义 7.1 条件下求解公式如下：

$$H = \sum_s \prod_{i \in \sigma}^j Q^{(1)}_{M_i,M_j} \tag{7.2}$$

式中，s 表示装备系统事故变迁路径集合；σ 表示一条事故变迁路径，属于 s 的一个元素。

若变迁 T_k 服从指数分布，该 SPN 模型具有与 Markov 链同构的性质，式（7.2）可化简为 $h = \sum_s \prod_{i \in \sigma}^j \int_0^\tau \lambda_i \mathrm{e}^{-(\lambda_i+\lambda_k+\cdots+\lambda_n)} \mathrm{d}\tau_i$。此外，根据 Markov 平稳分布理论还可以得到危险状态 M_i 的稳态概率 $\rho(M_i)$。其计算公式如下：

$$\begin{cases} [\rho(M_1),\rho(M_2),\cdots,\rho(M_j)]\boldsymbol{q}=0 \\ \sum_{i=1}^j \rho(M_i) = 1 \end{cases} \tag{7.3}$$

式中，$\boldsymbol{q}=(q_{ij})_{l \times l}$ 为变迁平均实施速速率矩阵。若在从 M_i 到 M_j（$i \neq j$）存在有向弧连接时，$q_{ij}=\lambda_i$，否则 $q_{ij}=0$；若 $i=j$，q_{ij} 为 $\boldsymbol{q}$ 对角线上的元素，取值为从 M_i 出发的各条弧上变迁激发速率总和的相反数。

若变迁 T_k 不服从指数分布，SPN 模型不具备 Markov 性质。从宏观统计角度，可将装备系统危险度 H 重新定义为从危险状态 M_i 到达 M_j 的所有变迁 $T_1,T_2,\cdots,T_n$，在其持续时间 τ_k（$k=1,2,\cdots,n$）内所构成区域 Z 发生的联合状态概率。即有：

$$H = \int \cdots \int_Z f(\tau_i)\cdots f(\tau_j)\mathrm{d}\tau_i\cdots\mathrm{d}\tau_j = \int_{\zeta_1}^{f_1(T)} f(\tau_1)\mathrm{d}\tau_1 \int_{\zeta_2}^{f_1(T,\zeta_1)} \cdots \int_{\zeta_n}^{f_n(T,\zeta_1,\cdots,\zeta_{n-1})} \mathrm{d}\tau_n \tag{7.4}$$

式中，$\zeta_1,\zeta_2,\cdots,\zeta_n$ 和 $f_1(T),f_2(T,\zeta_1),\cdots,f_n(T,\zeta_1,\cdots,\zeta_{n-1})$ 分别为积分区间上下限取值。其求解方法是建立关于变迁时间 τ_k（$k=1,2,\cdots,n$）满足各变迁 $T_1,T_2,\cdots,T_n$ 发生顺序约束的不等式方程组。

综上所述，式（7.4）虽然避免了变迁分布类型影响，但是仅适用于变迁较少且发生顺序约束简单的情况。考虑到复杂装备危险耦元较多，变迁关系复杂，该方法难以胜任。式（7.2）在 T_k 不服从指数分布时，存在计算复杂问题。然而，仍可通过 SPN 仿真输出复杂装备系统各危险状态稳态概率。这样一来，复杂装备危险耦合传递分析的关键，就转化为构建变迁 T_k 服从广义任意分布的 SPN 仿真模型问题。

7.3.2 GSDSPN 模型的提出

Signoret 等指出随机 Petri 网在描述系统安全性动态行为和解决危险状态爆炸方面较蒙特卡罗算法和有限状态机（Finite States Automata，FSA）更为有效；赵俊阁等引入随机 Petri 网进行系统动态安全性分析，得到系统危险事件序列及其发生概率；Liu 等提出了基于 SPN 同构 Markov 链的系统安全性分析模型，得到系统稳态概率等安全性指标。但是，复杂装备危险活动应当服从任意分布，SPN 变迁必须突破指数分布限制，其标识过程也不再局限于 Markov 过程。针对这类非 Markov 随机 Petri 网求解过程复杂的问题，陈翔等将 GERT 网络模型的矩母函数(Moment Generating Function, MGF)与 SPN 可达图相结合，提出了服从混合常规分布的工作流 SPN 改进模型；张磊等同样在 SPN 中引入矩母函数，构建了装备维修保障任意常规分布 SPN 模型。但是，上述任意分布仍局限于多种常规分布，属于狭义任意分布，没有考虑非常规分布，即广义任意分布情况。目前，对 GERT 矩母函数中随机变量密度函数的研究甚少。针对上述问题，将 SPN 与 GERT 矩母函数 MGF 相结合，采用三阶极大熵 ME 模型求解随机变量概率密度，构建广义任意分布 SPN（General Arbitrary Distribution SPN，GADSPN）模型，并给出该模型变量规范求解方法，提出模型扩展分析参数。

7.4 复杂装备危险耦合传递 GADSPN 模型

7.4.1 GADSPN 模型危险分析

考虑到复杂装备事故是危险状态恶化到一定程度的结果，装备危险活动的实际耦合传递应当服从广义任意分布。一旦 T_k 不完全服从指数分布，装备危险传统 SPN 分析模型丧失与 Markov 链同构这一重要性质。不仅危险度解析求解变得复杂，而且不能得到各危险状态的稳态概率 $p(M_i)$。针对此，装备危险耦合传递 GADSPN 模型利用 SPN 状态机工具，将 SPN 模型和 GERT 方法相结合，找到变迁广义任意分布的统一表征方法，提高模型解析分析能力。其基本思想是采用熵概率密度构建广义矩母函数，采用耦合度公式计算变迁发生概率，得到服从广义任意分布变迁的 SPN 传递函数。然后，基于 Petri 网传递函数运算法则和状态机 SPN 模型得到 GADSPN 等效传递函数。令装备危险耦元危险度为 h_i，其概率密度为 $f(h_i)$。则有相关定义和定理如下。

定理 7.2 熵概率密度。装备危险耦元危险度 h_i 服从广义任意分布，且其概率密度函数 $f(h_i)$ 均可由极大熵模型解析式即式（7.5）逼近。称

$$f(h_i) = \exp(\omega_0 + \sum_{j=1}^{m} \omega_i h_i^j) \tag{7.5}$$

为其熵概率密度。

式中，m 为密度函数 $f(h_i)$ 的已知矩的个数；ω_j（$j=0,1,\cdots,m$）为变分法引入的拉格朗日乘子。

推理 7.1 广义矩母函数。在定理 7.2 条件下，服从广义任意分布的装备危险耦元危险度 h_i 的矩母函数 $MGF_i(\theta)$ 的解析式为：

$$MGF_i(\theta) = \int_R e^{\theta h_i} \exp(\rho_0 + \sum_{i=1}^m \rho_j h_i^j) dh_i \tag{7.6}$$

式中，R 为装备危险耦元危险度样本空间。

SPN 模型变迁使能概率 p_{ij} 与第 4 章 G-GERT 模型中的危险耦元发生概率表征意义相同。即有：

定义 7.4 变迁使能概率 p_{ij}。令 α_i、β_i 为装备危险耦元 $P_i, P_j \in P$ 危险度 h_i 样本的上限值和下限值。若 $T_i \in T$ 为 P_i 到达 P_j 对应的变迁，称

$$p_{ij} = [(u_i \times u_j)/(u_i + u_j)^2]^{\frac{1}{2}} = \frac{\sqrt{u_i u_j}}{u_i + u_j} \tag{7.7}$$

为装备危险耦元 $P_i, P_j \in P$ 在变迁 $T_i \in T$ 下的激发概率。

式中，u_i、u_j 分别危险耦元 P_i、P_j 对应的功效系数。当具有正功效时，$u_{i(j)} = (h_i - \beta_i)/(\alpha_i - \beta_i)$；具有负功效时，$u_{i(j)} = (\alpha_i - h_i)/(\alpha_i - \beta_i)$。

定义 7.5 变迁传递函数。在 GADSPN 模型中，$\forall M_i, M_j \in M$ 对应令装备危险状态变迁 $T_i \in T$，称

$$W_{T_i}(\theta) = p_{ij} MGF_i(\theta) \tag{7.8}$$

为 T_i 在 M_i 下的传递函数。

式中，$MGF_i(\theta)$ 为危险耦元在变迁 T_i 使能时的矩母函数。

定理 7.3 Petri 网 $W_T(\theta)$ 运算。Petri 网 $W_T(\theta)$ 运算法则包括三种基本 Petri 网运算，其相应的串行运算 $\otimes$、并行运算 $\oplus$、循环运算 Ω 如表 7.1 所示。

表 7.1 Petri 网 $W_T(\theta)$ 运算法则

运算 结果	串行运算 $\otimes$	并行运算 $\oplus$	循环运算 Ω
$W_T(\theta)$	$\prod_{i=1}^n W_{T_i}(\theta)$	$\sum_{i=1}^n W_{T_i}(\theta)$	$\dfrac{W_{T_i}(\theta)}{1 - W_{T_j}(\theta)}$

定义 7.6 状态机 SPN。在 SPN 中，若存在 $\forall t \in T$，$|{}^\bullet t| = |t^\bullet| = 1$，称为状态机 SPN。

定义 7.7 GADSPN。装备危险耦合传递 GADSPN 模型是一个五元组 $\Sigma_{GA} = <\Sigma, \Sigma_s, W, F, X>$。其中，$\Sigma$ 为装备危险耦合传递 SPN 基网；Σ_s 为 Σ 对应的状态机 SPN；$W = \{W_{T_i}(\theta) | W_{T_i}(\theta) = p_{ij} MGF_i(\theta)\}$ 为状态机 SPN 各变迁传递函数的集合，$i = 1, 2, \cdots, n$；$F = \{\otimes, \oplus, \Omega\}$ 为状态机 SPN 各变迁传递函数组合运算法则集合；$X = \{x_1, x_2, \cdots, x_l\}$ 为装备危险元的危险度样本，作为模型输入数据。

7.4.2 GADSPN 模型分析参数

一个具有活性和有界性的 Petri 网，其矩母函数 $MGF_E(\theta)$ 等于等效传递函数 $W_E(\theta)$。Sandor 提出 Petri 网结构有界的判断条件是存在非负整数 T–不变量 X_Σ。因此，一个活的且存在非负整数 T–不变量 GADSPN 便可成功继承 GERT 分析方法。为了便于指导部

队装备服役安全性分析和安全资源配置，提出了装备系统等效危险度、危险状态灵敏度、危险状态稳态概率、危险路径恶化度等分析参数，分别从危险状态和路径角度获取危险耦合传递的微观信息。由于 GADSPN 不能转化为同构 Markov 链，利用 Monte Carlo 方法进行 SPN 仿真得到危险状态稳态概率。定义其他相关分析参数如下。

定义 7.8 装备系统等效危险度。装备系统等效危险度 H_E 是装备活动耦合传递 GADSPN 网络的总网危险度，则称

$$H_E = \frac{\sqrt{D(H_E)}}{E(H_E)} \quad (7.9)$$

为装备系统危险度。

式中，$E(H_E) = \frac{\partial W_E(\theta)}{\partial \theta}|_{\theta=0}$；$D(H_E) = \frac{\partial^2 W_E(\theta)}{\partial \theta^2}|_{\theta=0} - (E(H_E))^2$。

定义 7.9 危险状态灵敏度。危险状态灵敏度 S_i 是指危险状态 M_i 变化引起装备系统危险度 H_E 变化的程度。计算公式如下：

$$S_i = H_E(1_i) - H_E(0_i) \quad (7.10)$$

式中，$H_E(1_i)$、$H_E(0_i)$ 分别为装备系统在 t 时刻危险状态变迁使能和不使能时的系统危险度。在变迁不使能时，将与其关联的传递函数均置为 1。

定义 7.10 危险路径恶化度。令装备危险路径 $i \in S$ 从危险状态 M_i 经历多级状态变迁到达事故状态 M_j，则称

$$D_i = \prod_{i \in S} Q_{M_i, M_j}^{(1)} \quad (7.11)$$

为第 i 条危险路径恶化度。

7.4.3 仿真分析步骤

针对任意分布状态机 Petri 网直接建模困难较大的问题，GADSPN 采用可达图间接建模法，以装备危险状态作为库所，以传递函数描述变迁关系。具体仿真分析步骤如图 7.3 所示。

步骤 1 网络模型构建。识别复杂装备活动中的危险耦元与耦联，分别作为初始库所和变迁，构建装备系统危险耦合传递 SPN 模型。

步骤 2 可达图生成。根据 Petri 网可达图生成步骤，得到装备危险耦合传递 SPN 的全部可达状态及各状态之间的转换关系。

步骤 3 状态机 SPN 转换。以 SPN 可达图危险状态 M 作为库所 P，以其传递函数作为状态机 Petri 中的变迁参数，构建状态机 SPN 模型。

步骤 4 模型变量计算。采集危险度时间序列 X，运用耦合度公式计算变迁使能概率 p_{ij}，运用熵概率密度极大熵模型、式（7.5）和式（7.8）得到危险耦元的危险度函数密度 $f(h_i)$ 及传递函数 $W_{T_i}(\theta)$。

步骤 5 模型参数分析。按照表 7.1 所示的运算规则，计算装备系统的等效传递函数 $w_E(\theta)$；利用式（7.9）、式（7.10）和式（7.11）分别计算装备系统等效危险度 H_E、危险状态灵敏度 $I_i(t)$ 和危险路径恶化度 D_i。

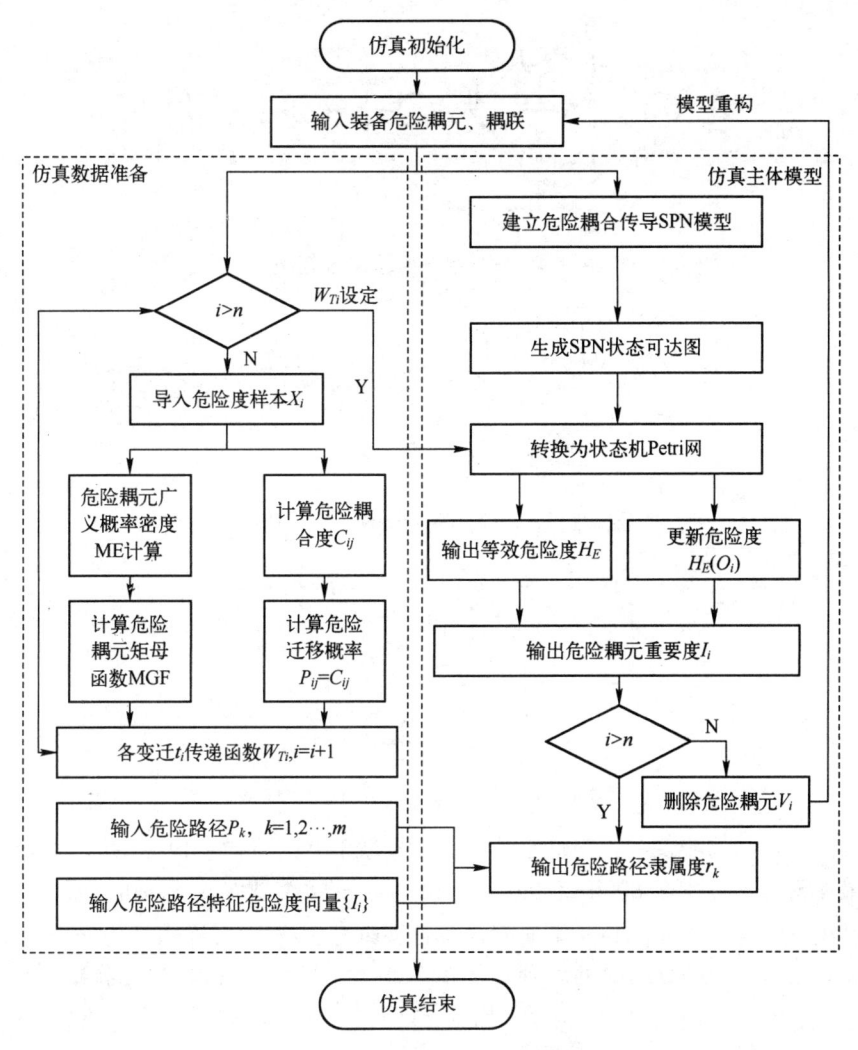

图 7.3　GADSPN 仿真分析步骤

7.5　仿真分析与验证

以某型飞机危险高度俯冲科目为例，进行 GADSPN 仿真分析。

1. 危险耦合传递状态机 SPN 转换

根据该科目任务剖面，建立飞机危险高度俯冲危险耦合传递 SPN 模型及可达图，分别如图 7.4 和图 7.5 所示。其中，危险变迁代码 $T_1 \sim T_7$ 分别表示自动驾驶仪发生故障、纵向传感器发生故障、驾驶仪与电传级联故障、飞行员准备特情处置、操纵电传系统拉起滞后、操纵机械系统拉起滞后、飞机非指令俯冲；$P_0 \sim P_5$ 分别表示飞机到达指定高度、自动驾驶仪开始失效、纵向传感器开始失效、飞行员在特请处置、操纵机械系统未拉起飞机、飞机非指令俯冲。根据定义 7.5 中状态机 SPN 每一个变迁都只有唯一的输入弧和输出弧的规则，将可达图转换为图 7.6 所示的状态机 SPN。

105

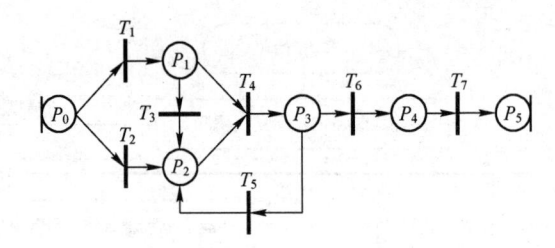

图 7.4 危险耦合传递 SPN 模型

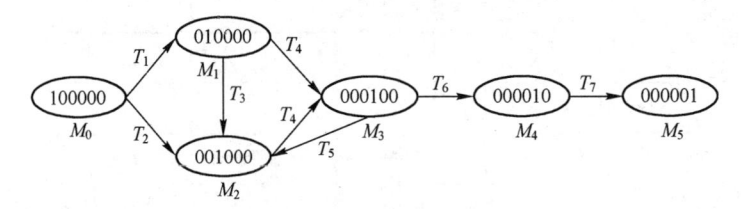

图 7.5 危险耦合传递 SPN 状态可达图

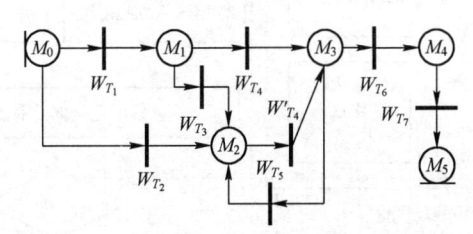

图 7.6 危险耦合传递状态机 SPN 模型

取 $\beta=2$，自动驾驶仪、纵向传感器、机械系统的 η 为寿命均值分别取 1000h，600h，2000h；最小寿命 γ 分别取 800h，500h，1500h；表示故障类型比 α_1 分别取 0.2、0.3，$\alpha_2=1$。根据该型 07 号飞机 2006—2008 年期间该科目训练数据样本(采样周期为一个月)，分别计算各危险耦元的危险度时间序列。令 $h_1 \sim h_4$ 分别表示自动驾驶仪故障危险度、电传操纵传感器故障危险度、操纵电传系统拉起滞后危险度、操纵机械系统拉起滞后危险度，结果如表 7.2 所示。

表 7.2 危险高度俯冲科目危险度样本（单位：10^{-6}）

危险度\时段	1	2	3	4	5	6	7	8	9	10	11	12
	13	14	15	16	17	18	19	20	21	22	23	24
h_1	0.17	0.12	0.29	0.36	0.41	0.60	0.33	0.43	0.56	0.42	0.65	0.79
	0.72	0.69	0.58	0.92	0.87	0.43	0.81	0.91	0.74	0.48	0.53	0.83
h_2	0.52	0.59	0.65	0.82	0.51	0.79	0.42	0.84	0.93	0.78	0.66	0.43
	0.91	0.45	0.64	0.58	0.69	0.91	0.76	0.68	0.85	0.79	0.63	0.72
h_3	0.09	0.18	0.26	0.13	0.21	0.15	0.09	0.24	0.27	0.17	0.32	0.22
	0.19	0.23	0.57	0.12	0.39	0.22	0.34	0.17	0.35	0.27	0.13	0.26
h_4	0.11	0.31	0.37	0.18	0.20	0.12	0.05	0.30	0.34	0.18	0.32	0.21
	0.26	0.25	0.61	0.09	0.36	0.23	0.36	0.18	0.41	0.09	0.24	0.16

利用式(7.7)和表 7.2 数据，得到 $(p_{12}, p_{13}, p_{23})=(0.489, 0.352, 0.632)$；案例给定 $p_{32}=0.8$，

$p_{34}=0.2$；p_{01}、p_{02}分别表示飞机爬升到定高的概率，假定其一定实现，均取值为 1；p_{56}表示机械系统故障导致飞机非指令俯冲，其概率可由部队飞行训练数据统计得到，取值为 0.124。

利用式（7.5）求出各危险耦元危险度概率密度函数分别为：

$f(h_1)=\exp(-4.256+0.847x-0.056x^2+0.001x^3)$； $f(h_2)=\exp(-1.986-0.084x-0.603x^2+0.009x^3)$

$f(h_3)=\exp(-3.562-0.392x-1.003x^2+0.0811x^3)$； $f(h_4)=\exp(-0.763-0.317x-0.739x^2+0.095x^3)$

由图 7.5 可知，$f(h_1) \sim f(h_4)$分别为变迁$T_1 \sim T_7$使能的概率密度。利用式（7.8）计算图 7.6 中各变迁的传递函数$W_{T_1} \sim W_{T_7}$以及W'_{T_4}。根据定理 7.3 运算规则，得到 GADSPN 网络等效传递函数为：

$$W_E(\theta)=[W_{T_1}(W_{T_4}+\frac{W_{T_3}W'_{T_4}}{1-W'_{T_4}W_{T_5}})+\frac{W_{T_2}W'_{T_4}}{1-W'_{T_4}W_{T_5}}]W_{T_6}W_{T_7}$$

根据定理 7.1，求得该模型存在非负$T-$不变量解X_Σ：

$$X_\Sigma=\begin{bmatrix}1&0&0&1&0&1&1\\1&0&1&1&0&1&1\\1&0&0&1&1&1&1\\1&0&1&1&1&1&1\\0&1&0&1&0&1&1\\0&1&0&1&1&1&1\end{bmatrix}^T$$

因此，该科目危险耦合传递 GADSPN 模型是结构有界的。此外，模型中每个变迁均可使能，且不存在死锁。即有$MGF_E(\theta)=W_E(\theta)$。根据 GADSPN 模型的总网等效矩母函数和式（7.9），得到飞机危险高度俯冲科目的系统等效危险度$H_E=1.136\times10^{-5}$。根据定义 7.9，分别令相应的$W_{T_i}(\theta)=1$，$i=2,3,4$。由式（7.10）重新解算上述模型得到$S_2=0.522$，$S_3=0.198$，$S_4=0.346$，$S_5=0.007$。$S_2>S_4>S_3>S_5$，表明在该科目中，自动驾驶仪故障最危险，飞行员反应能力和纵向通道传感器故障次之，机械操纵系统故障排最后。

由$T-$不变量解X_Σ，得到模型有 6 条危险路径。其每一列即代表一条危险路径，元素取值为 1，表示该变迁使能，否则不使能。通过危险路径的变迁序列，就可由图 7.5 确定危险状态转移序列。根据式（7.1）、式（7.5）和式（7.11），得到各危险路径恶化度$D_1 \sim D_6$分别为 0.113×10^{-5}、0.192×10^{-5}、0.250×10^{-5}、0.425×10^{-5}、0.066×10^{-5}、0.146×10^{-5}。显然，第 4 条危险路径恶化程度D_4最高。此时，电传操纵系统故障和飞行员反应两个危险耦元形成了强耦合环路。因此，在出现危险时，飞行员应当首先机械操纵系统将飞机拉起。

为求解各危险状态稳态概率和验证该模型准确性，采用 ExSpect 仿真平台进行该科目危险耦元耦合传递 SPN 模型的蒙特卡罗仿真，如图 7.7 所示。运用离散随机变量抽样的逆变换方法，从均匀分布的伪随机变量样本中进行抽样。在[0.1]区间随机生成n个服从均匀分布的随机数$\xi_1,\xi_2,\cdots,\xi_n$。当随机数ξ_j满足$\sum_{i=1}^{k-1}p_{T_i}<\xi_j<\sum_{i=1}^{k}p_{T_i}$时，$p_{T_i}$取值为$p_{T_k}$，即$T_k$被激发，且$p_{T_k}=\xi_j$；否则该变迁不使能，其值不变。其中，变迁$T=\{T_i,i=1,2,\cdots,n\}$使能概率取值$\{p_{T_i}=p_{ij};\ i,j=1,2,\cdots,n\}$由前文耦合度计算公式得到。如此循环校验，确

定 SPN 可执行变迁；然后，利用 Angela 近似时间分配方法得到抽样时间延时，其中变迁使能速率取为该危险耦元危险度样本一阶矩或者期望的倒数。具体仿真流程如图 7.8 所示。危险路径稳态概率及系统危险度由式（7.12）、式（7.13）得到：

$$p(M_j) = \frac{t(M_j)}{\sum_{k=1}^{K} kt_k} \tag{7.12}$$

$$H = \sum p(M_j) \tag{7.13}$$

式中，$p(M_j)$ 为系统处于状态 M_j 的稳态概率；$t(M_j)$ 为系统处于状态 M_j 的总时间；K 为系统仿真总次数；t_k 为第 k 次仿真时间。

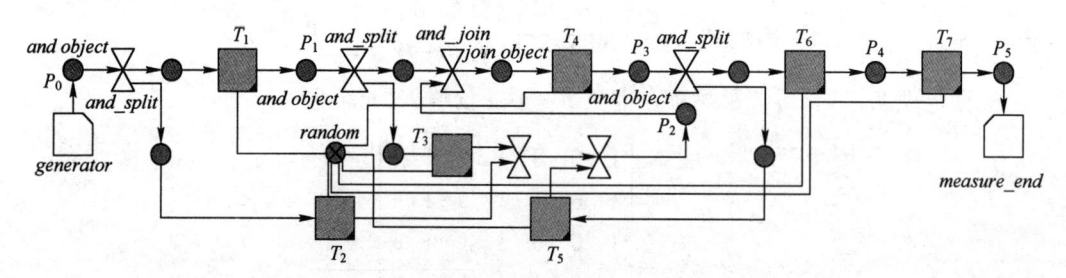

图 7.7　飞机危险高度俯冲危险耦合传递 SPN 仿真模型

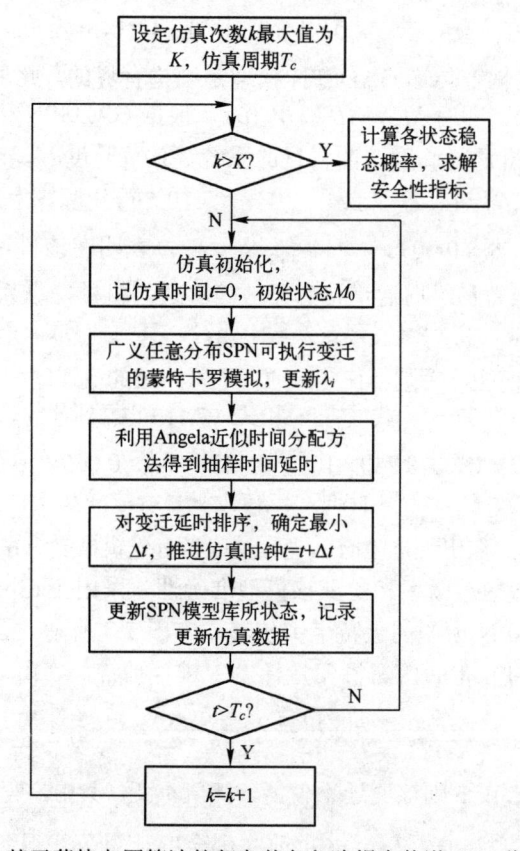

图 7.8　基于蒙特卡罗算法的复杂装备危险耦合传递 SPN 仿真流程

仿真时间取为10000h，通过10000次仿真试验，得到该科目各危险状态稳态概率如表7.3所示。

表 7.3 危险状态稳态概率仿真结果（单位：10^{-5}）

危险状态	M_1	M_2	M_3	M_4	M_5
稳态概率	0.433	0.365	0.157	0.121	0.116

根据式（7.13），得到仿真输出的事故率为 1.192×10^{-5}，仿真结果与GADSPN模型理论结果接近。

第8章 复杂装备服役安全性事前控制——安全性指标设计

Bow-tie 模型的分析结论为提升服役安全性策略的制定指明了方向。合理分配系统安全性指标是对系统安全性进行有效控制的方法之一。对事故影响因素进行重要度分析可以查找影响系统安全性水平的关键环节，为提升系统安全性策略的制定提供参考依据。本章以飞机前轮转弯系统为例，首先运用动态故障树理论对其安全性指标进行初次分配，然后提出一种新的装备事故重要度定义，以重要度分析结果为依据，对系统安全性指标进行优化调整，并计算后果事件风险矩阵。

8.1 安全性指标分配

8.1.1 顶事件安全性指标的确定

不同装备其失效率等级和安全性指标的要求值存在差异，本书采用 MIL-STD-882D 中规定的失效率等级。具体的等级定义、划分以及失效状态的严酷等级见表 8.1 所示。以飞机前轮转弯系统为例，失效状态"前轮转弯系统故障"严酷等级属于 I 类，假定其失效率服从指数分布，设定系统的工作时间为 1h，应急备用部件的暴露时间为 100h。

表 8.1 飞机失效率等级及安全性评估指标要求

等级	等级说明	严酷度等级	等级说明	定量要求（次/飞行小时）
A	无概率要求	V	无影响	$>10^{-3}$
B	不经常的	IV	轻微的	$10^{-5} \sim 10^{-3}$
C	微小的	III	较大的	$10^{-7} \sim 10^{-5}$
D	极其微小的	II	危险的	$10^{-9} \sim 10^{-7}$
E	极不可能的	I	灾难的	$<10^{-9}$

8.1.2 安全性指标初次分配

运用动态故障树梳理的系统逻辑关系可以实现系统安全性指标的分配，宗蜀宁等人在这方面做了深入研究。本书首先运用这种安全性指标分配方法对前轮转弯系统进行安全性指标的初次分配，并验证安全性指标分配值是否符合严酷等级要求，对不符合要求的指标进行修正。系统安全性指标的基本要求是必须满足基本事件所隶属的严酷等级对安全性做出的规定。

带入事件 NS-A 的安全性指标为 1.00×10^{-9}（次/飞行小时），指标分配计算结果如表 8.2 所示（只详细列举事件 NS-A-2 的具体指标分配情况）。储备门下层元素中，主 SCU 工作时间为 1h，备件的暴露时间为 100h。GATE 2-1-1 和 GATE 2-1-2 分配指标为 2.24×10^{-5}（次/飞行小时），但由于 2.24×10^{-5}（次/飞行小时）不满足 III 类严酷等级的最低安全性要求，因此将其分配指标调整为 1×10^{-5}（次/飞行小时），其子事件指标相应进行调整。同理 GATE 2-1-1-1、GATE 2-2-2-1、NS-A-2-1-1-1、NS-A-2-1-1-2、NS-A-2-1-1-3 和 NS-A-2-2-0-1 的指标也调整为相应严酷等级的最低要求值。

表 8.2 第一次安全性指标分配

事件编号	严酷等级	第一次分配时 分配指标	第一次分配时 安全性要求值	暴露时间/h
NS-A-2	II	5.00×10^{-10}	$1.00\times10^{-7}\sim1.00\times10^{-9}$	1
GATE 2-1	II	2.50×10^{-10}	$1.00\times10^{-7}\sim1.00\times10^{-9}$	1
GATE 2-2	II	2.50×10^{-10}	$1.00\times10^{-7}\sim1.00\times10^{-9}$	1
GATE 2-1-1	III	1.00×10^{-5}	$1.00\times10^{-7}\sim1.00\times10^{-5}$	1
GATE 2-1-2	III	1.00×10^{-5}	$1.00\times10^{-7}\sim1.00\times10^{-5}$	1
GATE 2-2-1	II	8.33×10^{-11}	$1.00\times10^{-7}\sim1.00\times10^{-9}$	1
GATE 2-2-2	II	8.33×10^{-11}	$1.00\times10^{-7}\sim1.00\times10^{-9}$	1
GATE 2-2-3	II	8.33×10^{-11}	$1.00\times10^{-7}\sim1.00\times10^{-9}$	1
GATE 2-1-1-1	III	1.00×10^{-5}	$1.00\times10^{-7}\sim1.00\times10^{-5}$	1
GATE 2-1-2-1	III	7.45×10^{-6}	$1.00\times10^{-7}\sim1.00\times10^{-5}$	1
GATE 2-2-2-1	III	1.00×10^{-5}	$1.00\times10^{-7}\sim1.00\times10^{-5}$	1
NS-A-2-1-1-1	III	1.00×10^{-5}	$1.00\times10^{-7}\sim1.00\times10^{-5}$	1
NS-A-2-1-1-2	III	1.00×10^{-5}	$1.00\times10^{-7}\sim1.00\times10^{-5}$	1
NS-A-2-1-1-3	IV	1.00×10^{-3}	$1.00\times10^{-5}\sim1.00\times10^{-3}$	100
NS-A-2-1-2-1	III	7.45×10^{-6}	$1.00\times10^{-7}\sim1.00\times10^{-5}$	1
NS-A-2-1-2-2	III	7.45×10^{-6}	$1.00\times10^{-7}\sim1.00\times10^{-5}$	1
NS-A-2-1-2-3	III	3.73×10^{-6}	$1.00\times10^{-7}\sim1.00\times10^{-5}$	1
NS-A-2-1-2-4	III	3.73×10^{-6}	$1.00\times10^{-7}\sim1.00\times10^{-5}$	1
NS-A-2-2-0-1	III	1.00×10^{-5}	$1.00\times10^{-7}\sim1.00\times10^{-5}$	1
NS-A-2-2-1-1	IV	1.29×10^{-5}	$1.00\times10^{-5}\sim1.00\times10^{-3}$	1
NS-A-2-2-2-1	III	5.00×10^{-6}	$1.00\times10^{-7}\sim1.00\times10^{-5}$	1
NS-A-2-2-2-2	III	5.00×10^{-6}	$1.00\times10^{-7}\sim1.00\times10^{-5}$	1
NS-A-2-2-3-1	IV	1.29×10^{-5}	$1.00\times10^{-5}\sim1.00\times10^{-3}$	1

8.2 装备事故重要度定义及计算规则

对基本事件进行重要度分析的主要作用是可以评估各基本事件对顶事件的影响程度

差异。对导致事故发生的基本事件和环节事件进行重要度分析可以查找系统的薄弱环节,有利于制定针对性的安全水平提升措施。传统重要度分析方法应用于事故分析只能评估基本事件对顶事件发生概率的影响程度,无法同时分析 Bow-tie 模型中提出的后果事件控制措施(环节事件)的重要度。本书采用的事故分析模型主要优势是同时考虑了各类基本事件和环节事件对装备事故发生后果的影响。因此,本节基于差分重要度提出适用于装备事故分析的重要度概念,用以衡量装备事故 Bow-tie 模型中基本事件和环节事件对事故后果的影响程度。

8.2.1 传统重要度在 Bow-tie 分析中的应用

基本事件的重要度是指 Bow-tie 分析过程中基本事件(危险源)对事故发生的贡献程度。对事故危险源进行重要度分析有助于了解影响事故发生的重点环节,对事故的预防和后果的控制提出有针对性、重点性的防控措施。基本事件对顶事件产生影响的主要因素是基本事件的自身概率和基本事件在 Bow-tie 模型分析中的具体位置。为了能够准确分析基本事件对后果事件的影响程度,以便针对薄弱环节进行重点防控,必须对基本事件和环节事件进行重要度分析。

下面首先扩展几种常用的重要度分析方法到装备事故分析中,比如概率重要度、结构重要度、关键重要度以及相关割集重要度。运用这些重要度分析方法从不同的角度反映危险源对后果事件的影响程度。

1. 概率重要度 $I_{x_i}^{Pr}$

Bow-tie 模型概率重要度分析作用是计算出各个基本事件的发生概率对某一后果事件发生概率的影响程度,对影响后果事件较为明显的事故致因采取针对性措施,以降低后果事件的发生概率,使其风险等级达到中等以下可接受范围。概率重要度的大小主要决定因素并不是基本事件自身的概率值,而是它在最小割集中的出现次数和与其他基本事件的概率乘积。概率重要度对基本事件进行排序的依据是基本事件 x_i 发生的情况下对导致某一后果事件也同样发生的概率增加量。

概率重要度也可以理解为:基本事件 i 状态为 1 时,某一后果事件发生的概率和基本事件 i 状态为 0 时该后果事件发生概率的差值。

设定系统发生故障的函数为:

$$\varphi(x) = \varphi(x_1, x_2, ..., x_n) \tag{8.1}$$

系统故障的概率密度函数为:

$$g(Q(x)) = g(Q(x_1, x_2, ..., x_n)) \tag{8.2}$$

定义概率重要度为:

$$I_{x_i}^{Pr} = \frac{\partial g(Q(t))}{\partial Q_i(t)} = g(1_i, Q(t)) - g(0_i, Q(t)) \tag{8.3}$$

2. 结构重要度 $I_{x_i}^{St}(t)$

结构重要度体现出基本事件在 Bow-tie 模型结构中的重要度顺序,它只与基本事件在模型结构中的具体位置有关,与基本事件的自身概率无关,当概率重要度的基本事件发生概率均为 0.5 时称为结构重要度。利用最小割集对结构重要度进行求解，并按顺序对其排序。结构重要度是对基本事件属性进行的定性描述。

结构重要度可以理解为基本事件 i 发生时，基本事件 i 的临界状态数量与总状态数量的比值。

$$I_{x_i}^{St}(t) = \frac{i}{2^{n-1}} n_i^{\phi} = \frac{1}{2^{n-1}} \sum_{i=1}^{2^{n-1}} [\varphi(1_i, X) - \varphi(0_i, X)] \qquad 1 \leqslant i \leqslant n \tag{8.4}$$

式（8.4）中，n_i^{ϕ} 是基本事件 i 的临界状态个数；$[\varphi(1_i, X) - \varphi(0_i, X)]$ 是在其他基本事件状态不发生改变时，基本事件 i 发生故障时系统结构函数产生的变化情况。

3. 关键重要度 $I_{x_i}^{Cr}(t)$

关键重要度又称为临界重要度或危害性重要度，它定量描述了基本事件的概率变化对某一后果事件概率的影响程度。关键重要度从基本事件发生概率的角度以及后果事件敏感度的角度对基本事件重要性进行评定。它不仅反映出了基本事件概率重要度的影响程度，也反映出基本事件的概率改进难易程度。关键重要度是综合考虑基本事件自身的发生概率以及基本事件对后果事件造成的影响，根据基本事件 x_i 发生的概率调整其发生概率对某一后果事件产生的影响，从而对基本事件的重要度进行排序。

定义关键重要度为：

$$I_{x_i}^{Cr}(t) = \lim_{\Delta Q_i(t) \to 0} \left[\frac{\Delta g(Q(t))}{g(Q(t))}\right] \Big/ \left[\frac{\Delta Q_i(t)}{Q_i(t)}\right] = \left[\frac{Q_i(t)}{g(t)}\right] \left[\frac{\partial g(Q(t))}{\partial Q_i(t)}\right] \tag{8.5}$$

其中概率重要度为：

$$I_{x_i}^{Pr}(t) = \frac{\partial g(Q(t))}{\partial Q_i(t)} \tag{8.6}$$

所以关键重要度可以简写为：

$$I_{x_i}^{Cr}(t) = \left[\frac{Q_i(t)}{g(t)}\right] I_{x_i}^{Pr} \qquad 1 \leqslant i \leqslant n \tag{8.7}$$

式中，$Q_i(t) I_{x_i}^{Pr}(t)$ 的含义是基本事件 i 引起系统故障的可能性。

4. 相关割集重要度 $I_{x_i}^{Rc}(t)$

相关割集是指包含基本事件 i 的割集，无关割集是指不包含基本事件 i 的割集，这里涉及的割集均为最小割集的简称。相关割集重要度能够从事件失效对系统失效贡献的角度对基本事件的重要度进行排序。

假设系统的全部割集中有 N_i 个包含基本事件 i 的相关割集，则定义

$$g_i(Q(t)) = P_r \left(\bigcup_{j=1}^{N_i} \prod_{x_l \in k_j} x_l \right) \tag{8.8}$$

式中，$g_i(Q(t))$ 表示至少一个基本事件 i 的相关割集发生的概率；k_j 表示第 j 个基本事件

i 的相关割集； $\bigcup_{j=1}^{N_i}\prod_{x_l \in k_j} x_l$ 表示基本事件 i 所有相关割集（共 N_i 个）的并集。

基本事件 i 的相关割集重要度为：

$$I_{x_i}^{Rc}(t) = \frac{g_i(Q(t))}{g(Q(t))} \tag{8.9}$$

8.2.2 装备事故重要度的性质

首先对重要度分析涉及的元素进行定义，将 Bow-tie 模型分析出的事故后果发生概率记为 P_s^{OE}（s 代表模型中的不同后果事件），定义该后果事件发生所涉及的基本事件、环节事件概率为 P_{Xi}，基本事件和环节事件共计 n 个。根据 Borgonovo 和 Apostolakis 提出的差分重要度，将装备事故重要度定义为：

$$I_{s/i}^{\mathrm{DIM}} = \frac{\partial P_s^{OE}/\partial P_{X_i}}{\sum_{j=1}^{n} \partial P_s^{OE}/\partial P_{X_j}} \tag{8.10}$$

装备事故重要度具有以下性质：

性质 1：可加性，即若干个基本事件或环节事件的联合重要度可由它们的单一重要度相加得到。

$$I_{s/i,j,\cdots,l}^{\mathrm{DIM}} = I_{s/i}^{\mathrm{DIM}} + I_{s/j}^{\mathrm{DIM}} + \cdots + I_{s/l}^{\mathrm{DIM}} \tag{8.11}$$

性质 2：对于某一后果事件，其涉及的所有基本事件和环节事件重要度值相加为 1。

$$I_{s/1}^{\mathrm{DIM}} + I_{s/2}^{\mathrm{DIM}} + \cdots + I_{s/n}^{\mathrm{DIM}} = 1 \tag{8.12}$$

式中，n 为某一后果事件所涉及的基本事件和环节事件总数。

式（8.10）定义的重要度 $I_{s/i}^{\mathrm{DIM}}$ 表征了装备事故模型中所有基本事件或环节事件发生概率的变化引起系统后果事件概率发生变化的情况。在实际事故模型的分析中，对基本事件或环节事件发生概率的变化需要分别考虑以下两种情况。

情况 1：假定系统中每个基本（环节）事件发生概率的变化相同，即

$$H1: \quad \mathrm{d}P_{X_j} = \mathrm{d}P_{X_k}, \quad \forall j,k = 1,2,\cdots,n \tag{8.13}$$

情况 2：假定系统中每个基本（环节）事件发生概率的变化率相同，即

$$H2: \quad \frac{\mathrm{d}P_{X_j}}{P_{X_j}} = \frac{\mathrm{d}P_{X_k}}{P_{X_k}}, \quad \forall j,k = 1,2,\cdots,n \tag{8.14}$$

8.2.3 装备事故重要度求解

对于相对简单的事故模型依据式（8.10）中重要度的定义，可以在求导或差分运算的基础上计算装备事故重要度。但是大多数的装备事故模型结构复杂、规模庞大、涉及的基本事件和环节事件众多，这种情况下对模型进行求导或差分运算比较困难。利用蒙特卡罗方法可以实现对传统重要度指标的求解，比如 Birnbaum 重要度 I_i^B，它是指只有

基本事件 i 或环节事件完全正常转变为完全故障状态时，后果事件发生概率的变化率。参照上述重要度定义，给出 Bow-tie 模型中的重要度定义：

$$I_{s/i}^{B} = \frac{\partial P_s^{OE}}{\partial P_{X_i}} = f(1_i, p^{BE}, p^{SE}) - f(0_i, p^{BE}, p^{SE}) \tag{8.15}$$

从数学上讲，Birnbaum 重要度 $I_{s/i}^{B}$ 是指后果事件发生概率对基本事件或环节事件发生概率的偏导数，即

$$\begin{aligned} I_{s/i}^{B} &= E\{\Phi(1_i, BE, SE) - \Phi(0_i, BE, SE) = 1\} \\ &= P\{\Phi(1_i, BE, SE) - \Phi(0_i, BE, SE) = 1\} \end{aligned} \tag{8.16}$$

式中，BE 和 SE 代表除事件 i 以外的所有基本事件和环节事件；$\Phi(\cdot)$ 为当基本事件和环节事件为给定值时事故后果发生情况（1 表示事件发生，0 表示不发生）。

根据式（8.10）和式（8.12）的定义，结合两种情况 H1 和 H2（式（8.13）和式（8.14）），可以推出

$$I_{s/i}^{\mathrm{DIM\_H1}} = \frac{\partial P_s^{OE} / \partial P_{X_i}}{\sum_{j=1}^{n} \partial P_s^{OE} / \partial P_{X_j}} = \frac{I_{s/i}^{B}}{\sum_{j=1}^{n} I_{s/j}^{B}} \tag{8.17}$$

$$I_{s/i}^{\mathrm{DIM\_H2}} = \frac{\left(\partial P_s^{OE} / \partial P_{X_i}\right) / P_{X_i}}{\sum_{j=1}^{n} \left(\partial P_s^{OE} / \partial P_{X_j}\right) / P_{X_j}} = \frac{I_{s/i}^{B} P_{X_i}}{\sum_{j=1}^{n} I_{s/j}^{B} P_{X_j}} \tag{8.18}$$

8.3 安全性指标调整策略

8.3.1 故障树最小割集分析

任何一个故障树都有割集，任意割集包含的所有元素同时发生时故障树的顶事件必定发生。能够导致事故发生并且所含元素最少的割集被称作该故障树的最小割集。最小割集分析能够对顶事件发生的可能性以及故障树中是否存在单点故障进行判断。通过对最小割集的元素之间独立性进行判断，可以检查系统是否存在潜在故障。"非指令前轮转弯系统"故障树的割集分析结果如表 8.3 所示。

表 8.3 "非指令前轮转弯"的割集

故障树	编号	描述	阶数
32-50-A-5	NA-A-2-2-0-1	SCU 监控通道未切断故障传感器信号	2
	NA-A-2-2-2-1	脚蹬转弯指令传感器 1 电气/机械故障	
	NA-A-2-2-0-1	SCU 监控通道未切断故障传感器信号	2
	NA-A-2-2-2-2	脚蹬转弯指令传感器 2 电气/机械故障	
	NA-A-2-2-0-1	SCU 监控通道未切断故障传感器信号	2
	NA-A-2-2-3-1	前轮位置反馈传感器电气、机械故障	

(续)

故障树	编 号	描 述	阶数
32-50-A-5	NA-A-2-2-0-1	SCU 监控通道未切断故障传感器信号	2
	NA-A-2-2-1-1	手轮位置反馈传感器电气、机械故障	
	NA-A-2-1-2-1	SCU 不能使伺服阀返回中间位置	4
	NA-A-2-1-2-2	赋能阀故障	
	NA-A-2-1-1-1	伺服阀故障	
	NA-A-2-1-2-3	旁通阀故障	
	NA-A-2-1-2-1	SCU 不能使伺服阀返回中间位置	4
	NA-A-2-1-2-2	赋能阀故障	
	NA-A-2-1-1-1	伺服阀故障	
	NA-A-2-1-2-4	电磁阀故障	
32-50-A-5	NA-A-2-1-2-1	SCU 不能使伺服阀返回中间位置	5
	NA-A-2-1-2-2	赋能阀故障	
	NA-A-2-1-1-2	主 SCU 故障	
	NA-A-2-1-1-3	备份 SCU 故障	
	NA-A-2-1-2-3	旁通阀故障	
	NA-A-2-1-2-1	SCU 不能使伺服阀返回中间位置	5
	NA-A-2-1-2-2	赋能阀故障	
	NA-A-2-1-1-2	主 SCU 故障	
	NA-A-2-1-1-3	备份 SCU 故障	
	NA-A-2-1-2-4	电磁阀故障	

从表中可以看出,"非指令前轮转弯"的 2~5 阶割集有 8 个。该故障树中不存在单点故障,并且事件 NS-A-2-2-0-1"SCU 监控通道未切断故障传感器信号"在 4 个 2 阶最小割集中均出现;事件 NS-A-2-1-2-1"SCU 不能使伺服阀返回中间位置"和事件 NA-A-2-1-2-2"赋能阀故障"在 4~5 阶割集中均出现,说明这三个是较为关键的基本事件。

8.3.2 重要度分析

8.3.2.1 传统重要度分析

对 8.2.1 节建立的 Bow-tie 模型运用传统重要度分析方法进行重要度分析,得出各基本事件的重要度之后,采用如下方法对各基本事件的重要度进行排序:

(1)计算基本事件的结构重要度、概率重要度和临界重要度分别对基本事件进行排序,并按重要度大小分别赋值 1~12。

(2)求得各基本事件三种重要度赋值的平均值。

(3)根据平均值排序得到基本事件的综合排序,将最后得到的基本事件总顺序作为基本事件最终的重要度排序,如表 8.4 所示。

表 8.4 传统重要度排序表

事件序号	编 号	描 述	结构重要度	概率重要度	临界重要度	综合排序
IE1	NS-A-2-1-1-1	伺服阀故障	2	2	2	2
IE2	NS-A-2-1-1-2	主 SCU 故障	11	12	4	12
IE3	NS-A-2-1-1-3	备份 SCU 故障	12	11	3	10
IE4	NS-A-2-1-2-1	SCU 不能使伺服阀返回中间位置	3	5	12	5
IE5	NS-A-2-1-2-2	赋能阀故障	4	6	5	3
IE6	NS-A-2-1-2-3	旁通阀故障	5	9	11	9
IE7	NS-A-2-1-2-4	电磁阀故障	6	10	10	11
IE8	NS-A-2-2-0-1	SCU 监控通道未切断故障传感器信号	1	1	1	1
IE9	NS-A-2-2-1-1	手轮指令传感器故障	8	4	8	6
IE10	NS-A-2-2-2-1	脚蹬转弯指令传感器 1 电气、机械故障	9	7	7	7
IE11	NS-A-2-2-2-2	脚蹬转弯指令传感器 2 电气、机械故障	10	8	6	8
IE12	NS-A-2-2-3-1	前轮位置反馈传感器电气、机械故障	7	3	9	4

由表 8.4 可以得出基本事件的重要度排序为：

NS-A-2-2-0-1>NS-A-2-2-3-1>NS-A-2-2-2-2>NS-A-2-2-2-1>NS-A-2-2-1-1>NS-A-2-1-2-2>NS-A-2-1-2-1>NS-A-2-1-2-4>NS-A-2-1-1-1>NS-A-2-1-2-3>NS-A-2-1-1-2>NS-A-2-1-1-3

其中，基本事件 NS-A-2-2-0-1："SCU 监控通道未切断故障传感器信号"重要度得分最高，对于"非指令前轮转弯系统"产生故障起到的影响作用最大，其次是四个传感器组件的重要度排序较高。基本事件 NS-A-2-1-2-1 "SCU 不能使伺服阀返回中间位置"和 NS-A-2-1-2-2 "赋能阀故障"的重要度排序也比较靠前，重要度分析结果与最小割集分析结果基本吻合。

8.3.2.2 装备事故重要度分析

运用 8.2 节提出的装备事故重要度对所有基本事件和环节事件进行重要度分析，探究其对后果事件的影响程度。由式（8.17）计算得出装备事故重要度 $I_{s/i}^{DIM\_H1}$ 分析结果，并绘制图 8.1。$I_{s/i}^{DIM\_H1}$ 的一个优势是数据经过归一化处理，通过图 8.1 可以直观分析基本事件或环节事件的重要性。

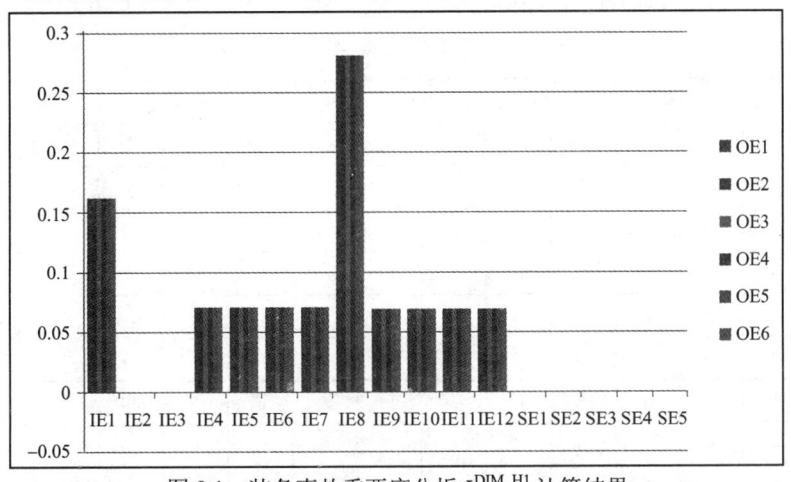

图 8.1 装备事故重要度分析 $I_{s/i}^{DIM\_H1}$ 计算结果

由式（8.18）计算得出装备事故重要度 $I_{s/i}^{\text{DIM\_H2}}$ 分析结果，并绘制图8.2。

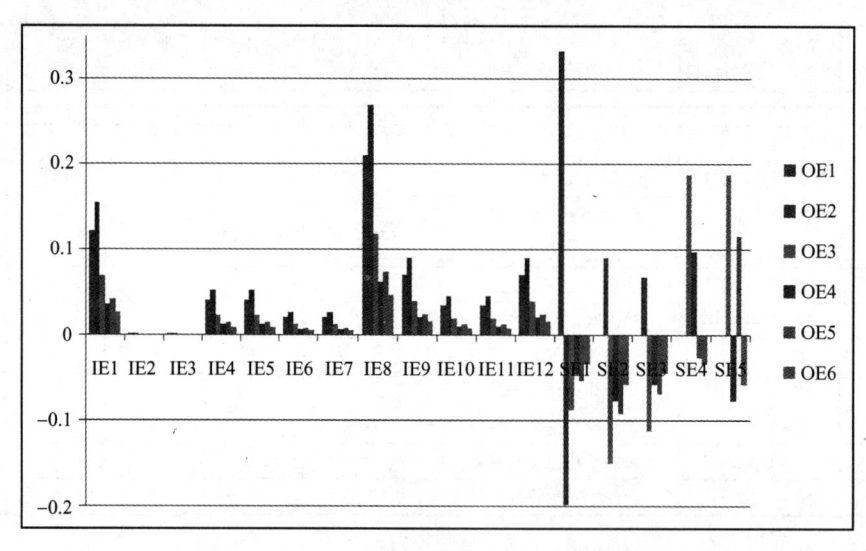

图8.2　装备事故重要度分析 $I_{s/i}^{\text{DIM\_H2}}$ 计算结果

$I_{s/i}^{\text{DIM\_H2}}$ 的计算结果与 $I_{s/i}^{\text{DIM\_H1}}$ 的结果存在显著区别。$I_{s/i}^{\text{DIM\_H2}}$ 的计算结果不仅体现了基本事件和环节事件的重要程度，还能够说明事件之间的相互关系。例如以后果事件 OE_2 为例：根据图8.2能够直观分析后果事件 OE_2 的基本事件和环节事件重要性大小，但是 SE_1 的 $I_{s/i}^{\text{DIM\_H2}}$ 计算结果为负值。可以从故障树和事件树图中分析两者之间的关系，确定出导致负值出现的主要原因。通过分析发现，后果事件 SE_2 发生的前提是后果事件 SE_1 不发生，因此，后果事件 SE_1 和 SE_2 是负相关关系，这里的负值体现的正是两者之间的这种逻辑关系。这也是 $I_{s/i}^{\text{DIM\_H2}}$ 重要度分析优于其他重要度分析方法之处。在选择控制后果事件 OE_2 的防控措施时，优先选择提升 SE_2 的有效率对于控制后果事件 OE_2 发生的效果要优于选择 SE_1。

根据上述计算结果对装备事故重要度 $I_{s/i}^{\text{DIM\_H1}}$ 与 $I_{s/i}^{\text{DIM\_H2}}$ 的结果根据数值大小进行排序。具体排序规则与传统重要度分析规则一致，排序结果如表8.5所示。

表8.5　装备事故重要度排序表

事件名称	OE_1 H1	OE_1 H2	OE_2 H1	OE_2 H2	OE_3 H1	OE_3 H2	OE_4 H1	OE_4 H2	OE_5 H1	OE_5 H2	OE_6 H1	OE_6 H2	综合排序
NS-A-2-1-1-1	2	3	2	3	2	7	2	7	2	7	2	7	2
NS-A-2-1-1-2	11	12	11	15	11	16	11	16	11	17	11	17	16
NS-A-2-1-1-3	12	13	13	14	15	17	16	17	16	16	17	16	17
NS-A-2-1-2-1	3	6	3	8	3	10	3	10	3	10	3	10	3
NS-A-2-1-2-2	4	7	4	9	4	11	4	11	4	11	4	11	5
NS-A-2-1-2-3	5	10	5	12	5	14	5	14	5	14	5	14	9
NS-A-2-1-2-4	6	11	6	13	6	15	6	15	6	15	6	15	10
NS-A-2-2-0-1	1	2	1	2	1	6	1	6	1	6	1	6	1

(续)

事件名称	OE_1 H1	OE_1 H2	OE_2 H1	OE_2 H2	OE_3 H1	OE_3 H2	OE_4 H1	OE_4 H2	OE_5 H1	OE_5 H2	OE_6 H1	OE_6 H2	综合排序
NS-A-2-2-1-1	7	4	7	5	7	8	7	8	7	8	7	8	4
NS-A-2-2-2-1	9	8	9	10	9	12	9	12	9	12	9	12	11
NS-A-2-2-2-2	10	9	10	11	10	13	10	13	10	13	10	13	13
NS-A-2-2-3-1	8	5	8	6	8	9	8	9	8	9	8	9	6
SE_1	13	1	12	1	14	3	15	5	14	2	16	5	7
SE_2	14	14	14	4	12	4	12	2	12	5	12	1	8
SE_3	15	15	15	7	13	5	14	4	13	3	14	2	12
SE_4	16	16	16	16	16	1	17	1	15	4	15	3	14
SE_5	17	17	17	17	17	2	13	3	17	1	13	4	15

通过装备事故重要度分析发现基本事件中排序靠前的事件是：NS-A-2-2-0-1>NS-A-2-1-1-1>NS-A-2-1-2-1>NS-A-2-2-1-1>NS-A-2-1-2-2>NS-A-2-2-3-1>SE_1>SE_2>NS-A-2-1-2-3。

其中基本事件排序结果与传统重要度排序和割集分析基本一致。通过割集分析以及传统重要度分析和装备事故重要度分析发现基本事件 NS-A-2-2-0-1、NS-A-2-1-2-1 以及 NS-A-2-1-2-2 是"非指令前轮转弯系统"的重点环节。

通过 10.3.3 节中的数据对后果事件进行的定量分析发现，后果事件 OE_4 和 OE_6 处于严重风险等级，需要进行重点分析。针对表 8.5 中 OE_4 和 OE_6 的装备事故重要度进行排序，发现环节事件 SE_2 的重要度仅次于 NS-A-2-2-0-1、NS-A-2-1-1-1 以及 NS-A-2-1-2-1，位于第四位，说明要提升后果事件 OE_4 和 OE_6 的安全性水平，除了重点提升排序靠前的基本事件安全性指标外，环节事件 SE_2 的有效性也需要得到重点关注。

在制定事故的防控措施时，考虑对重要度排序靠前的环节事件进行分析调整，比单纯地针对基本事件进行调整要更加有效。能够在节省更多人力物力的前提下，有效降低后果事件严重等级，更容易地实现系统安全性的控制。

8.3.3 指标调整

基于动态故障树系统安全性指标分配方法只能对基本事件的安全性指标进行分配，该方法对基本事件的指标调整规则相对简单，并且无法对环节事件的重要性和提升方法进行分析。

装备事故防控措施的制定，可以从设计、使用、维护、管理等角度进行分析。但无论从哪个角度提出预防对策和控制措施都需要耗费人力、物力和时间成本，甚至在某些环境条件下还无法快速满足相关预防对策和控制措施的需求。这就需要根据实际情况和对事故后果的预测进行权衡，在各种情况下快速、有效地实施决策，提出有针对性的预防对策和控制措施。这实际上是装备事故预防和控制领域的难点，因此，本书以装备事故重要度分析结论为基础，判断控制后果事件发生，提升系统安全性水平的关键因素，在尽可能减少人力物力消耗的同时，实现系统安全性水平的有效提升。

针对系统安全性指标的初次分配结果，根据割集分析和重要度分析进行相应的调整，具体调整规则如下：

（1）重要度分析综合排序较高的基本事件安全性指标提升至严酷等级要求最高值。

（2）重要度排序靠后的基本事件安全性指标降低至严酷等级要求的最低值。

（3）割集分析中相对重要的基本事件安全性指标提升至严酷等级要求最高值。

（4）装备事故重要度排序较高的环节事件优先集中资源提升其有效性。

按照指标调整规则对 8.1 节分配的系统安全性指标进行调整，根据最小割集分析和重要度分析，确定基本事件中对后果事件影响最大的是 NS-A-2-2-0-1、NS-A-2-1-2-2、NS-A-2-1-2-1，这三个基本事件严酷等级都为 III，提升其安全性指标到 $1.00×10^{-7}$；降低基本事件 NS-A-2-1-2-3、NS-A-2-1-1-2、NS-A-2-1-1-3 的安全性指标到 $1.00×10^{-5}$、$1.00×10^{-5}$、$1.00×10^{-3}$。具体调整结果见表 8.6。

环节事件 SE_1 和 SE_2 对后果事件影响较大，对"减摆系统"和"刹车系统"的应急功能进行优化设计，提升环节事件有效性，能够显著降低后果事件严重程度和发生概率，有效提升前轮转弯系统的安全性。

表 8.6 基本事件安全性指标调整

事件编号	严酷等级	分配指标	安全性要求值	暴露时间/h
NS-A-2	II	$5.00×10^{-10}$	$≤1.00×10^{-9}$	1
NS-A-2-1-1-1	III	$1.00×10^{-5}$	$1.00×10^{-7}$~$1.00×10^{-5}$	1
NS-A-2-1-1-2	III	$1.00×10^{-5}$	$1.00×10^{-7}$~$1.00×10^{-5}$	1
NS-A-2-1-1-3	IV	$1.00×10^{-3}$	$1.00×10^{-5}$~$1.00×10^{-3}$	100
NS-A-2-1-2-1	III	$1.00×10^{-7}$	$1.00×10^{-7}$~$1.00×10^{-5}$	1
NS-A-2-1-2-2	III	$1.00×10^{-7}$	$1.00×10^{-7}$~$1.00×10^{-5}$	1
NS-A-2-1-2-3	III	$1.00×10^{-5}$	$1.00×10^{-7}$~$1.00×10^{-5}$	1
NS-A-2-1-2-4	III	$3.73×10^{-6}$	$1.00×10^{-7}$~$1.00×10^{-5}$	1
NS-A-2-2-0-1	III	$1.00×10^{-7}$	$1.00×10^{-7}$~$1.00×10^{-5}$	1
NS-A-2-2-1-1	IV	$1.29×10^{-5}$	$1.00×10^{-5}$~$1.00×10^{-3}$	1
NS-A-2-2-2-1	III	$5.00×10^{-6}$	$1.00×10^{-7}$~$1.00×10^{-5}$	1
NS-A-2-2-2-2	III	$5.00×10^{-6}$	$1.00×10^{-7}$~$1.00×10^{-5}$	1
NS-A-2-2-3-1	IV	$1.29×10^{-5}$	$1.00×10^{-5}$~$1.00×10^{-3}$	1

系统安全性指标调整过程中有些基本事件指标调整幅度过大，针对系统安全性指标的提升方法提出具体策略：

（1）指标提升幅度保持在同一数量级：通过改善维修策略、提升保障效率、优化使用规程等方法，以达到安全性指标要求。

（2）指标提升幅度相差 10^{-1} 数量级：通过对部件的结构进行重新设计优化，进一步提升其性能，以达到安全性指标要求。

（3）指标提升幅度高于 10^{-1} 数量级：通过对飞机结构进行改进设计，增加系统冗余等方法，以达到安全性指标要求。

通过专家打分确定出 5 个环节事件的有效率分别可以提升至：0.76，0.92，0.8，0.72，0.83。

对系统安全性指标进行优化调整后，重新对后果事件进行定量分析，具体分析结果见图 8.3。

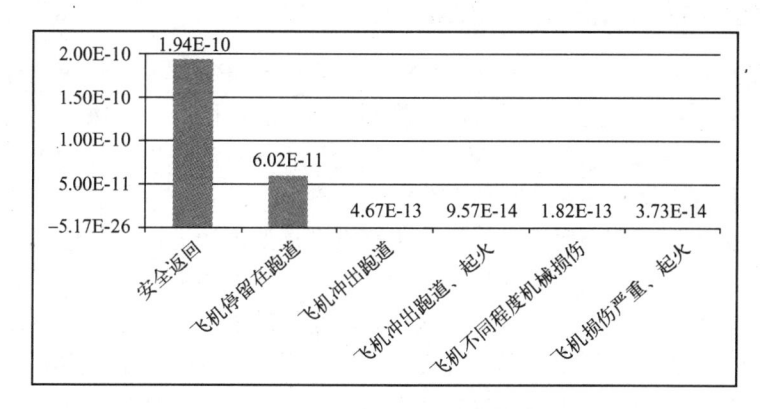

图 8.3 后果事件发生概率

根据计算结果绘制新的后果事件风险矩阵，见图 8.4 所示。

		失 效 率 等 级				
		无概率要求	不经常的	微小的	极微小的	极不可能的
		A	B	C	D	E
失效状态严酷等级	灾难的 Ⅰ					OE_4 OE_6
	危险的 Ⅱ					
	较大的 Ⅲ				OE_5	
	轻微的 Ⅳ			OE_2	OE_3	
	无影响 Ⅴ			OE_1		

图 8.4 后果事件风险矩阵

对优化后的安全性指标与 10.3.3 节中根据资料统计的基本事件失效率进行比较，发现约有一半的基本事件安全性指标提升了要求，另一半降低了指标要求，但是后果事件 OE_4 和 OE_6 的风险等级却控制在了可接受范围内。通过系统安全性指标分配及优化确定的系统安全性指标分配值满足系统安全性对指标的各项要求，达到了控制系统安全性的目的。

8.4 复杂装备安全性指标的适航性验证

系统安全性是飞机本身所具有的固有属性，在飞机的全寿命过程中重视系统安全性工作是保障飞机系统符合实际安全需求的必要手段。适航条款作为飞机系统安全性的最低标准，对控制飞机系统安全性起到了至关重要的作用。航空装备开展适航性验证是判断飞机系统安全性指标是否符合适航条款要求的有效手段，而如何选取适航条款进行适航性验证成为关键所在。因此，本书以前轮转弯系统 Bow-tie 模型分析为基础，提出一种适航条款选取方法，以提升飞机系统安全性指标适航性验证的准确性和效率。

8.4.1 适航性的内涵

适航性是指航空器适于飞行的能力。MIL-HDBK-516B《军机适航审定标准》把适航性定义为航空器系统在规定的使用范围和限制内能够安全地开始、保持和完成飞行的特性。SAE ARP4761《民用航空系统及设备的安全性评估方法与指南》把适航性定义为飞机、系统及部件安全运行并实现其预定功能的状态。

适航性作为飞机固有的属性是通过飞机全寿命周期内的设计、制造、试验、使用、维护和管理的各个环节来实现和保持的。适航性首先体现的是技术方面的要求，包括系统安全性要求与物理完整性要求等；其次体现的是管理方面的要求，包括技术状态管理与过程控制管理等。适航性不仅是民用飞机的固有属性，同样也是国家航空器（军用、警察、海监、应急救援）的固有属性。适航包括初始适航与持续适航。初始适航是指航空器的设计和制造必须符合适航性。飞机持续适航性是指飞机交付用户使用以后适航性的保持，其核心是保障飞机的使用安全性。持续适航管理，是在航空器满足初始适航要求，投入运行后，为保持它在设计制造时的安全水平或适航水平，保证航空器始终处于安全运行状态而进行的管理，包括控制航空器在使用中的安全状况和维修两个方面。

军用飞机适航性能够保证军用飞机在实现其军事用途下的安全运行。适航性以适航审定的形式纳入军用飞机性能验证之中，并先于其他军用飞机性能验证工作开始，如图 8.5 所示。军用飞机性能验证是通过试验和试飞等手段，以确定军用飞机各项性能指标达到既定的要求。其主要目的是验证军用飞机在使用环境下完成性能指标的能力，其内容包括适航性、使用性能、可靠性、适用性以及维修性等方面所规定的要求。军用飞机适航审定是通过分析、设计、试验等手段，以确定飞机系统、子系统以及部件的适航性。其主要目的是验证飞机在规定的军事使用限制内是否满足运行安全水平，其内容包括型号适航性审定验证准则所规定的要求。

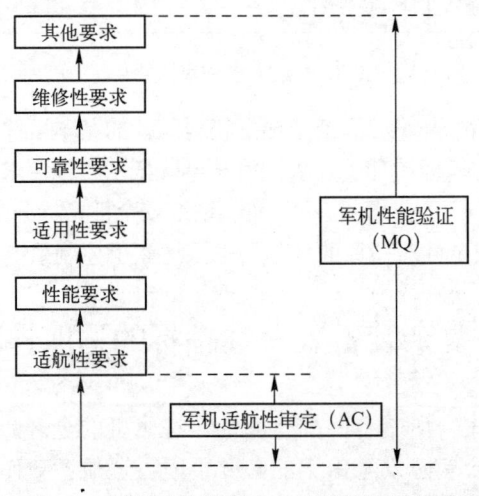

图 8.5 军机适航性审定与性能验证的关系

8.4.2 适航条款选取对系统安全性的影响

每一条适航条款都是通过对装备事故的总结制定出的，航空装备必须满足适航条款对系统安全性做出的要求。因此，选择合适的适航条款进行适航性验证可以有效判断军机系统安全性水平是否达到要求。而如何选取适航条款进行适航性验证是判断军机系统安全性所面临的首要问题，必须充分认清安全性与适航性之间的关系，才能够选择出合适的适航条款对军机系统进行适航性验证。

适航条款的验证工作受到成本的约束，选取与事故无关的适航条款进行适航性验证会造成人力物力的浪费，而重要适航条款的缺失则会导致适航性验证工作失去有效性。因此需要建立适航条款选取方法来提升适航条款选取的准确性，为适航条款选择提供科学方法，避免多选或者漏选适航条款等情况的发生。

选取适航条款进行适航性验证的目的是控制军机系统安全性。以事故分析结论为基础进行适航条款选取的方法能够充分考虑事故致因和事故后果，选取出的适航条款更符合事故实际特点，能够提升适航性验证效率。当再次出现同类型事故时可以实现对该事故的快速分析，提升事故分析适用性和准确性。同样可以将这种系统安全性控制方法扩展到其他类型事故分析中，为军机系统安全性控制提供新的方法。

8.4.3 基于 Bow-tie 模型的适航条款选取

通过对装备事故资料进行分析判断导致事故产生的根本原因，针对事故诱因进行适航条款选取可以有效避免错选、漏选适航条款等情况的发生。因此，本节基于 Bow-tie 模型提出一种军机适航条款选取方法，为提升军机适航性验证结论的准确性和工作效率提供方法支撑。

8.4.3.1 适航条款选取步骤

为了提升适航条款选取的准确性，避免漏选、错选适航条款，本书提出了基于 Bow-tie 模型装备事故资料分析的适航条款选取方法。通过事故分析查找导致事故发生的根本原因，根据分析结论选择相关的适航条款进行适航性验证，既可以保证不会漏选与事故相关的适航条款，又能够避免出现错选适航条款造成不必要的人力物力消耗的情况发生。军机适航条款选取流程（图 8.6）如下：

（1）事故资料收集。事故资料主要是指在飞机正式服役过程中出现的各种类型故障资料，例如飞行数据、事故报告、维修资料等。针对某一具体事故只有收集较为全面的事故资料才能提升事故分析结论的准确性。

（2）Bow-tie 模型事故分析。运用 Bow-tie 模型对收集到的事故资料进行梳理分析。通过事故梳理工作，查找导致事故发生的根本原因和可能导致的事故后果，并针对分析出的事故危险源和危害后果制定相应的防控措施，达到预防事故发生，降低事故后果危害程度的目的。

（3）适航条款的选取。根据 Bow-tie 模型对事故资料进行分析的结论，查找与 Bow-tie

模型基本事件相对应的适航条款，作为基本事件适航性验证基础，同样分析与环节事件相关的条款，作为环节事件适航性验证基础。

（4）航空事故重要度分析。通过航空事故重要度分析，判断导致事故发生的关键环节。作为适航条款分析环节具体条款选择和验证要求制定的理论依据。

（5）适航条款的分析。适航条款的分析首先要确定基本事件和环节事件所选取的适航条款对适航性所做出的具体要求，根据这些要求选取合适的验证方法进行适航性验证。重要度排序较高的事件要选取相对较多的条款进行分析，其他事件只需要选取与本次事故表现形式相关的条款进行分析即可（例如：假定轮胎爆破本次事故表征是自身质量问题，其重要度较低则只选取与质量验证相关的条款进行分析，与维护保障等相关的条款则不进行分析）。条款选取量取决于对事故分析结论细化程度的要求。

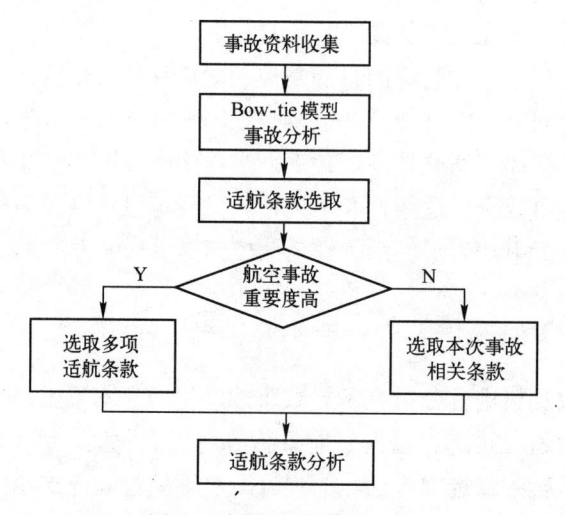

图 8.6　适航条款选取步骤

8.4.3.2　适航条款的选取

第 7 章中已经建立了前轮转弯系统的 Bow-tie 模型，梳理了导致事故发生的相关因素，运用上述方法选取前轮转弯系统相关适航条款。根据梳理出的事故影响因素选择相关的适航条款进行适航性验证，可以在充分节省人力物力的前提下，有效完成军机事故系统的适航性验证工作。按照上述适航条款选取步骤，梳理出前轮转弯系统的相关适航条款，如图 8.7 所示。

图 8.7 所示为 7 个基本事件和 2 个环节事件从"性能试飞""结构""设计与制造""动力装置""设备"以及"使用限制资料和电气线路互联系统" 6 个方面对适航条款进行了选取。

Bow-tie 分析选取的适航条款是针对某一类事故做出的全面分析，选取的适航条款涉及与该事故相关的所有方面，针对具体事故进行适航性分析时只需要根据适航性验证需求在其中选取与本次事故相关度较高的条款进行分析即可。

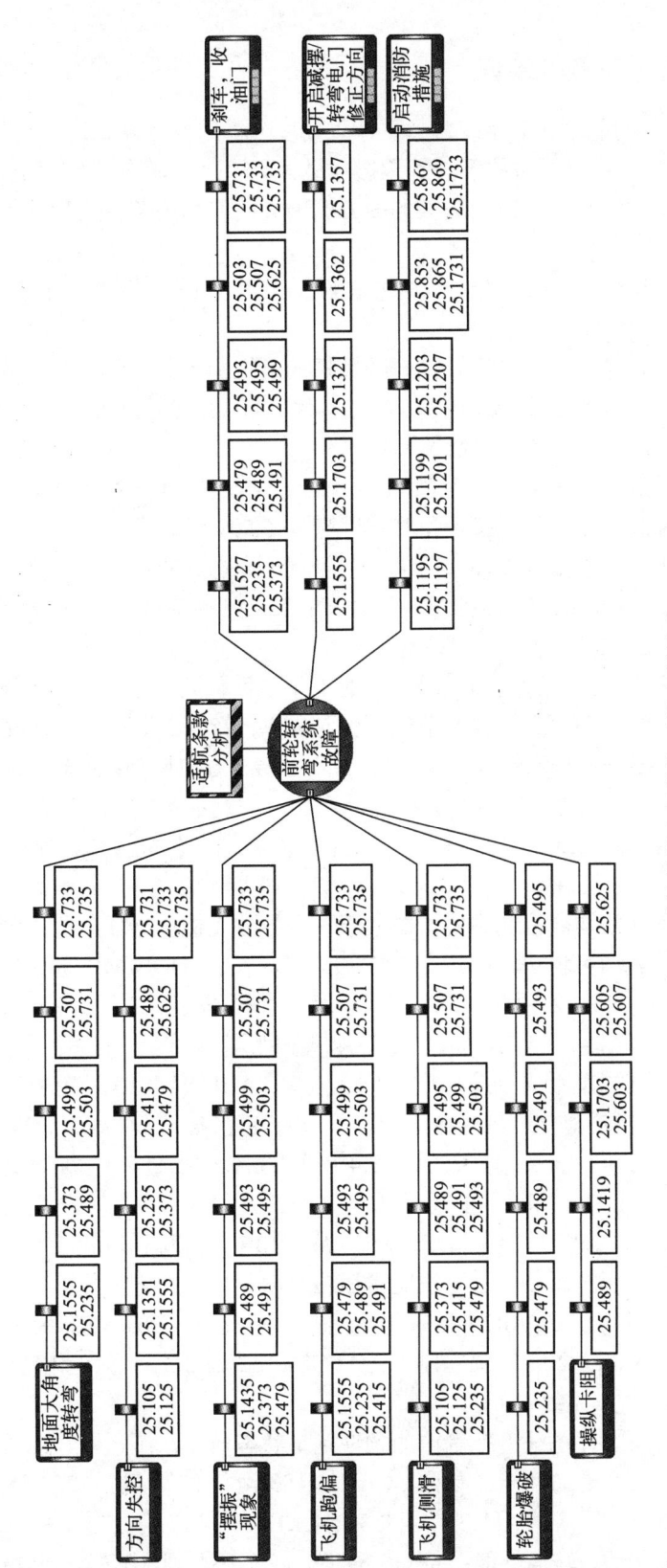

图8.7 "前轮转弯系统"适航条款选取

8.4.4 关键适航条款验证

通过 8.3.2 节中的前轮转弯系统装备事故重要度分析结论可以看出，环节事件"刹车，收油门"有效与否对于最终导致的事故等级影响最大。因此，对环节事件"刹车，收油门"进行适航条款分析时应考虑导致其失效的多方面因素选取相关条款进行分析，确保适航性分析的准确性。

对环节事件"刹车，收油门"失效相关适航条款进行分析，总结为下述 13 个方面的具体要求：

（1）验证飞机正常运行状态下，在合理预期的最粗糙地面上滑行时，减震机构不会对飞机结构造成损伤（参见 CCAR25.235 滑行条件；25.489 地面操纵情况；25.491 滑行、起飞和着陆滑跑；25.493 滑行刹车情况）。

（2）验证起落架和飞机结构必须按照 CCAR 25.491 至 CCAR 25.509 中的情况进行检查（参见 CCAR25.491 滑行、起飞和着陆滑跑；25.509 牵引载荷）。

（3）验证飞机水平着陆姿态和起落架、主轮接地姿态、载荷、减震器、轮胎形变是否在规定范围（参见 CCAR25.479 水平着陆情况；25.485 侧向载荷；25.721 起落架总则；25.723 减震实验；25.731 机轮；25.733 轮胎）。

（4）验证在飞机地面运行期间，对所有的工作任务和机型均有主方向控制系统和应急方向控制系统（参见 CCAR 25.499 前轮侧偏与操纵；25.493 滑行刹车情况；25.735 刹车；DOD/MIL: JSSG-2009 附录 A:A.3.4.1.4.2/A.4.4.1.4.2 方向控制；A.3.4.1.4.3/A4.4.1.4.3 应急方向控制；A:A.3.4.1.4.4.4/A.4.4.1.4.4.4 断电防滑控制；A.3.4.1.4.4.5/ A4.4.1.4.4.5 防滑接通和断开；AFGS-87139:3.2.3.3 防滑刹车控制和 3.2.4.3 刹车；MIL-B-8584 刹车系统的设计）。

（5）验证刹车（结构或控制系统）的故障不会导致飞机冲出任务所需跑道长度（参见 CCAR25.493 滑行刹车情况；25.735 刹车；DOD/MIL:JSSG-2009 附录 A:A.3.4.1.11.2.4/A.4.4.1.11.2.4 不破裂准则（轮胎放气操作）；A.3.4.1.11.3.3/A4.4.1.11.3.3 结构故障准则； A3.4.1.11.3.4/A4.4.1.11.3.4 辅助刹车能力（故障安全的）；AFGS-87139:3.2.3.1c 刹车系统、总则和 3.2.4.3 刹车；MIL-W-5013 机轮和刹车）。

（6）验证安装了机轮刹车过热时释放轮胎压力的装置（参见 CCAR25.733 轮胎；25.735 刹车； DOD/MIL:JSSG-2009 附录 A:A.3.4.1.11.2.3/A.4.4.1.11.2.3 刹车过热能力；A.3.4.1.11.2.6/A.4.4.1.11.2.6 卸压准则； A3.4.1.11.3.7/A4.4.1.11.3.7 温度接口准则；AFGS-87139:3.2.3.1 总则和 3.2.4.3 刹车；MIL-W-5013 机轮和刹车）。

（7）验证当前主要的制动方法无法正常运转时，有单独的方法能够使飞机在要求的距离内停下来（参见 CCAR25.493 滑行刹车情况；DOD/MIL:JSSG-2009 附录 A:A.3.4.1.4.4.2/A.4.4.1.4.4.2 备用独立制动；AFGS-87139:3.2.3.2a 刹车传动系统；3.2.4.3 刹车；MIL-B-8584 刹车系统设计）。

（8）验证对于所有任务速度范围内的预期跑道状态（干、湿、雪、冰等）和所有地面机动状态下具有安全制动性能（参见 CCAR25.493 滑行刹车情况；25.235 滑行条件；DOD/MIL:JSSG-2009 附录 A:A.3.4.1.4.4.3/A.4.4.1.4.4.3 防滑控制；A.3.4.1.11.3.1/A4.4.1.11.3.1 飞机制动和转向性能；AFGS-87139:3.2.3.1 总则，3.2.3.3 防滑刹车控制和

3.2.4.3 刹车；MIL-B-8584 刹车系统的设计）。

（9）验证操纵系统免受操纵故障的影响，并且系统故障不会导致飞机失去控制（参见 DOD/MIL: JSSG-2009 附录 A:A.3.4.1.4.5.2/A.4.4.1.4.5.2 前起落架机轮操纵故障响应；A.3.4.1.4.5.3/A4.4.1.4.5.3 应急操纵；AFGS-87139: 3.2.5.1 总则和 3.2.5.2 前起落架操纵系统；MIL-S-8812）。

（10）验证在整个使用速度范围与使用状态下，在操纵接通和断开期间，即使出现来自飞行员指令的或系统非指令的动作，飞机不会失控（参见 DOD/MIL: JSSG-2009 附录 A:A.3.4.1.4.5.1/A.4.4.1.4.5.1 操纵特性；AFGS-87139: 3.2.5.1 总则和 3.2.5.2 前起落架操纵系统；MIL-S-8812）。

（11）验证操纵控制系统能够对操纵过度进行监测和纠正（参见 DOD/MIL:JSSG-2009 附录 A: A.3.4.1.4.5.2/A.4.4.1.4.5.2 前起落架机轮操纵故障响应；MIL-S-8812）。

（12）验证在滑行、起飞、着陆期间，操纵系统能够顺利完成所有必须的地面机动和停放作业，并且在地面高速滑行时方向不会过于敏感（参见 CCAR 25.625 接头系数；25.499 前轮侧偏与操纵；D/MIL:JSSG-2009 附录 A:A.3.4.1.4.5.1/ A.4.4.1.4.5.1 操纵特性；AFGS-87139:3.2.5.1 总则和 3.2.5.2 前起落架操纵系统；MIL-S-8812）。

（13）验证轮胎发生故障后飞机靠轮缘滑行时，起落架、飞机或外挂的任何部分不会挂住拦阻索（参见 DOD: MIL-A-18717；MIL-A-83136；AFGS-87139: 3.2.7 拦阻钩系统）。

适航条款作为飞机系统安全性的最低标准，对控制飞机系统安全性起到了至关重要的作用。开展适航性验证是判断飞机系统安全性指标是否符合适航条款要求的有效手段，对上述分析的适航条款验证要求逐条进行验证能够判断环节事件"刹车，收油门"的安全性是否满足适航条款做出的最低要求，保障系统的安全性水平。依此类推，通过 Bow-tie 模型分析出的前轮转弯系统各基本事件和环节事件的安全性指标可以通过这种选取相应适航条款进行相关验证的方式来快速、准确地判断安全性指标是否满足适航性要求。

第 9 章　复杂装备服役安全性事中组织——维修网络本质安全信息扩散

装备维修是一项复杂的系统工程，其中维修人员的安全信息获取影响着装备维修的质量，直接决定飞行安全。在该项工作中，维修人员发生错、漏、忘的概率较大，一旦发生失误，产生的影响面较广，同时，直接影响装备状态安全，很容易造成极为严重的后果。实际统计表明，维修差错造成了大约 1/3 的维修责任事故。所以，从维修人员组织网络的内在机理上研究安全信息的扩散，可以从根本上预防和避免维修差错。

9.1　组织管理对装备维修的作用

目前，装备维修差错的研究大都基于贝叶斯网络、模糊网络和神经网络等。然而，考虑复杂系统节点间的关联关系，最为常用的方法就是复杂网络，基于复杂网络建模可以从系统角度考虑维修中的各种因素，但是目前基于复杂网络的装备维修差错研究还较少。维修人员错、漏、忘的发生，从系统的角度出发，是由人、机、环和管理四个方面的要素相互影响造成的。其中，管理因素极其重要，不论是人、机器还是环境都与管理有直接的关系。

在复杂的人员、部门之间，上下级之间和利益分配关系中，维修组织管理的水平在很大程度上会影响装备维修的安全。组织管理同时也是构成组织网络的基础，此外，管理因素对于人员配置、装备保障、文化营造等也有重要影响。因此，组织管理因素可以说是与人、机、环境因素息息相关，对其他因素都有重要的影响。装备维修失误不仅与个人失误有关，而且与不正确的组织管理、领导监督和跨部门的沟通协调有关，并且组织管理因素才是影响维修质量的最终因素，研究保障差错时必须考虑非直接保障因素，即组织管理因素。

管理的实质其实就是信息的扩散，通过安全信息的交互使处在管理中的各个个体约束自身的行为，形成良好的习惯，配合组织管理系统中的其他个体，维护系统结构的本质安全，相互协调地完成好系统的功能。因此，在组织管理因素中，最为核心的应该为安全信息的扩散。

本章运用复杂网络方法，将参与装备维修的所有人员作为复杂网络的节点，将管理因素中的安全信息在以人构建的复杂网络模型上进行扩散，研究安全信息在装备维修组织网络上的扩散性质和影响。

9.2　装备维修网络及其仿真思路

在现实中，几乎任何一个系统或关系都可以抽象为网络来研究。但由于每个网络的规模大小和具体连接都不一样,如果为了研究网络上的动力学行为,并不需要对每个网络都进行分析。对于动力学模型的理论研究来说,将实际网络中的一些特征抽象到某些特定网络模型,然后研究具有某些特征的网络模型,分析其动力学性质,就可以推广到实际网络中来认识分析或预测实际情况。针对信息扩散,这里对三个重要的网络模型进行描述。

1. ER 随机网络(random network)

网络中的节点依据一个随机的规律进行连线,例如:假设有 n 个节点,如果两个节点间有连边,那么这条连边生成的概率是 p,经此连成的网络记为 $G_{n,p}$。

2. 小世界网络 (small-world network)

这里介绍 NW 小世界网络。其生成机制为:假设有 n 个节点,它们首先连接成为环形网络,然后,每个节点与它们左右各 $K-1$ 个节点连接,最后,选择其他非连接的节点进行连边操作,连边形成的概率 p,经此连成的网络记为 $G_{n,k,p}$。由于最后挑选的非连接节点有机会处在较远的地方(此时新形成的边称为"长程边"),长程边的出现,可以让个体间的距离极大地缩短,使网络拥有"小世界"特征。

3. 无标度网络(scale-free network)

考虑到实际网络存在的不断增加和取优连边的两个重要属性,Barabasi 和 Albert 提出了 BA 无标度网络。造就这种无标度网络的要点就是网络规模扩大和节点取优连边。BA 无标度网络模型的生长机制为:

(1)初始条件:一个有 n_0 个节点的连通网络。

(2)节点增加:单位时间刻度内,新加进一个带着 m 条边的节点,此节点将与另外的 m 个节点进行连边。

(3)择优连接:新成员的每条连边与初始网络中固有节点 i 的连边可能性为 $p_i = k_i / \sum_j k_j$。即新成员更趋于与拥有较高度值的成员连边。此机制很容易造成"两极分化"。

不同网络的统计特征如表 9.1 所示。在 ER 随机网络中,大部分的个体度数差距不大,分布较为均匀,服从 Poission 分布。在小世界网络中,网络平均路径长度很小。在 BA 无标度网络中,较少的成员有很大的度值,然而,大部分的成员有很小的度值,分布极不均匀。在现实的生活当中,统计发现,幂率分布更能准确地刻画大部分真实网络。

表 9.1 不同网络模型的统计特征

模型 特征	ER 网络	NW 网络	BA 网络	很多真实网络
聚集系数	较小,$C = \langle k \rangle / N$	较大(与 N 无关)	较小,$C \sim (\ln N)^2 / N$	较大
平均路径	较小,$L \propto \ln N$	较小,$L \sim N/2k$	较小,$L \propto \ln N$	较小
度分布	Poission 分布	指数分布	幂律分布	近似幂律分布
所需参数	(n,p),n 是节点数,p 是边的概率	(n,k,p),n 是节点数,每个节点都与两侧各 k 条边相连,p 为增加边的概率	(n,n_0,m),n_0 是初始节点数,m 为新节点所连边数,n 为节点总数	—

装备维修网络指维修人员因组织工作关系而形成的复杂网络。由表 9.1 可知,大多数真实复杂网络的度分布为近似幂律分布,而且具有小世界特征,也就是说,任何一个

实际网络均可以用三个经典网络组合得到。因此，装备维修组织网络就是三个经典网络性质的组合，分析三个经典网络的属性，就可以模拟得到安全信息在航空网络上的扩散性质和规律。网络上的节点定义为维修人员，而维修人员之间的组织关系则可以抽象地用节点之间的边来表示，安全信息只沿着边进行扩散。

9.2.1 网络参数

将装备维修人员组成的网络设定为三种网络：ER 网络 $G(100,0.054)$、NW 网络 $G(100,2,0.050)$ 和 BA 网络 $G(100,15,2)$。

在装备维修网络中，安全信息扩散模型中的扩散态、已知态和未知态具体定义如下：

（1）扩散态：对应为装备维修人员中的安全员，具有丰富的维修实践经验，熟悉各种规程、维修知识等，是安全信息扩散源，处于扩散态的节点所属的集合记为 R。

（2）已知态：对应为装备维修中处于安全状态的人员，具有一定的维修能力，能够顺利完成维修任务，处于已知态的节点所属的集合记为 S。

（3）未知态：对应为装备维修中出差错概率大的人员，维修经验和知识缺乏，经常处于疲惫、心理压力大等不良状态，处于未知态的节点所属的集合记为 D。

在装备维修过程中，维修人员可以获得各式各样的安全信息，有关的规程、条令、指令等专业的或安全方面的要求可以警告维修人员注意避免和防止可能出现的差错或可能存在的危险。而维修人员能否正确地响应这些安全信息，包括正确地识别、估计、接收和转发这些安全信息，则取决于人员的本质安全度。

根据本质安全程度的评价结果并考虑机场装备维修人员现实情况，可以将装备维修人员的本质安全度大致分为四类，各类人员所占比例如表 9.2 所示。

表 9.2 装备维修网络中不同本质安全度的人员所占比例

本质安全度	比例
高	30%
较高	30%
一般	20%
差	20%

本质安全程度决定了个体在安全信息扩散中对安全信息收发的能力。选取安全管理顾问和安全管理委员会的 10 位专家分别对各类维修个体的各个状态转化率进行量化估计，取平均估值作为转化概率。不同本质安全度的人员转化概率如表 9.3 所示。由于挑选的专家均兼有安全监察的任务，所以，其评估结果拥有较高的可信度。

表 9.3 不同本质安全度人员状态转化概率

类型 \ 概率	α	γ	β
高	0.70	0.054	0.066
较高	0.55	0.038	0.051
一般	0.38	0.024	0.037
差	0.20	0.010	0.024

网络中每一个节点都有以上全部的属性。属性的定义和解释如表9.4所示。

表9.4 网络中节点的属性

属性	描述	默认值
ID	节点编号	1~N 的正整数
Status	节点的状态	扩散态(R)、已知态(S)、未知态(D)
本质安全度 k	节点对安全信息的收发能力	高(k=1)、较高(k=2)、一般(k=3)、差(k=4)

9.2.2 影响信息扩散的因素

由安全信息扩散概念可知,影响安全信息在装备维修人员网络上扩散的因素有两个。

第一,不同网络拓扑结构和信息扩散源节点的差异必然影响安全信息扩散的最终结果。研究网络的结构有利于深刻理解信息在网络中扩散过程以及网络所具有的特殊性质。所以,有必要在不同网络拓扑结构中对安全信息扩散的影响进行讨论研究。

第二,维修人员在维修活动中,可以获得各式各样的安全信息(应对和适应环境变化的能力,对飞机熟悉的程度,有关的规程、条令、指令等专业的或安全方面的要求)。良好的业务水平可以避免机务人员在直接行为中出现失误,如对油箱盖是否盖好不能做出判断。一般来讲,经验丰富的维修人员要比经验欠缺的维修人员对安全信息的响应能力强,所以不同的个体对安全信息的响应能力存在差异。在复杂网络中不同能力的维修人员所占的比例也必然影响安全信息的扩散。

9.2.3 仿真思路

使用邻接矩阵来表示网络,在程序开始阶段进行初始化,生成ER、NW或BA网络之后,首先确定扩散源和少量已知态节点,然后根据本质安全程度划分节点的类型。扩散时首先判断的是节点的属性,包括节点状态。当判断为扩散态时,才进行扩散。然后在生成好的网络里,找出该节点的相邻节点,判断其相邻节点的状态和本质安全度,如果其邻居节点为已知态或未知态,那么就进行安全信息的扩散,邻居节点将根据自身本质安全程度以相应的概率进行安全信息的接收并进行状态转化。

9.3 扩散源对网络结构本质安全影响

9.3.1 扩散源算法选取

信息扩散源的选择直接影响扩散效率。对于安全信息扩散来说,为了使安全信息能够尽可能快速和广泛地传播出去,提高安全信息的扩散效率,安全信息扩散源一般选择网络中的重要节点或中心节点。对于干扰信息来说,通过控制一些关键节点,可以使干扰信息在最没有影响的节点来扩散,从而达到遏制或阻止干扰信息扩散的效果。因此,如何估计网络中节个体的影响力对于控制信息扩散效率至关重要。

为了综合评估网络中最有影响力的个体,算法既要考虑个体的局域信息,又要能够兼顾个体的全域属性。首先选取能够反映节点全域属性和局域属性的指标:节点紧密度

和"结构洞"(约束系数)。其概念定义如下:

定义 9.1 节点紧密度(closeness centrality)。紧密度可以表示为节点 i 到网络中其他所有节点距离之和的均值的倒数。紧密度可以衡量网络中的信息由给定节点传播到其他可达节点所需时间的长短。紧密度指数实行中心化不但考量了个体度数,而且还考量了个体在网络中相对定位的中心性程度。紧密度公式如下:

$$C_c(i) = (N-1) / \sum_{j=1}^{N} d_{ij} \tag{9.1}$$

式中,d_{ij} 为节点 i 和 j 之间的距离。

定义 9.2 结构洞(structural holes)。从社会学角度看,非冗余个体之间存在的关联关系的缺省即为结构洞,如图 9.1 中的 A,B 之间没有冗余关系。从网络的角度来看,若两个个体之间不存在直接关联关系,同时它们之间也不存在间接的冗余连边,则它们之间的阻隔即为结构洞。

当出现结构洞时,结构洞两端的中间人能够获得累加而且并不重复的网络收益。由图 9.1 中能够看出,节点 D 相当于中间人的角色,个体 A,B,C 之间只能通过 D 进行沟通和联系。所以,节点 D 在网络中的影响力要比其他节点大,它得到了更大的网络收益。如果个体 A,B,C 之间产生任何联系,都将减少个体 D 收获的网络收益。从复杂网络角度来说,具有较多结构洞的网络个体对于信息的扩散更有优势。

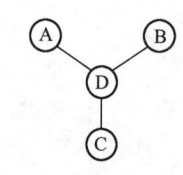

图 9.1 结构洞概念讲解图

Burt 提出了计算结构洞的网络约束系数,来对结构洞进行测度。

$$p_{ij} = a_{ij} / \sum_{j \in \Gamma(i)} a_{ij} \tag{9.2}$$

其中:

$$a_{ij} = \begin{cases} 1, & i\text{和}j\text{有连接} \\ 0, & i\text{和}j\text{无连接} \end{cases}$$

p_{ij} 表示节点 i 为保持和节点 j 之间的相邻联系所付出的精力占总精力的比例,$\Gamma(i)$ 表示个体 i 的相邻个体的集合。则节点 i 的网络约束系数的计算表达式为:

$$C_i = \sum_{j \in \Gamma(i)} (p_{ij} + \sum_q p_{iq} p_{qj})^2, \quad q \neq i, j \tag{9.3}$$

式中,q 为连接个体 i 和个体 j 的中间个体,p_{iq} 和 p_{qj} 分别是节点 i,j 与共同邻居 q 保持关系付出的精力占其总精力的比例。网络约束系数 C_i 越小,形成结构洞所受的约束越小,结构洞程度越大。从 C_i 的计算表达式可以看出,C_i 的数值可以全面评估个体的相邻节点数目及它们之间关联的紧密水平。

节点 i 的度数越大,p_{ij} 的数值越小,表明度数大的个体较易生成结构洞。$\sum_q p_{iq} p_{qj}$ 的值由节点 i,j 的共同邻居 q 的数量决定,i,j,q 关联越稀疏,它们之间生成的闭合三角形越少,$\sum_q p_{iq} p_{qj}$ 值越小,生成结构洞的可能性越大。因此,C_i 的计算全面地考量了节点度数和相邻节点之间的连边关系信息。节点 i 的网络约束系数越小，越有可能生成结构洞，说明节点 i 越有可能获得新的连边信息。网络约束系数运用了局域信息来估计节点的影响力，约束系数越大，表明该点在信息扩散中的影响越小，同时位置也就越次要。

9.3.1.1 构建结构洞影响矩阵

复杂网络是由节点及其边组成的统一整体，其中任意一个节点都不是孤立出现的，都不得不接受网络中其他节点带来的影响。也就是说，在不存在孤立节点的网络中，任何一个节点都可以通过连边来影响邻居节点。网络的邻接矩阵映射了节点间的直接相连关系，而它们之中最直接的影响力作用关系存在于相邻节点之间的相互作用。节点间的这种相互作用关系可以采用重要度贡献矩阵的方式来刻画。紧密度指数是复杂网络中心性理论的一个重要指标，它从节点对其他节点影响的角度来评价节点的影响力。基于此，借鉴节点重要度贡献矩阵的思想，利用邻接矩阵关系，结合节点紧密度建立了节点影响因子矩阵 $\boldsymbol{H}_A$，定义如下：

$$\boldsymbol{H}_A = \begin{bmatrix} 1 & a_{12}C_c(2) & \cdots & a_{1n}C_c(n) \\ a_{21}C_c(1) & 1 & \cdots & a_{2n}C_c(n) \\ \vdots & \vdots & \vdots & \vdots \\ a_{n1}C_c(1) & a_{n2}C_c(2) & \cdots & 1 \end{bmatrix} \tag{9.4}$$

式中，$H_A(i,j) = a_{ij}C_c(j)$ 表示节点 j 对节点 i 的影响因子，矩阵对角线上的 1 表示节点对自身的影响因子为 100%。可以看出，节点影响因子矩阵反映了任意节点对网络中其他节点的影响程度。然而，节点的影响力主要由两个方面的要素决定：节点的位置信息（全域影响性）和节点的相邻信息（局域影响性）。结构洞理论能够很好地反映节点间的相互影响关系，体现邻居节点间的拓扑结构，作为其测度的网络约束系数的计算中也同时体现了节点的度属性和"桥接"属性。因此，这里用节点的网络约束系数来构建节点之间的影响力，作为节点的相邻信息，结合节点影响因子矩阵 $\boldsymbol{H}_A$（全局重要度），可以得到结构洞影响矩阵 $\boldsymbol{H}_C$ 为：

$$\boldsymbol{H}_C = \begin{bmatrix} C_1^{-1} & a_{12}C_c(2)C_2^{-1} & \cdots & a_{1n}C_c(n)C_n^{-1} \\ a_{21}C_c(1)C_1^{-1} & C_2^{-1} & \cdots & a_{2n}C_c(n)C_n^{-1} \\ \vdots & \vdots & \vdots & \vdots \\ a_{n1}C_c(1)C_1^{-1} & a_{n2}C_c(2)C_2^{-1} & \cdots & C_n^{-1} \end{bmatrix} \tag{9.5}$$

式中，C_i^{-1} 表示节点 i 的约束系数的倒数，$H_C(i,j) = a_{ij}C_c(j)C_j^{-1}$ 表示节点 j 对节点 i 的影响力。从式（9.5）可以看出，某一节点对其他节点的影响力与其约束系数呈负相关性，与其紧密度呈正相关性，节点的度值越高，对它进行影响的点也就越多，由于相互作用，反过来它对其他节点的影响力就越强。所以，节点 i 的影响力应为其对周围邻域节点产生的影响力的总和。由此，定义节点 i 的影响力为 M_i：

$$M_i = \frac{1}{n}\big(H_C(i,1) + H_C(i,2) + \cdots + H_C(i,n)\big) = \frac{1}{n}\sum_{j=1}^{n} H_C(i,j) = \frac{1}{n}\bigg(C_i^{-1} + \sum_{j=1, j \neq i}^{n} a_{ij}C_c(j)C_j^{-1}\bigg) \tag{9.6}$$

式中，M_i 为结构洞影响矩阵 $\boldsymbol{H}_C$ 的每一行相加再取平均，反映的是所有与节点 i 相邻的节点影响力的求和与节点 i 自身的约束系数的倒数之和的均值。从式（9.6）可以看出，一个节点的影响力取决于它自身的约束系数、相邻节点的紧密度和约束系数的大小。该节点影响力的定量求解方法较全面地考量了节点全域影响力和局域影响力，能够更精确地评价节点的影响力和重要程度。

9.3.1.2 算法流程

对于彼此有连边的节点来说，它们之间的影响作用最简单最直接的形式就存在于相邻节点之间。算法综合考虑了节点的紧密度（全局信息）和约束系数（局部信息），提出了基于结构洞影响矩阵的评估算法，理论上可以得到更为精确的评估结果。评估节点影响力的简单算法步骤如下：

输入：复杂网络邻接矩阵 $A=[a_{ij}]_{n\times n}$

输出：节点 i 的影响力 M_i

步骤 1 按照定义 9.1，定量求解节点的紧密度，并写入节点影响因子矩阵式（9.4）。

步骤 2 按照定义 9.2，定量求解节点的网络约束系数，然后求得结构洞影响矩阵式（9.5）。

步骤 3 按照式（9.6），定量求解网络中所有节点的影响力 M_i。

将步骤 3 中求出的节点影响力大小按照降序排列，这个排列顺序就是影响力从大到小的排列顺序。

从上述算法步骤中可以看出，整个算法的时间计算量取决于紧密度的运算量，因为紧密度中需要求解所有节点对之间的最短路径。这里利用快速最短路径算法（Shortest Path Faster Algorithm，SPFA）来计算节点紧密度，整个算法的复杂度可以达到 $O(n^2)$，相比经典的 Floyd 算法具有较大优势。

9.3.1.3 算法有效性验证

1. 简单网络验证分析

首先选用简单网络来验证算法的可行性，如图 9.2 所示，该图结构虽然简单，但其中包含了"桥连"节点及社区性质，用该图来做验证网络，能够在一定程度说明算法的有效性。

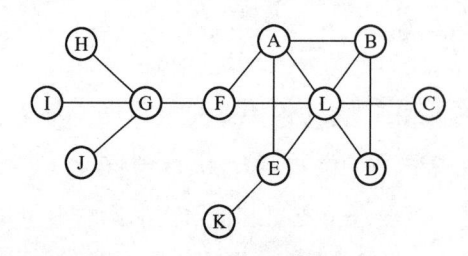

图 9.2 简单验证网络示意图

为了验证本书所提算法，分别应用本书算法（Cc-Burt）、度中心性方法（K）、Betweenness 算法和邻域结构洞算法（N-Burt）对图 9.2 中的节点进行影响力估计。取其 Top-5 节点列于表 9.5，括号中为各算法计算数值，其中 Cc-Burt 算法、度中心性方法（K）和 Betweenness 算法是节点指标值越大，节点影响力越大。而 N-Burt 算法为节点指标值越小，节点影响力越大。

表 9.5　简单网络 Top-5 影响力排序结果

算法	Rank1	Rank2	Rank3	Rank4	Rank5
Cc-Burt	L(1.06)	G(0.94)	A(0.54)	F(0.51)	E(0.43)
K	L(6)	A(4)	G(4)	B(3)	F(3)
Betweenness	F(0.51)	G(0.49)	L(0.47)	E(0.18)	A(0.15)
N-Burt	G(0.36)	L(0.44)	F(0.59)	A(0.62)	E(0.67)

从图 9.2 中能够看到，这个简单网络具有两个社区，社区的中心分别为节点 L 和 G，同时节点 F 类似于"桥接"节点的作用使两个社区相连通，所以从网络拓扑结构上看，直观的感受是 L、G、F 这三个节点必定占据一定的影响力。

与度中心性方法相比，本书 Cc-Burt 算法能够区分节点 G 和 A，F 和 B 的影响力，度中心性方法不能评估桥连接点的影响力，且无法区别度相同节点的影响力差异，在度中心性方法的排名中，B 排在 E 的前面，但是 E 作为 K 的桥接节点应该比 B 更有影响力。

与 Betweenness 算法相比，F 虽具有"桥接"作用，但是并不是社区中心，Betweenness 将 F 排在最前，显然没有考虑节点的局部信息，仅仅考虑了 F 的全局信息，而节点 L 不仅是社区中心，而且节点 L 的结构洞所受的约束比节点 F 更小，L 的结构洞程度比 F 更大，更有可能获得新的关系资源，进而更有影响力，所以本书 Cc-Burt 算法将节点 L 排在 F 前面更合理。

N-Burt 算法仅考虑节点的局部信息，没有考虑全局信息，虽然节点 L 和 G 均作为各自社区的中心，但是节点 L 比 G 具有更大的紧密度，说明 L 对其他节点的控制能力更强，因此具有较 G 更大的影响力。

综上所述，本书 C-Burt 算法不仅考虑了局部拓扑结构，更综合了全局信息，使得排序结果更佳合理可靠。

2. 小型网络验证分析

为了更好地验证算法的有效性，分别对美国的 ARPA（Advanced Research Project Agency）网络及空手道俱乐部社会关系网（Karate）进行影响力排序。

APRA 网络是评估网络节点影响力时经常采用的干线网络拓扑，其网络平均度数为 2.48，大部分节点的度数为 2，如图 9.3 所示；Karate 网络具有明显的社团结构，平均度值为 4.59，聚类系数为 0.588，常用来分析社团性质，可以验证算法对社团结构的重要节点识别。仿真结果排序 Top-10 影响力节点如表 9.6 所示，其中 v_i 表示节点 i，下面的数值表示该算法计算的指标值。

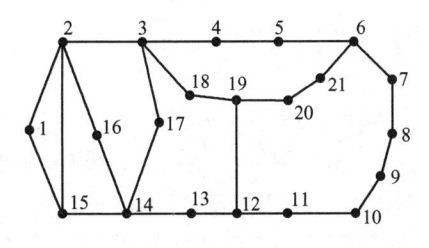

图 9.3　ARPA 网络拓扑结构

表 9.6 ARPA 及 Karate 网络 Top-10 影响力排序结果

网络 算法 排序	APRA				Karate			
	Cc-Burt	K	Betwe-enness	N-Burt	Cc-Burt	K	Betwe-enness	N-Burt
Rank1	v_3 0.4626	v_2 4	v_3 0.3263	v_{14} 0.2544	v_{34} 2.5272	v_{34} 17	v_1 0.5	v_{34} 0.1682
Rank2	v_{14} 0.4324	v_3 4	v_{12} 0.2579	v_3 0.2637	v_1 2.0889	v_1 16	v_3 0.3087	v_1 0.1731
Rank3	v_{19} 0.2906	v_{14} 4	v_4 0.2211	v_6 0.3333	v_{33} 1.2002	v_{33} 12	v_{33} 0.2633	v_3 0.2257
Rank4	v_{12} 0.2881	v_6 3	v_6 0.2211	v_{19} 0.3407	v_3 1.0572	v_3 10	v_{34} 0.1288	v_{33} 0.2746
Rank5	v_2 0.2773	v_{12} 3	v_5 0.1947	v_{12} 0.3407	v_2 0.6490	v_2 9	v_{32} 0.0682	v_{32} 0.2793
Rank6	v_6 0.2689	v_{15} 3	v_{14} 0.1737	v_2 0.3541	v_{32} 0.5134	v_4 6	v_6 0.0568	v_9 0.3266
Rank7	v_{15} 0.1633	v_{19} 3	v_{19} 0.1684	v_5 0.5000	v_9 0.3448	v_{32} 6	v_{28} 0.0455	v_2 0.3357
Rank8	v_{18} 0.1587	v_1 2	v_{13} 0.1632	v_9 0.5000	v_{14} 0.3237	v_9 5	v_9 0.0417	v_{14} 0.3541
Rank9	v_4 0.1557	v_4 2	v_2 0.1526	v_{17} 0.5014	v_4 0.2941	v_{14} 5	v_2 0.0284	v_{28} 0.3674
Rank10	v_{13} 0.1557	v_5 2	v_{11} 0.1474	v_{21} 0.5041	v_{28} 0.2923	v_{24} 5	v_{24} 0.0284	v_{31} 0.3810

对于 APRA 网络，因为 4 种算法评估节点影响力的侧重点存在差异，所以结果有所差别。表 9.7 所示为分别删除 ARPA 网对应节点后网络平均效率的改变。

表 9.7 删除 ARPA 网络相应节点后网络的平均效率

网络	初始网络	删除 v_3	删除 v_{14}	删除 v_2
网络平均效率	0.3886	0.3287	0.3493	0.3545

从表 9.7 中可以看出，删除 v_3 后形成的网络平均效率减小量高于删除节点 v_2 时的情况，表明 v_3 的影响力最大，并且同时发现节点 v_{14} 的影响力要大于节点 v_2。另外，度中心性算法精度太低，许多具有相同度数的节点难以区分其重要程度；Betweenness 算法中的节点 4 和节点 5 排名靠前，但是其他算法中节点 4 和节点 5 排名均靠后，再次说明 Betweenness 算法仅仅考虑全局信息而不考虑局部信息，具有片面性，排名不太准确；N-Burt 算法中节点 12 与节点 19、节点 5 与节点 9 分别具有相同的重要性，这并不准确；而本书的 Cc-Burt 算法综合考虑了局部和全局信息，对这两对节点的重要程度进行了区分。综上，所提算法相比其他三种算法的评估拥有更准确的结果，对影响力的评价具有更高的精度。

对于具有社区结构的小规模真实网络 Karate 而言，从表 9.6 可以看出，Cc-Burt 方法与度中心性方法和 N-Burt 方法所得结果较为接近，在度中心性方法中节点 4 排名靠前，但是在 Betweenness 算法和 N-Burt 算法中均未将节点 4 排入其中，说明节点 4 在全局和局部信息中影响力并不大，本书算法中节点 4 仅排第九，且度中心性方法的评价精度不高，具有相同度的节点不能区分其重要度。Cc-Burt 和 N-Burt 算法的计算结果仅在个别节点上存在差异，且相差排名不大，进一步说明 Cc-Burt 算法和 N-Burt 都能很好地区分出网络中的社区中心点。而 Betweenness 算法对于社区中心性的考虑稍有不足。

3. 大型网络验证分析

目前对较大规模网络中关键节点影响力分析时，大多数研究应用 SIR 传染病模型来模拟信息等的传播过程。一般来说，SIR 模型将网络节点归为三类：

（1）易感节点（S），健康的节点，容易遭到病毒的感染，不具备免疫能力。

（2）感染节点（I），已经遭到病毒感染的节点，同时具有扩散病毒的能力。

（3）免疫节点（R），不会受到病毒感染的节点，该类节点不会再对病毒扩散过程产生影响。

在传染病机制作用下，I 态节点作为传染源，在规定步长内将病毒传播给邻居 S 态节点，其邻居 S 态节点有 β 的可能性被感染转为 I 态，在完成对周围所有邻居 S 态节点病毒传播后，每个 I 态节点有 γ 的可能性转换为 S 态。

基于此，本书借助 SIR 模型分别验证算法在 Jazz、Net-science 和 E-mail 这三种网络上的有效性。表 9.8 给出了各网络的统计特性。

表 9.8 大型网络统计特性

网络	节点数	边数	平均路径长度	聚集系数	平均度 $\langle k \rangle$
Jazz	198	2742	2.245	0.618	27.697
Net-science	379	914	6.04	0.798	4.823
E-mail	1133	5451	3.606	0.570	9.622

在实验中，对每个节点都实施一次传播能力的仿真。初始时刻选取网络中的某个节点作为初始传播源，规定在 20 个时间步长（$t=20$）后将感染与免疫节点的总数当作该节点作用下的实际传播影响力：$\bar{S}_i = \frac{1}{M}\sum_{m=1}^{M} S_i$，其中，$M$ 表示对初始传播源 i 重复试验的次数，这里设 $M=100$。为保证传播能够正常进行，传播率 $\beta \geq \beta_{th} = \langle k \rangle / \langle k^2 \rangle$，其中，$\beta_{th}$ 为病毒能正常传播的阈值，β 为实验中实际选取的传播概率。如果 β 较大，节点传播能力很强，病毒会很快感染所有节点，不利于区分各个节点的影响力。因此，为了在有限的步长内更好地观察病毒的感染范围，β 的取值一般较小。这里取值详见表 9.9，这里治愈率取为固定值 $\gamma=0.01$。

表 9.9 不同网络的传播率

网络＼传播率	Jazz	Net-science	E-mail
β_{th}	0.026	0.125	0.026
β	0.05	0.15	0.05

在上述三个真实社会网络中，对本书算法与其他各算法求得的排序结果进行相关性分析，可以得到各算法与实际传播能力之间的相关程度，相关程度越高，说明该算法所得节点的排序越准确。相关性结果如图 9.4～图 9.6 所示。其中，(a)为 Cc-Burt 算法，(b)为度中心性算法，(c)为 Betweenness 算法，(d)为 N-Burt 算法。

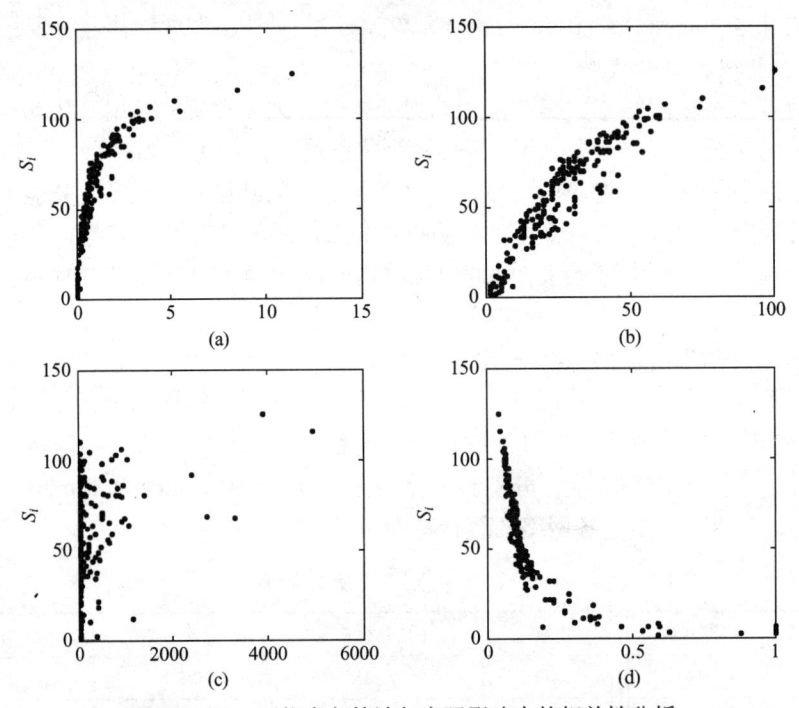

图 9.4 Jazz 网络中各算法与实际影响力的相关性分析

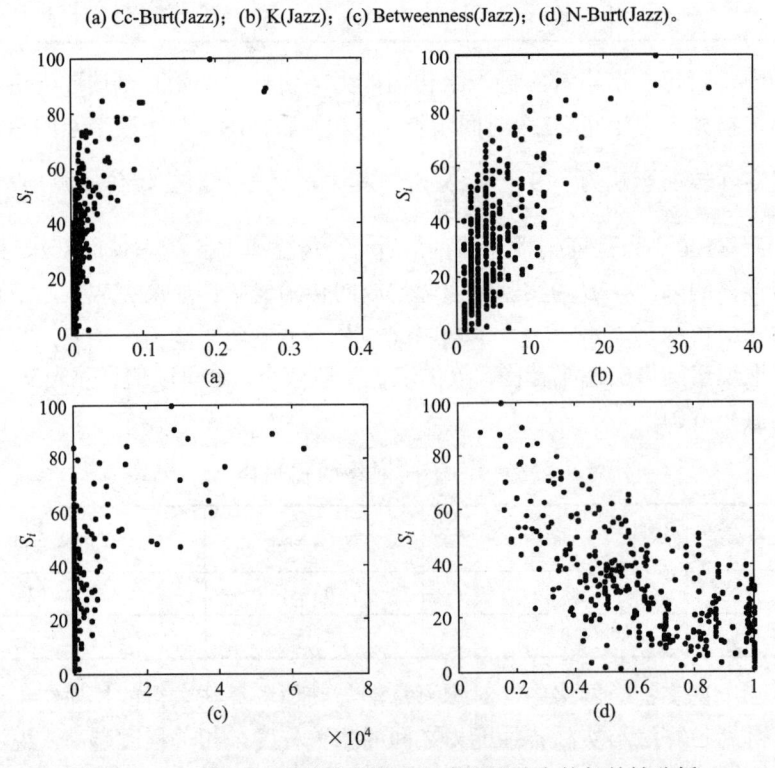

(a) Cc-Burt(Jazz); (b) K(Jazz); (c) Betweenness(Jazz); (d) N-Burt(Jazz)。

图 9.5 Net-science 网络中各算法与实际影响力的相关性分析

(a) Cc-Burt(Net-science); (b) K(Net-science); (c) Betweenness(Net-science); (d) N-Burt(Net-science)。

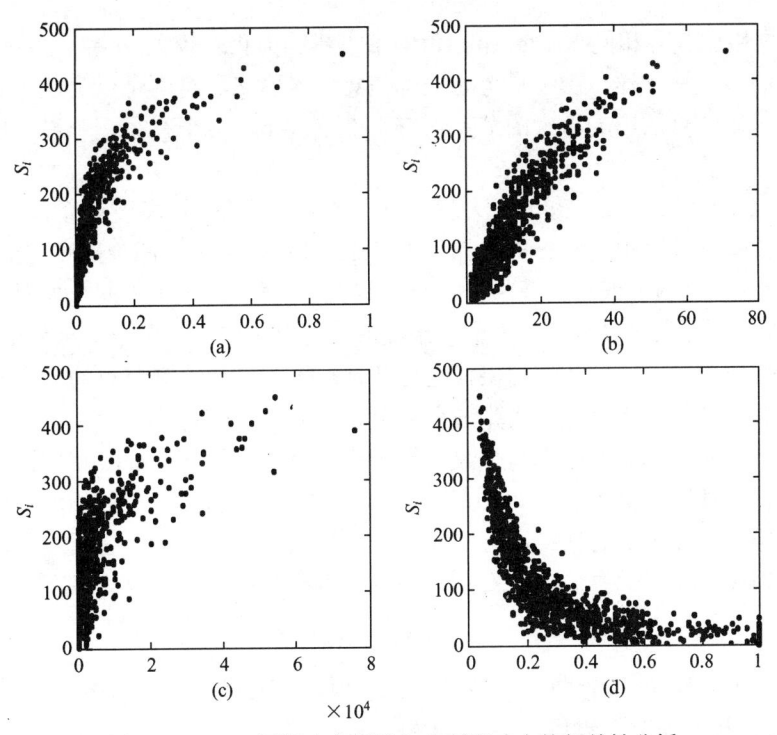

图 9.6 E-mail 网络中各算法与实际影响力的相关性分析

(a) Cc-Burt(E-mail); (b) K(E-mail); (c) Betweenness(E-mail); (d) N-Burt(E-mail)。

从图 9.4～图 9.6 可以看出，Cc-Burt、度中心性方法（K）和 Betweenness 算法与 $\overline{S}_i$ 呈正相关，即随着指标值的增加节点影响力上升；N-Burt 与 $\overline{S}_i$ 呈负相关，即随着指标值的增加节点影响力下降；这个结果在 Jazz 网络和 E-mail 网络中表现较为明显。在三种网络中，度中心性方法依然有度数越大的节点越重要这一趋势，但是在 Net-science 网络中，具有相同度数的节点的影响力具有较大差异，度中心性方法并不能很好地进行区别。另外，当网络具有两个以上社团且这些社团结构不对称时，度中性方法由于仅仅考虑局部信息，计算的影响力大的节点很有可能位于同一个社团，难以找出小规模社团的中心。如果选择度数大的节点为安全信息扩散源，容易造成安全信息在一个社团扩散，不能扩散到其他社团，存在扩散的局限性，影响系统整体安全性。

Betweenness 方法主要基于全局信息测量网络中的桥接节点或中枢节点，在三种网络中，Betweenness 方法求得的绝大部分节点的介数均较小，仅有少量节点介数较大，表明该方法发现的桥接节点或中枢节点并没有多少。另外，具有相近介数的节点的影响力有很大差异，并不能很好地对节点进行划分和区别，因此，相关性曲线也较发散。另外，当网络具有多个社团的时候，Betweenness 方法找出的很有可能是桥接节点或中枢节点，而并不是社团中心，如果选择桥接节点或中枢节点作为安全信息扩散源的话，会使扩散不能达到最大效果或范围，且需要较长的扩散时间才能完成整个扩散过程。

N-Burt 算法主要基于局部信息，进一步考虑了邻居节点与其余节点相连的拓扑结构对节点的影响，虽然将局部信息考虑的非常全面，但还是没有考虑节点的全局信息。在 Jazz 网络和 E-mail 网络上相关性还行，但在 Net-science 网络上相关性不太好，在

Net-science 网络中具有相同 N-Burt 指标值的节点影响力相差较大,不能很好地进行区分。容易与度中心性方法一样,由于只考虑局部信息,当网络具有两个以上社团且这些社团结构不对称时,计算的影响力大的节点很有可能仅位于同一个社团,难以找出小规模社团的中心。

相比以上三种算法,Cc-Burt 算法在三种网络中的相关性均表现较好。

此外,许多学者对相关性分析大都利用 Kendall 相关系数来评价排序结果的正确性。因为 Kendall 相关系数一般作为反映分类变量相关性的指数,多用于两个参量均为有序分类的情形。但是,在大规模网络中人们普遍关心的是其中的关键节点,而 Kendall 相关系数需要计算每一个节点的一致性结果,这样便计算了大量非关键节点的一致性结果,使得所得的相关系数并不能准确反映算法在关键节点上的挖掘能力。

由于网络中的关键节点毕竟是少数,基于此,为了克服 Kendall 相关系数的缺陷,本书采用计算各算法所得前 5%影响力节点与实际影响力前 5%节点的相似程度,来评估算法在节点影响力评价上的优劣。可以说,相似程度反映了各算法在网络关键节点上的挖掘能力。相似程度表示为 ε,定义 ε 如下:

$$\varepsilon = p/q$$

式中,q 为实际影响力前 5%的节点总数;p 为相应算法计算得到的 5%节点中与实际影响力前 5%节点相同的节点数目。

各算法与实际影响力前 5%节点相似程度见表 9.10。可以看出,本书所提算法 Cc-Burt 的相似程度在以上三种网络中均为最大,说明 Cc-Burt 算法的网络关键节点挖掘能力最强,能很好地找出拥有较大影响力的某些节点,能够为信息的扩散源选取提供最优的选择方法,起到控制扩散效率的作用。

表 9.10 各算法与实际影响力前 5%节点相似程度

网络\算法	ε(Cc-Burt)	ε(K)	ε(Betweenness)	ε(N-Burt)
Jazz	0.8	0.7	0.3	0.7
Net-science	0.526	0.526	0.474	0.421
E-mail	0.719	0.684	0.632	0.649

网络结构的本质安全就是要求网络中所有节点都能保持安全的状态。而要使节点保持安全的状态,最基本的就是需要让节点获得安全信息。当节点一旦获得了安全信息,就会约束自己的行为,使之符合各项管理规定,避免不安全行为的发生,从而使得网络整体呈现结构本质安全。

9.3.2 扩散效率分析

由于各扩散源选取算法的评估标准不同,在评估网络最有影响力节点时的侧重点也不同,所以评估结果也会不同,当进行安全信息扩散时,扩散效率必然存在差异性。为了更深入地分析各算法对网络节点影响力的评估结果的差异性,考虑计算量,在各算法排名前 10 的节点中,去除各算法与 Cc-Burt 算法排名前 10 的节点相同的节点,然后将各算法前 10 中剩下的节点,基于信息扩散理论模型进行影响力分析取平均,同时,Cc-Burt

算法进行同样的操作，即在排名前 10 的节点中将与各算法相同的节点去除，然后剩下的节点基于信息扩散理论模型进行影响力分析取平均，之后对这些结果进行对比。分别分析本章所提算法与各算法差异节点的扩散效率。

这些在各算法中排名前 10 的节点能够反映各个算法的侧重点。取扩散时间 $t = 50$ 扩散达到基本稳定时以扩散态与已知态的节点总数 $\overline{S_i}$ 评估节点的扩散效率。

9.3.2.1　Jazz 网络

运用各算法在 Jazz 网络中进行节点扩散效率评估，取各算法的计算结果排名前 10 的节点如表 9.11 所示，表中数值为节点编号。

表 9.11　Jazz 网络中各算法排名前 10 节点

算法 排名	Cc-Burt	K	Betweenness	N-Burt
Rank1	136	136	60	136
Rank2	60	60	136	60
Rank3	168	132	5	132
Rank4	132	168	153	168
Rank5	83	70	7	70
Rank6	70	99	18	83
Rank7	158	108	115	194
Rank8	108	83	90	158
Rank9	99	158	83	170
Rank10	194	7	24	108

通过表 9.11 可以在排名前 10 的节点中找出 Cc-Burt 算法与其他算法的差异节点，结果如表 9.12 所示。

表 9.12　Jazz 网络中 Cc-Burt 与各算法差异节点

算法差异节点比较		节点编号
Cc-Burt 与 K 的差异节点	Cc-Burt	194
	K	7
Cc-Burt 与 Betweenness 的差异节点	Cc-Burt	168，132，70，158，108，99，194
	Betweenness	5，153，7，18，115，90，24
Cc-Burt 与 N-Burt 的差异节点	Cc-Burt	99
	N-Burt	170

对这些差异节点的扩散能力进行分析，为消除随机误差，对每个差异节点进行 100 次重复实验后再取平均，求出该差异节点的扩散能力。当存在多个差异节点时(如 Cc-Burt 与 Betweenness 存在较多差异节点)，此时，将所有差异节点扩散能力求和再取平均，算出该算法差异节点的综合扩散能力。Cc-Burt 算法与其他算法的差异节点的扩散能力曲线如图 9.7～图 9.9 所示。

141

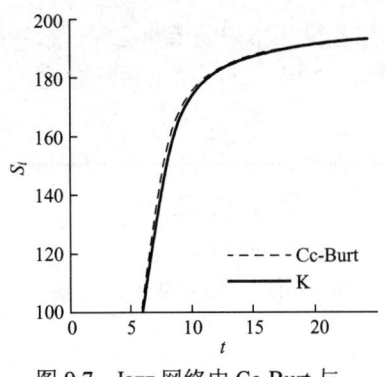

图 9.7 Jazz 网络中 Cc-Burt 与 K 差异节点扩散能力曲线

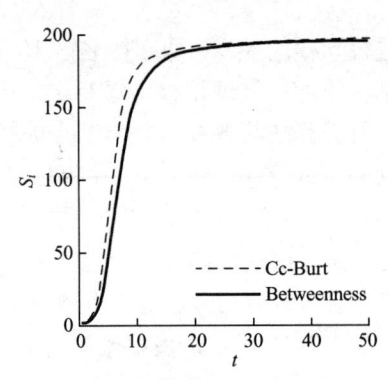

图 9.8 Jazz 网络中 Cc-Burt 与 Betweenness 差异节点扩散能力曲线

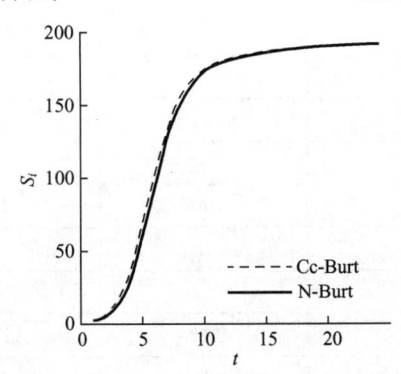

图 9.9 Jazz 网络中 Cc-Burt 与 N-Burt 差异节点扩散能力曲线

从图 9.7～图 9.9 中可以看出，在 Jazz 网络中，Cc-Burt 算法找出的有影响力的节点的扩散效率略高于 K 方法和 N-Burt 算法，明显高于 Betweenness 算法，即这些差异节点能够使安全信息的扩散更快地到达稳态。同时，可以看出各算法的差异节点均能够使 Jazz 网络中的所有节点接收安全信息成为扩散态或已知态，即达到本质安全的状态。

9.3.2.2 Net-science 网络

运用各算法在 Net-science 网络中进行节点扩散效率评估，取各算法的计算结果排名前 10 的节点如表 9.13 所示，表中数值为节点编号。

表 9.13 Net-science 网络中各算法排名前 10 节点

排名\算法	Cc-Burt	K	Betweenness	N-Burt
Rank1	26	4	51	26
Rank2	4	5	26	4
Rank3	5	26	169	5
Rank4	16	16	67	67
Rank5	51	67	100	51
Rank6	95	70	95	95
Rank7	67	95	4	70
Rank8	52	15	66	8
Rank9	231	32	44	100
Rank10	70	51	231	113

通过表 9.13 可以在排名前 10 的节点中找出 Cc-Burt 算法与其他算法的差异节点，结果如表 9.14 所示。

表 9.14 Net-science 网络中 Cc-Burt 与各算法差异节点

算法差异节点比较		节点编号
Cc-Burt 与 K 的差异节点	Cc-Burt	52，231
	K	15，32
Cc-Burt 与 Betweenness 的差异节点	Cc-Burt	5，16，52，70
	Betweenness	169，100，66，44
Cc-Burt 与 N-Burt 的差异节点	Cc-Burt	16，52，231
	N-Burt	8，100，113

与在 Jazz 网络中方法相同，Cc-Burt 算法与其他算法的差异节点的扩散能力曲线如图 9.10～图 9.12 所示。

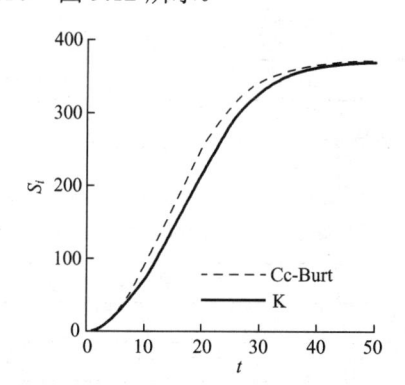

图 9.10 Net-science 网络中 Cc-Burt 与 K 差异节点扩散能力曲线

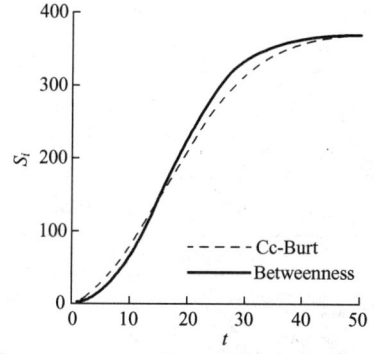

图 9.11 Net-science 网络中 Cc-Burt 与 Betweenness 差异节点扩散能力曲线

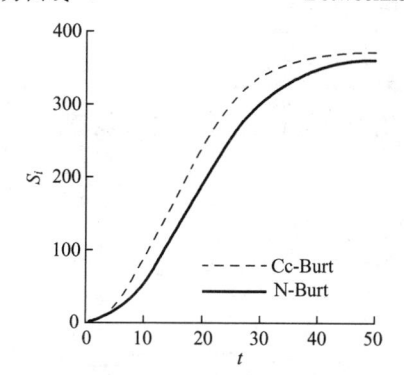

图 9.12 Net-science 网络中 Cc-Burt 与 N-Burt 差异节点扩散能力曲线

从图 9.10～图 9.12 中可以看出，在 Net-science 网络中，Cc-Burt 算法找出的有影响力的节点的扩散效率明显高于 K 方法和 N-Burt 算法，在扩散效率上略逊于 Betweenness 算法。同时，可以看出 K 方法和 N-Burt 算法的差异节点并不能够使 Net-science 网络中的所有节点接收安全信息成为扩散态或已知态。也就是说，使用 K 方法和 N-Burt 算法找出的最有影响力节点作为安全信息扩散源的话，不能使网络达到结构本质安全的状态。

9.3.2.3 E-mail 网络

运用各算法在 E-mail 网络中进行节点扩散效率评估，取各算法的计算结果排名前 10 的节点如表 9.15 所示，表中数值为节点编号。

表 9.15　E-mail 网络中各算法排名前 10 节点

排名＼算法	Cc-Burt	K	Betweenness	N-Burt
Rank1	105	105	23	233
Rank2	333	333	105	105
Rank3	23	16	1	23
Rank4	42	23	42	333
Rank5	41	42	41	41
Rank6	233	41	16	42
Rank7	135	196	76	52
Rank8	16	233	52	76
Rank9	76	21	21	135
Rank10	196	76	3	137

通过表 9.15 可以在排名前 10 的节点中找出 Cc-Burt 算法与其他算法的差异节点，结果如表 9.16 所示。

表 9.16　E-mail 网络中 Cc-Burt 与各算法差异节点

算法差异节点比较		节点编号
Cc-Burt 与 K 的差异节点	Cc-Burt	135
	K	21
Cc-Burt 与 Betweenness 的差异节点	Cc-Burt	333，233，135，196
	Betweenness	1，52，21，3
Cc-Burt 与 N-Burt 的差异节点	Cc-Burt	16，196
	N-Burt	52，137

与在 Jazz 网络中方法相同，Cc-Burt 算法与其他算法的差异节点的扩散能力曲线如图 9.13~图 9.15 所示。

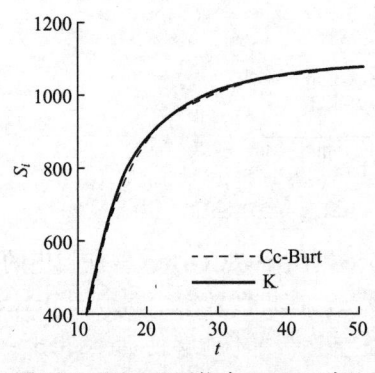

图 9.13　E-mail 网络中 Cc-Burt 与 K 差异节点扩散能力曲线

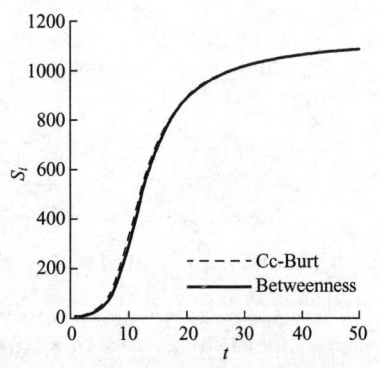

图 9.14　E-mail 网络中 Cc-Burt 与 Betweenness 差异节点扩散能力曲线

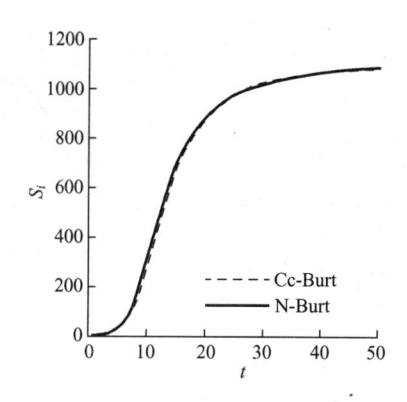

图 9.15　E-mail 网络中 Cc-Burt 与 N-Burt 差异节点扩散能力曲线

从图 9.13～图 9.15 中可以看出，在 E-mail 网络中，Cc-Burt 算法找出的有影响力的节点的扩散效率与 K 方法、N-Burt 算法和 Betweenness 算法基本相同。分析原因应该是由于 E-mail 网络节点总数太多，排名前 10 的节点不足节点总数的 5%且均具有较强的扩散能力，同时扩散能力相差不大，因此，图 9.13～图 9.15 中的曲线重合率较高。考虑节点总数的增多会呈指数地增加计算量，所以本书只选择了前 10 的节点。

从扩散效率的分析可知，在以上三种大型真实复杂网络中，所提 Cc-Burt 算法挖掘出的与其他各算法的差异节点具有更高的扩散效率，进一步说明了该算法的准确性和精确性，为信息扩散源的选取提供了理论依据，可以通过控制一些关键节点达到提高安全信息扩散效率和阻止干扰信息扩散的目的。

9.3.3　扩散源对网络结构本质安全影响仿真

网络结构的本质安全就是要求网络中所有节点都能保持安全的状态。而要使节点保持安全的状态，最基本的就是需要让节点获得安全信息。当节点一旦获得了安全信息，就会约束自己的行为，使之符合各项管理规定，避免不安全行为的发生，从而使得网络整体呈现结构本质安全。

因此，这里主要讨论扩散源选取对于网络结构本质安全的影响。基于信息扩散理论模型对节点影响力进行分析，模拟中均选择一个节点作为安全信息扩散源，其余均为未知态节点。有两种不同的扩散源选取方式：选择 Cc-Burt 评估的最有影响力节点和随机选择节点。在不同网络中，不同选点方式对网络结构本质安全的影响如图 9.16 所示。

从图 9.16 中能够看到，不同的扩散源对于网络结构的本质安全会产生巨大影响。利用 Cc-Burt 算法选择的最有影响力节点作为扩散源，当信息扩散达到稳态时，网络中所有的节点均能获得安全信息，从而保持扩散态或已知态，使网络整体呈现结构本质安全。然而，随机选择节点作为扩散源，当信息扩散达到稳态时，还有相当一部分节点不能获得安全信息，仍然处于未知状态，造成这些节点随时可能出现不安全的行为，从而使得整个网络处于巨大的风险之中。综上，合理地选择安全信息扩散源，将有效促进网络的结构本质安全。

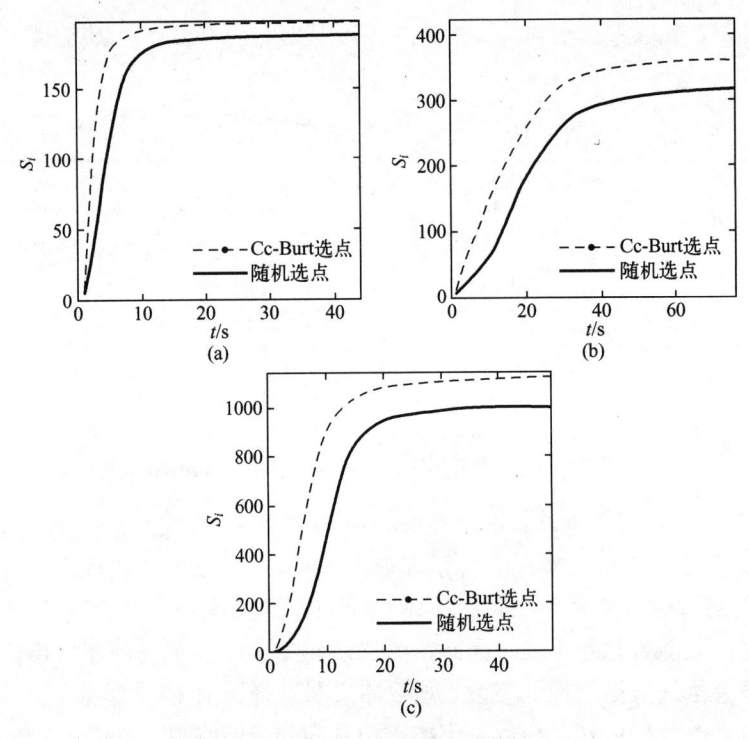

图 9.16 扩散源对网络结构本质安全的影响

(a) Jazz 网络；(b) Net-science 网络；(c) E-mail 网络。

9.4 三种复杂网络安全信息扩散影响仿真

9.4.1 安全信息扩散算法

当一个扩散态节点和其邻居有关联，同时这个邻居节点为已知态或未知态时，那么在一定的概率下进行安全信息的扩散。为方便分析，假设网络中节点的扩散距离均为一个距离长度，同时设定扩散态的节点有一定的概率转化为已知态，转化的概率与其关联的未知态节点数量和节点总数有关。具体的安全信息扩散规则如下。

规则 1 假定节点 $i \in R$，节点 i 与 j_k 关联，设 α_k、β_k、γ_k、λ_k、μ_k 为转化概率，则：

$$j_k \in D \begin{cases} \xrightarrow{\alpha_k} j_k \in S \\ \xrightarrow{\gamma_k} j_k \in R \\ \xrightarrow{1-\alpha_k-\gamma_k} j_k \in D \end{cases}$$

$$j_k \in S \begin{cases} \xrightarrow{\beta_k} j_k \in R \\ \xrightarrow{1-\beta_k} j_k \in S \end{cases}$$

规则 2 若节点 $i \in R$，则：

$$i \in R \xrightarrow{m=(q-p)/q} i \in S$$

式中，p 和 q 分别为与 i 关联的未知态节点个数和节点总数。

这里定义三个衡量安全信息扩散效果的指标：

1）在整个安全信息扩散的过程中扩散节点数量的峰值 R_{max}，它在一定水平上反映了安全信息扩散所形成的最大影响；

2）安全信息扩散结束后，即 $R = \varnothing$，已知态节点最终数目，记为 S_{final}；

3）完成一个安全信息扩散的周期 Total，即一个安全信息扩散所需的总时间。

利用不同网络结构以及安全信息扩散规则模拟安全信息在网络中的扩散效果。具体算法如图 9.17 所示。

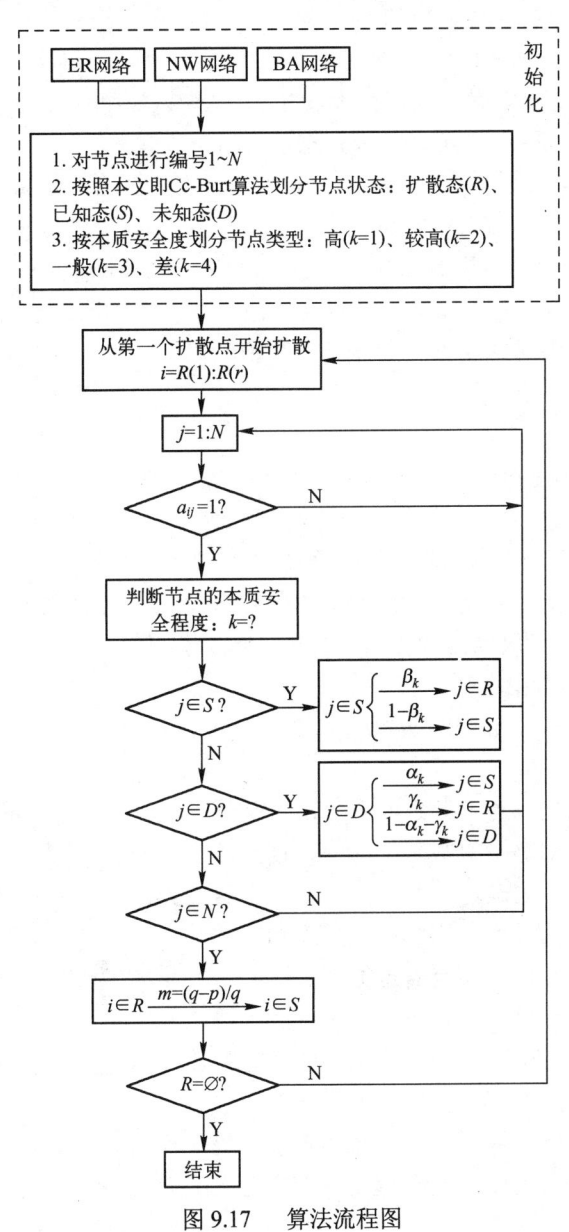

图 9.17　算法流程图

算法步骤如下：

步骤 1：构建装备维修组织网络。假设该网络由 100 个节点组成，根据不同的个体连接关系来构建该网络。

147

步骤2：初始化每个节点的状态。第一，进行编号；第二，根据 Cc-Burt 算法划分节点状态，因为现实情况，安全信息一般需要从影响力较大的节点扩散出去，所以初始网络中只有少量扩散态和已知态，其余均为未知态；第三，由表 9.2 数据划分节点类型。

步骤3：选择扩散集中的第 i 个扩散态节点开始扩散。

步骤4：令 j 依次遍历每个节点，若节点 i 与 j 关联，则进行步骤 5，否则继续遍历。

步骤5：判断节点本质安全度，本质安全度决定节点接收安全信息的能力（转化概率）。

步骤6：若 j 不是已知态，则进行步骤 7，否则 j 以概率 β 转为扩散态，以概率 $1-\beta$ 继续保持已知态，然后转步骤 4。

步骤7：若 j 不是未知态，则进行步骤 8，否则 j 以概率 α 转为已知态，以概率 γ 转为扩散态，以概率 $1-\alpha-\gamma$ 继续保持未知态，然后转步骤 4。

步骤8：若 $j=N$，则节点 i 以概率 m 转为已知态，否则转步骤 4。

步骤9：若 R 为空集，即没有节点再对该安全信息进行扩散，则结束，否则转步骤 3。

根据上述算法进行如下模拟和对比：改变维修人员的本质安全度，观察维修人员的本质安全度对安全信息扩散的影响；模拟安全信息分别在 ER 网络、NW 网络和 BA 网络中的扩散，观察维修人员网络结构安全信息扩散的影响。

9.4.2 初始状态影响

这里讨论的初始状态主要是每个节点的本质安全度的初始设定，表 9.2 的评价结果给出了现实情况下不同本质安全度的维修人员比例。按照这个比例将扩散态节点、已知态节点和未知态节点的本质安全度由高到低（状态设为 HL）和由低到高（状态设为 LH）依次设定，即初始将扩散态节点设为高本质安全度和初始将未知态节点设为高本质安全度的两种初始状态，分别在不同网络中观察两种初始状态的安全信息扩散效果，如图 9.18 所示。

从图 9.18 中可以看出：

（1）在不同网络中，节点的初始状态都不同程度地影响安全信息的扩散。

（2）节点的初始状态对 ER 随机网络和 NW 网络的影响仅限于对已知态节点数目的影响，而对扩散周期几乎没有影响，但是对 BA 网络来说，节点的初始状态不仅在很大程度上影响了已知态节点的数目，而且还极大地影响了安全信息扩散的周期。

（3）不管是在 ER 网络、NW 网络或者是 BA 网络中，如果初始状态设为 HL，那么不论在扩散过程中或者扩散结束后已知态节点的数目都会增多，也就是说，初始状态 HL 有利于安全信息的扩散，提高初始扩散源的本质安全度能使安全信息扩散达到更好的效果。

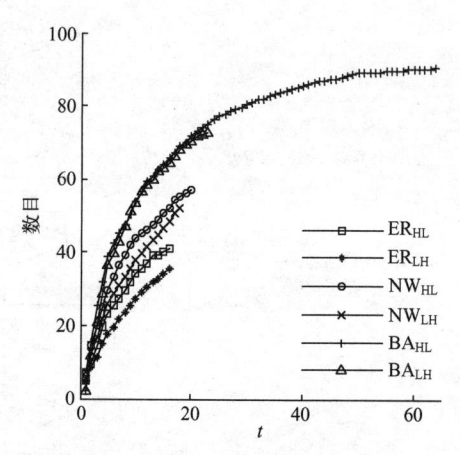

图 9.18 不同网络中两种初始状态的已知态节点数量变化

（4）这三种网络相比较，安全信息扩散在 BA 网络中的影响大于 NW 网络，在 NW 网络中的影响又大于 ER 网络。因此，为了扩大安全信息扩散范围，以下讨论均在初始状态为 HL 下进行。

9.4.3 本质安全度的影响

根据表9.2的评估结果设定不同本质安全度的维修人员比例，记为Normal，模拟了不同网络中安全信息在维修人员之间的扩散情况，如图9.19(a)~(c)所示。另外研究了其他四种极端假设中的安全信息扩散情况，极端假设情况分别为：

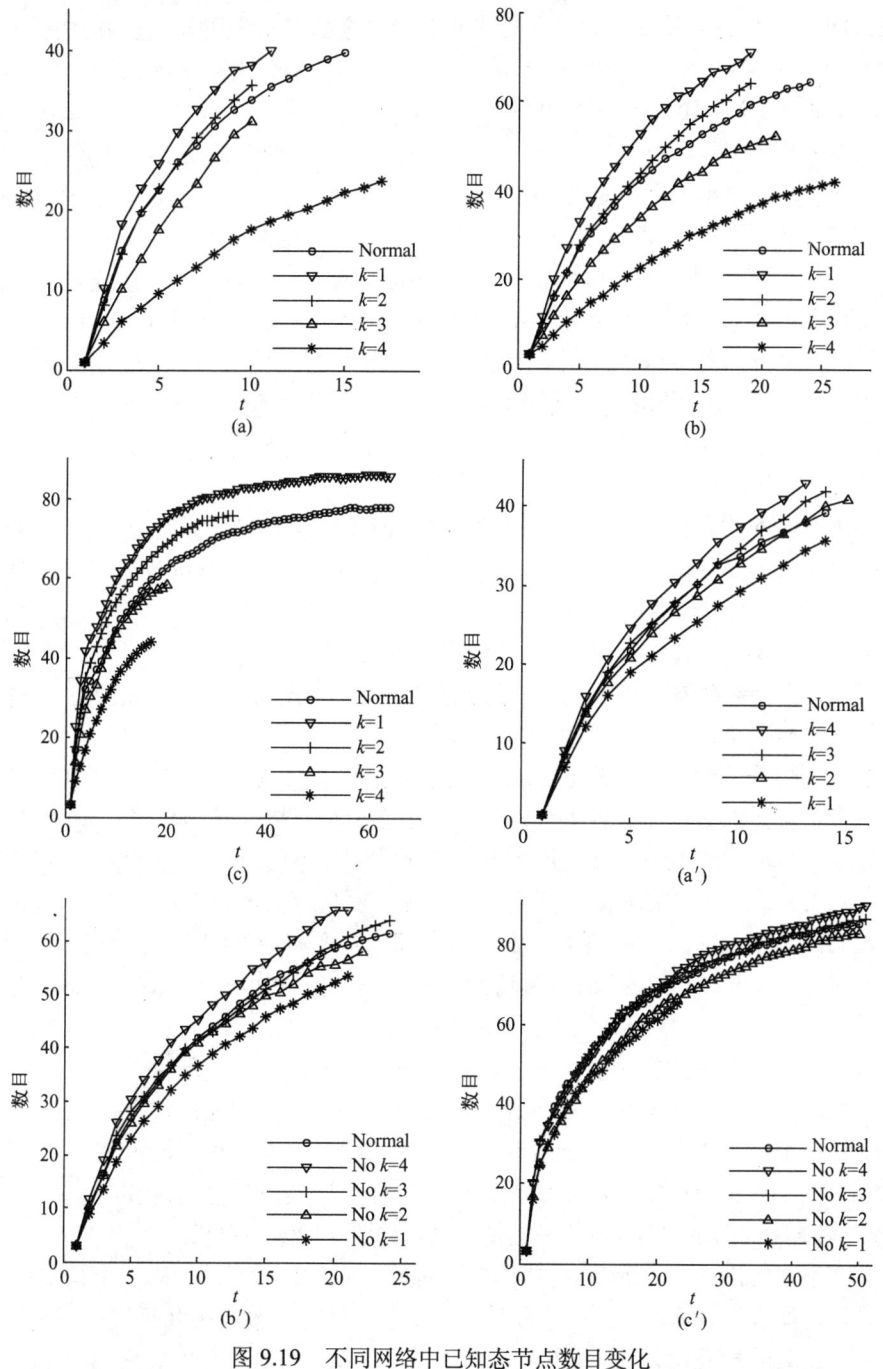

图9.19 不同网络中已知态节点数目变化

(a),(a′)为ER网络；(b),(b′)为NW网络；(c),(c′)为BA网络。

$k=1$：网络中全为本质安全度高的人；
$k=2$：网络中全为本质安全度较高的人；
$k=3$：网络中全为本质安全度一般的人；
$k=4$：网络中全为本质安全度差的人。

从图9.19(a)～(c)中可以看出：

(1) 网络中不同本质安全度的人员比例影响安全信息扩散的结果。在ER网络中，当全为本质安全度高的人时（$k=1$），$S_{final} \approx 40$，当全为本质安全度差的人时（$k=4$），$S_{final} \approx 24$，相差约为16。在NW网络中，$k=1$：$S_{final} \approx 72$；$k=4$：$S_{final} \approx 42$，相差约为30。而在BA网络中，$k=1$：$S_{final} \approx 87$；$k=4$：$S_{final} \approx 43$，相差约为44。说明在ER网络、NW网络和BA网络中不同本质安全度的人员比例对安全信息扩散的影响依次增大。

(2) 在ER网络中，人员本质安全度越高，安全信息扩散的速率越快，扩散结束后处于已知态的节点数量越多，说明扩散影响的范围越大。表明人的本质安全度越高越有利于安全信息的扩散，NW网络和BA网络与ER网络类似，这里不再赘述。

(3) 在ER网络和NW网络中，不同本质安全度的人员比例对安全信息扩散的周期影响不大，但是在BA网络中，不同本质安全度的人员比例对安全信息扩散的周期影响很大，本质安全度越高，安全信息的扩散周期越长，表明安全信息在BA网络中存在的周期越长。

(4) 在不同本质安全度的人员比例相同的情况下，在ER网络、NW网络和BA网络中，不论是在安全信息扩散过程中或者在扩散结束后，已知态节点数量依次增多，说明BA网络更有利于安全信息的扩散。

(5) 在不同的网络中，本质安全度差的人相比其他类型的人来说，对安全信息的扩散影响更大，当$k=4$时网络中的已知态节点数目相比Normal来说相差很大。说明本质安全度差的人会极大地减弱安全信息的扩散效果。

(6) 在扩散刚开始的一段时间内，BA网络中已知态节点数目上升快，之后变化缓慢，说明在安全信息扩散过程中，各集合中的节点数在BA网络中呈指数形式变化。相比BA网络，各集合里的节点数量在ER网络和NW网络中，呈线性形式变化。另外值得庆幸的是，按照表9.2估计的实际情况下机场不同本质安全度的维修人员比例（Normal），仿真结果表明，无论是在何种网络下，安全信息都能够在相应的网络中进行较好的扩散。

以上讨论了$k=1、2、3、4$的极端情况，为了使讨论更加充分，进行混合组合，混合情况如下：

No $k=1$：不存在本质安全度高的人，其余三种类型人数相同均占33%；
No $k=2$：不存在本质安全度较高的人，其余三种类型人数相同均占33%；
No $k=3$：不存在本质安全度一般的人，其余三种类型人数相同均占33%；
No $k=4$：不存在本质安全度差的人，其余三种类型人数相同均占33%。

ER网络、NW网络和BA网络中的情况分别如图9.19(a')～(c')所示。从图中可以看出：

(1) 在不同的网络中，$k=1、4$类型的人都比$k=2、3$类型的人对安全信息扩散的影响大，另外，如果缺少$k=2、3$类型的人，对安全信息的扩散效果几乎没有影响。

(2) 从影响的程度上来说，$k=1、4$类型的人在ER网络、NW网络和BA网络中的影响程度依次增大。其中，此两种类型的人对BA网络的影响最大，特别是在图9.19(c')

中，当没有本质安全度高的人时，此时不仅是在已知态节点数量上，而且是在周期上严重影响安全信息在 BA 网络中的扩散。

（3）从图 9.19(c)和 9.19(c′)中可以得出，在 BA 网络中，只要存在本质安全度高的人，就会使扩散周期变得很长，一旦没有本质安全度高的人，扩散周期就会立刻减少。但是在 ER 和 NW 网络中不会有这个现象。

9.4.4 网络结构的影响

图 9.20 描述的是按照表 9.2 的本质安全人员比例，在整个安全信息扩散过程中，ER 网络、NW 网络和 BA 网络中扩散态节点数量的变化。可以看出，NW 网络的 R_{max} 大于 ER 网络，而 BA 网络中的 R_{max} 约为 NW 网络中的 2 倍，也就是说安全信息在 BA 网络中扩散能引起更大的影响，进一步佐证了图 9.20 的结果。当网络平均路径长度相同的情况下，在 BA 网络中安全信息扩散影响的范围更大，且安全信息在 BA 网络中存在的时间也较长。

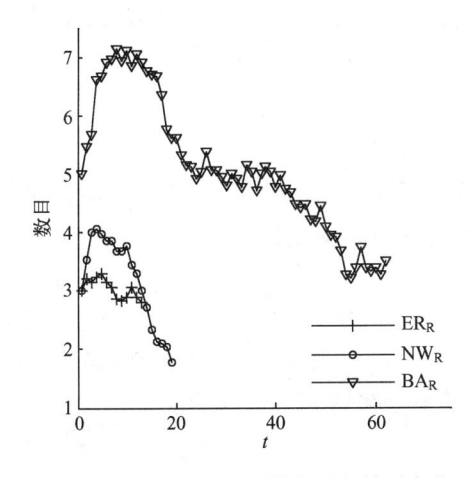

图 9.20 不同网络中扩散态节点数目变化

第 10 章 复杂装备服役安全性事后分析——事故 Bow-tie 模型分析

Bow-tie 模型是近年提出的一种新型事故分析模型，在直观性、有效性上具有其独特优势。本章基于 Bow-tie 建模理论，构建前轮转弯系统 Bow-tie 模型，进一步开展事故分析和定量计算，提出基本事件对后果事件影响的定量风险分析方法，得到后果事件风险矩阵，为装备事故重要度的定量分析打下基础。

10.1 Bow-tie 模型基本理论

10.1.1 Bow-tie 模型的概念

Bow-tie 模型（又称领结图模型），是一种将事故产生原因、可能导致的后果、事故产生的预防措施、事故后果的控制措施等诸多因素综合到一起对事故进行风险分析的方法。

Bow-tie 模型将故障树和事件树各自的优点结合到一起，弥补了它们的不足之处，不仅能够从定性的角度对风险源进行有效识别，而且能够从定量的角度对事故的动态发展过程进行分析计算，找出事故发展过程中的薄弱环节，为事故预防措施和控制措施的制定提供新的思路。

Bow-tie 模型的左侧是故障树，通过故障树的相关符号表述事故的主要产生原因，识别系统的风险源，计算顶事件的发生概率，并针对不同的风险源分别提出相应的有效预防措施；Bow-tie 模型的右侧是事件树，以顶事件为起点，按照事件树的分析方法对后续可能产生的后果进行推演，并针对可能产生的后果提出行之有效的控制措施，以避免或降低事故可能带来的损失，也可以进行定量分析，估算各后果事件的发生概率，得到后果事件风险分布矩阵。图 10.1 是 Bow-tie 模型的示意图。

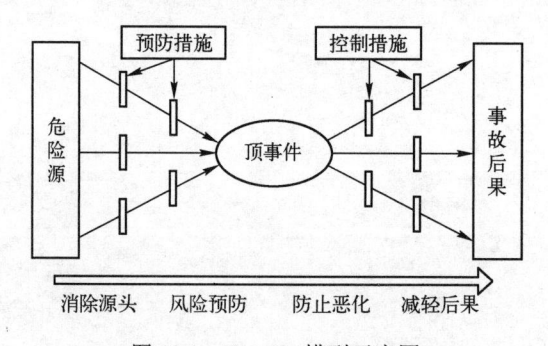

图 10.1 Bow-tie 模型示意图

10.1.2 Bow-tie 模型的技术原理

Bow-tie 模型首次以事故的危险源为出发点，分析事故的产生原因，并进一步分析事故可能造成的后果，对不同事故致因提出针对性的预防措施，针对可能产生的事故后果提出控制措施。Bow-tie 模型从全局角度对事故的发生进行分析控制，将事故的预防与应急响应措施统一成整体。合理运用故障树和事件树对事故的前因后果进行分析，不仅能够从定性的角度识别出导致事故发生的危险源以及事故可能产生的各种后果，还可以从定量的角度分析事故每个发展阶段、不同后果的发生概率，全面了解事故的整个发展过程，并且能够分析事故各个环节中的关键节点，为事故防控措施的制定提供理论依据。

10.1.3 Bow-tie 模型的优势

实际工作中，直接分析、预测装备事故的发生是十分困难的。但随着信息化程度的提升，引发各类装备事故产生的事件诱因统计日益完善，如果能够建立可以表述各基本事件与事故后果之间关系的理论模型，打通危险源与事故后果之间的关系，不仅可快速、准确地对各类装备事故实施分析、预测，还能有针对性地提出预防对策和控制措施，减少事故发生量，降低事故后果严重等级。

Bow-tie 模型将风险的识别、分析、评估、控制以及管理这些信息集中到一张 Bow-tie 图，具有较高的适用性，既可以对事故的预防起促进作用，也可以对事故发生后控制措施的制定提供指导。

Bow-tie 模型具有易于使用、可操作性强以及高度的可视化等优势，能够直观展示事故的产生原因、预防措施、可能造成的后果、控制措施以及干扰因素等信息。在 Bow-tie 模型中，故障树侧重于事故产生原因的分析，事件树侧重于对事故后果严重性的推导，得到概率估计值。该模型将故障树和事件树统一成一个整体，能够弥补故障树和事件树的不足，完善风险矩阵分析结果准确性，有效提升风险管控效率。借助 Bow-tie 模型可以详细识别事故发生的前因后果，准确定位预防措施、控制措施的具体位置，进行重点性的防控，并允许在风险管理过程中进行实时处理，有效提升事故的预防效果和事故后果处置能力，将事故的风险等级控制在可接受范围内。

10.1.4 安全屏障

运用 Bow-tie 模型实施风险分析的主要目的是进行风险管控，Bow-tie 分析过程中所提出的风险预防措施和控制措施能够有效提升风险管控效率，这些措施又称作安全屏障。

安全屏障的起源是 James Reason 的奶酪模型。安全屏障的防范体系像奶酪一样存在一些不可避免的漏洞，并不能完全杜绝事故的发生，这些可能导致事故防范措施失效的孔洞称为隐形失效条件（即 Bow-tie 模型防控措施的干扰因素）。由于安全屏障中存在这些隐形失效条件，所以在制定防控措施时会制定多个安全屏障来提升系统的安全性。当这些孔洞出现对齐状态时，所有屏障都失去了防护效能，此时，模型从隐性的失效状态转变为显性的故障状态，最终导致事故发生。

能量模型和过程模型是安全屏障的理论基础。安全屏障在能量模型中的作用是把人和危险源分隔开来；过程模型将事故的发展过程划分为若干阶段，每一个阶段之间为阻止事故发生所采取的各种措施就是安全屏障。

安全屏障的分类如表 10.1 所示。

表 10.1 安全屏障的分类

分类依据	详细分类	描述	举例
按发生作用时间区分	预防屏障	在某一事件发生之前起作用，用于防止此事件的发生	倒车雷达
	控制屏障	在某一事件发生之后起作用，用于避免或者减小危险事件带来的不良后果	安全气囊
按起作用方式区分	被动屏障	在预防和控制事故的过程中，不需要认为操作和状态转换就能起作用的屏障	防火防爆墙
	主动屏障	需要人为操作或者控制实现转换状态以实现其功能的屏障	灭火系统
埃里克分类	实体型屏障	实体型屏障即物理屏障	门，防护栏
	功能型屏障	功能型屏障都是主动型的	锁，密码
	符号型屏障	符号型屏障需要具体解释	反光柱，警告标志
	无形屏障	无形屏障不是具体的屏障，它更像一个强制性的规则	法律，安全指南

10.2 Bow-tie 模型构建过程

通过对事故资料进行分类梳理，构建前轮转弯系统的 Bow-tie 模型可以对该系统导致事故发生的根本原因以及事故后果进行科学分析，并能够探索预防事故发生、降低事故后果严重程度的有效防控措施。因此，构建前轮转弯系统 Bow-tie 模型，分析导致前轮转弯系统故障的根本原因和可能导致的事故后果，制定预防事故发生、低事故后果严重等级的防控措施。

10.2.1 构建 Bow-tie 模型的步骤

1. Bow-tie 模型基本要素

Bow-tie 模型包括 5 个基本要素：

（1）顶事件：Bow-tie 模型进行分析的具体事故对象。

（2）事故原因：导致事故发生的根本原因。

（3）事故后果：事故发生可能产生的人员、装备、经济等方面的损失。

（4）预防措施（预防屏障）：针对事故产生原因采取的防范措施。

（5）控制措施（控制屏障）：以降低事故损失为目的，采取的缓解措施。

2. Bow-tie 模型构建步骤

Bow-tie 模型的具体分析流程如图 10.2 所示。

（1）首先确定要进行 Bow-tie 模型分析的对象，即顶事件。例如：本书将"前轮转弯系统"作为顶事件进行 Bow-tie 建模。

（2）分析与顶事件相关的事故资料，梳理出导致该系统产生故障的根本原因。例如：对事故资料分析确定出导致前轮转弯系统故障的原因是轮胎爆破、飞机侧滑、摆振等。

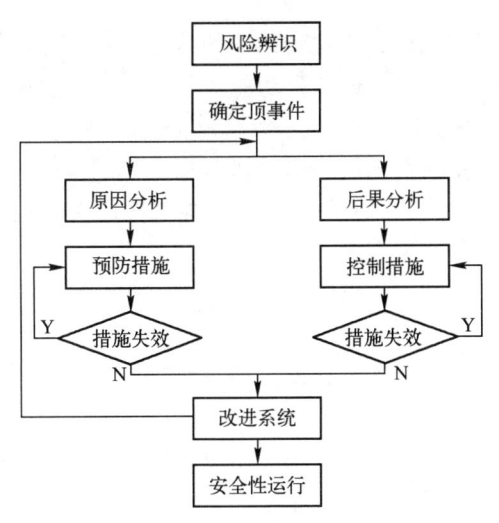

图 10.2 Bow-tie 分析流程图

（3）根据分析出的事故产生原因，制定相应的预防措施。例如：预防轮胎爆破的有效措施是定期检查机轮气压、起飞前检查轮胎定位状态等。

（4）分析上一步确定的预防措施是否存在导致其失效的影响因素，作为预防措施的干扰因素。例如：检查定位状态的干扰因素是定位仪灵敏度降低。

（5）对事故资料进行分析确定顶事件发生可能导致的事故后果。例如：前轮转弯系统故障可能导致飞机冲出跑道。

（6）针对可能发生的后果事件制定相应的控制措施，降低后果事件发生概率，减少事故损失。例如：增设隔离网；塔台指挥机场其他飞机、车辆进行避让等措施，可以有效降低飞机冲出跑道的可能性。

（7）确定控制措施的干扰因素。例如：塔台指挥员缺乏应急处置经验，导致现场控制措施采取不及时，造成更为严重的事故后果。

10.2.2 前轮转弯系统 Bow-tie 模型构建

10.2.2.1 前轮转弯系统安全性分析

1. 概述

大量事故资料统计表明：约有 50%的不安全事件发生在飞机的起飞和着陆阶段。飞机的前轮转弯操纵系统是实现飞机起飞和着陆滑行过程中方向操控的关键部件，前轮转弯系统除了给飞机提供方向变化以外，还可以提供减摆功能。前轮转弯系统对于改善飞机刹车的使用寿命，抗侧风起降以及轮胎爆破都起到了至关重要的作用。

2. 系统组成

前轮转弯控制系统是一个闭环随动系统，系统由双作动筒作动，依靠电液伺服进行控制，实现电传操纵和位置反馈功能。该系统可以在低速滑行状态下实现大角度转弯，在中高速滑行状态下实现小角度的滑行方向修正功能，在飞机的高速滑行过程中通过提供合适的液压阻尼实现前轮转弯系统的减摆功能。

前轮转弯系统主要由方向舵脚蹬，转弯手轮，转弯控制单元（SCU），伺服阀、旁通阀、电磁阀等控制阀组件以及作动筒组件构成。方向舵脚蹬和转弯手轮负责控制飞机转弯系统的指令输入。转弯控制单元实现传感器的信号输入，并对信号进一步处理，将指令发送到转弯液压阀组件，实现前轮转弯功能。

3. 系统操纵原理和模式分析

转弯手轮或方向舵脚蹬对前轮转弯系统进行指令控制，起落架的转弯臂组件通过弹簧转弯操纵杆与方向舵脚蹬的扭力管进行连接，能够实现大约左右偏转10°的方向控制，结合刹车使用，最大可以获得左右30°的偏转角。

前轮转弯系统主要有三种工作模式，即：转弯操纵模式、失效安全模式和维护模式。

1) 转弯操纵模式

转弯功能的实现主要有三种方式，即：通过手轮控制转弯、通过方向舵脚蹬控制转弯以及自由转向。

手轮转弯方式：飞机处于低速滑行状态下可以通过对手轮的操纵实现飞机大角度的转弯，飞机具有良好的地面方向操纵性能。

方向舵脚蹬转弯方式：飞机处于高速滑行状态下可以通过操纵方向舵脚蹬实现飞机的小角度方向修正功能。

自由转向：飞机的转弯控制单元在这个状态下会切断对转弯控制阀组件中电磁阀的供电，作动筒之间的油液互通，实现前轮自由转向。前轮出现摆振状态时转弯控制阀内的节流阀可以产生液压阻尼，起到减摆的作用。

2) 失效安全模式

失效安全模式是针对前轮转弯系统设计的一种保护性工作模式。当转弯控制单元监测到飞机的转弯状态出现失效信号后，立即停止对电磁阀的电力供应，同时将伺服阀归位，迫使前轮进入自由转向状态。

3) 维护模式

前轮转弯系统接收到来自飞机中央维护系统发出的维护请求后，系统会转入维护模式。在这个模式下，可以对前轮转弯系统的机载软件进行升级、更新数据等操作，也可以进行传感器校准等维护保养工作。

4. 系统故障形式

前轮转弯系统的主要故障形式有以下4种：

（1）转弯功能失效，不能通过手轮或脚蹬对飞机进行转弯操纵，但是系统仍然处于自由定向状态、前轮随动的安全模式下。此时，位于低速滑行状态可以使用差动刹车进行转弯操纵，位于中高速滑跑阶段时可以使用方向舵对飞机的行进方向进行小角度纠正。

（2）转弯功能丧失，前轮不能进行偏转，脱离随动状态。

（3）转弯性能下降，可以进行转弯操纵，但是转弯的实际角度和系统转弯操纵指令信号之间存在一定偏差。

（4）非指令转弯，飞行员未对飞机进行转弯操纵时，前轮出现转弯动作。

10.2.2.2 前轮转弯系统 Bow-tie 模型要素分析

通过对前轮转弯系统的相关事故资料进行梳理，结合前轮转弯系统的安全性分析结论，按照建立 Bow-tie 模型具体分析步骤，确定出前轮转弯系统 Bow-tie 模型的5个基本要素。顶事件"前轮转弯系统故障"，事故原因主要有"摆振现象""轮胎爆破""方向失控""飞机跑偏""飞机侧滑""操纵卡阻"和"空中蹬舵重、大角度转弯"等，顶事件发生可能带来的后果主要有"飞机停留在跑道上""飞机冲出跑道""起落架受损飞机迫降"以及"飞机相撞"等。

事故原因的预防措施分析如下：

（1）"摆振现象"的预防措施主要包含：检查作动筒是否漏油；更换活塞胶圈；检查减摆助力器传动机构螺栓；清除减摆系统管路内的空气；检查减摆电磁阀性能；调整减摆防扭臂间隙；调整前轮支撑衬套和机轮之间的间隙。

（2）"轮胎爆破"的预防措施主要包含：起飞前检查前轮定位状态；改进转弯减摆助力器的负开口滑阀，解决负开口滑阀容易卡滞于不灵敏区问题；定期检查机轮气压；对滑阀操纵力进行调整。

（3）"方向失控"的预防措施主要包含：对卡阻手轮进行润滑；对重要度较高、故障频发的组件增加冗余度；更换传感器组件；更换断裂活塞杆。

（4）"飞机跑偏"的预防措施主要包含：机械部件润滑；定期清理油污；定期检查钢索强度；加强机场驱鸟力度；更换传感器（RVDT）；更换疲乏的回位弹簧；消除操纵系统在安装过程中产生的预紧力。

（5）"飞机侧滑"的预防措施主要包含：前轮操纵角不宜过大；控制转弯速度，防止过快。

（6）"操纵卡阻"的预防措施主要包含：机械部件润滑；更换轴套；更换转弯铜衬套内的轴瓦；特殊环境下检查部件漏水结冰情况。

（7）"空中蹬舵重、大角度转弯"的预防措施主要包含：机械部件润滑；重新安装错位作动筒；检查传感器性能。

事故后果的控制措施分析如下：

（1）"飞机停留在跑道上"的控制措施主要包含：刹车，收油门；开启减摆/转弯电门修正方向；避让飞机、建筑物。

（2）"飞机冲出跑道"的控制措施主要包含：刹车，收油门；开启减摆/转弯电门修正方向；操控飞机朝向隔离网；塔台指挥其他飞机避让。

（3）"飞机相撞"的控制措施主要包含：刹车，收油门；开启减摆/转弯电门修正方向；塔台指挥其他飞机避让；启动消防措施。

（4）"起落架受损飞机迫降"的控制措施主要包含：刹车，收油门；开启减摆/转弯电门修正方向；塔台指挥其他飞机避让；增设隔离网避免飞机冲出跑道；启动消防措施。

上述建立的预防措施和控制措施，需要分析干扰因素，并针对干扰因素给出具体的防控措施。具体干扰因素分析如下：

（1）检查前轮定位状态的干扰因素为定位仪自身灵敏度降低，针对干扰因素制定的控制措施是定期对相关监测设备进行检修。

（2）塔台指挥的干扰因素是缺乏特情处置经验，对应控制措施为加强业务培训，注重日常特情演练。

（3）消防措施启动的干扰因素是消防人员处置特情经验不足，对应控制措施为进行安全保障培训、加强日常特情处置训练。

10.2.2.3 前轮转弯系统 Bow-tie 模型图

根据前轮转弯系统 Bow-tie 模型构建要素的分析结果，绘制前轮转弯系统 Bow-tie 模型图，具体情况如图 10.3 所示。

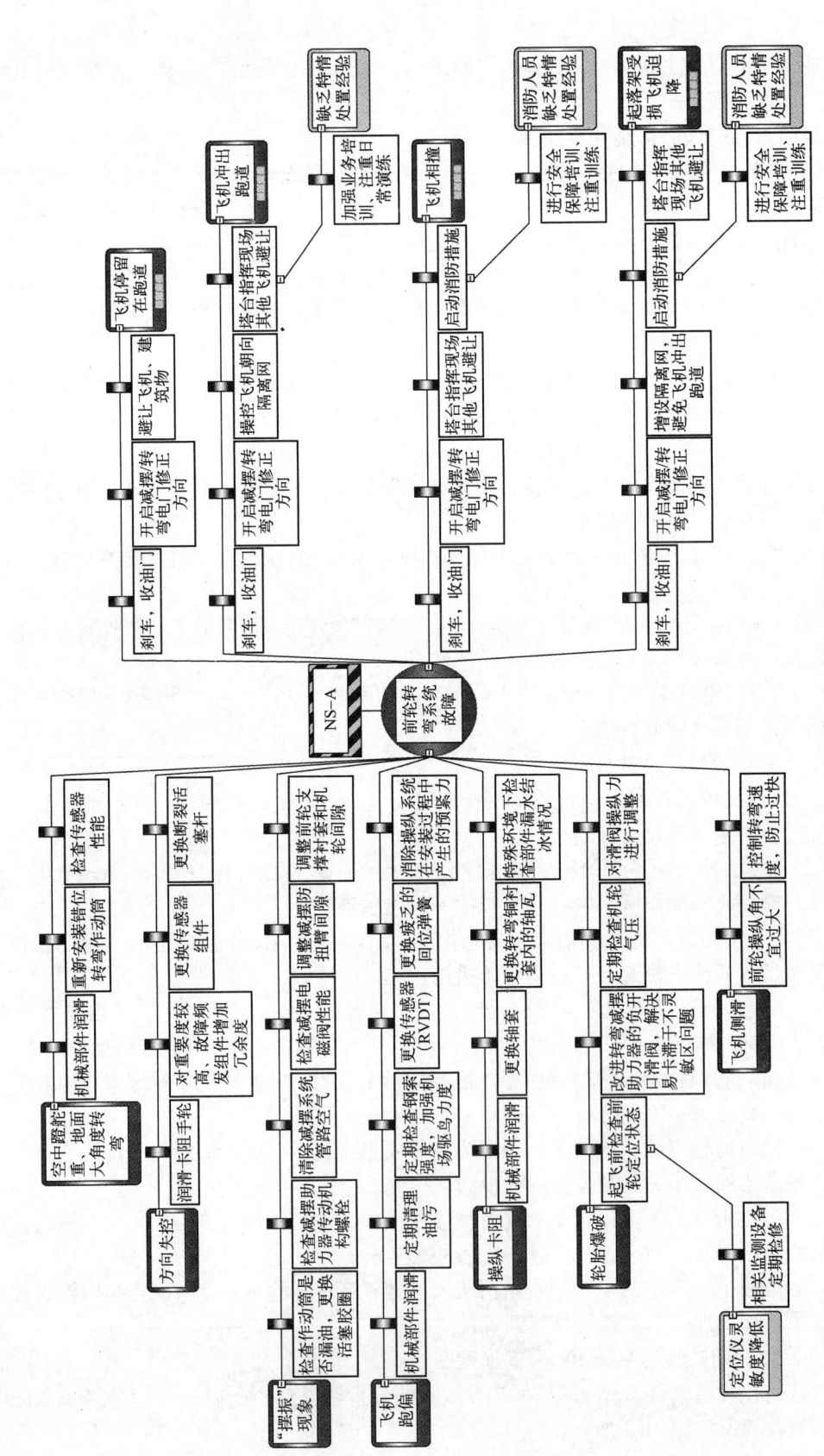

图 10.3 "前轮转弯系统" Bow-tie 模型图

至此，前轮转弯系统的 Bow-tie 模型已经构建完成，模型中提出的预防措施和控制措施是飞行人员和机务维修保障人员在日常飞机使用和维护过程中需要特别注意的地方。风险的存在是必然的，通过 Bow-tie 模型的分析制定出合理的事故防控措施，能够减少事故发生，降低事故后果风险等级，尽可能地将风险控制在"可接受程度"范围之内。

Bow-tie 模型对事故危险源进行分析并制定防控措施可以有效降低事故发生的可能性。但是预防措施和控制措施的制定是有限度的，屏障的设置必然带来人力物力上的消耗；屏障的有效性和建立屏障的代价并不一定成正比，针对一些特殊风险，屏障的实际效果并不一定理想；屏障的设置需要多个部门、体系协同合作才能发挥最大功效。

10.3 Bow-tie 模型的定量分析

针对已经构建好的 Bow-tie 模型可以进行定性和定量的相关分析计算。Bow-tie 模型主要优势是将故障树和事件树的优点整合到一起，实现对事故的全面分析。当前，针对 Bow-tie 模型的定量分析研究多数是以故障树和事件树的计算规则为基础进行延伸，分别对基本事件和后果事件进行定量分析，并没有展现出 Bow-tie 模型从全局角度对事故进行分析的优势。实现从事故诱因到后果的直观量化计算，可以有效提高事故分析的准确度和直观性。本节以能够在定量分析过程中体现出 Bow-tie 模型的优势为目的，提出了 Bow-tie 模型基本事件到后果事件的定量分析方法，对构建的前轮转弯系统 Bow-tie 模型进行全局性定量分析，得到了后果事件风险矩阵。

10.3.1 基本事件到后果事件定量分析方法

对 Bow-tie 模型进行定量分析所涉及的事件分为五类，分别定义为：基本事件 BE、关键事件（顶事件）CE、中间事件 IE、环节事件（控制措施）SE 以及后果事件 OE，如图 10.4 所示。

1. 中间事件概率计算

若基本事件的发生概率已知，且假定基本事件和环节事件互为独立事件，则可以根据基本事件概率以及基本事件之间的逻辑关系计算出中间事件 IE 的发生概率值。各类典型逻辑门在 Bow-tie 模型中的计算规则定义如下。

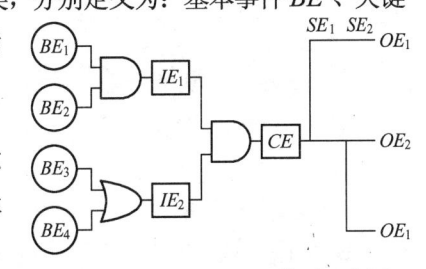

图 10.4 典型 Bow-tie 模型示意图

（1）对于由"与"门关系组成的中间事件发生概率可表示为：

$$p_{\text{AND}}^{IE} = \prod_{i=1}^{n} p_i^{BE} \tag{10.1}$$

式中，n 为组成逻辑门基本事件的个数；p_i^{BE} 表示基本事件 BE_i 的发生概率。

（2）对于由"或"门关系组成的中间事件发生概率可表示为：

$$p_{\text{OR}}^{IE} = 1 - \prod_{i=1}^{n}(1 - p_i^{BE}) \tag{10.2}$$

（3）对于由"表决门"关系组成的中间事件发生概率可表示为：

$$p_{k/n}^{IE} = \begin{cases} C_n^k \prod_{i=1}^{k} p_i^{BE}, & \sum_{i=1}^{n} x_i \geqslant k \\ 0, & \sum_{i=1}^{n} x_i < k \end{cases} \tag{10.3}$$

（4）对于由"功能相关门"关系组成的中间事件发生概率可表示为：

$$p_{FDEP}^{IE} = p_{FDEP}^{IE}\{\min(T_1,T_2) \leqslant t\} = 1-(1-p_{x_1(t)}^{BE})(1-p_{x_2(t)}^{BE}) = p_{x_1(t)}^{BE} + p_{x_2(t)}^{BE} - p_{x_1(t)}^{BE}p_{x_2(t)}^{BE} \quad (10.4)$$

式中，p_{FDEP}^{IE} 表示功能相关门在 t 时刻有输出的概率；T_i 和 $p_{x_i(t)}^{BE}$ 表示事件的触发时间和动态概率，其中 $i=1,2$。

（5）对于由"热储备门"关系组成的中间事件发生概率可表示为：

$$p_{HSP}^{IE} = p_{HSP}^{IE}\{\min(T_1,T_2) \leqslant t\} = p_{x_1(t)}^{BE} p_{x_2(t)}^{BE} \quad (10.5)$$

（6）对于由"温储备门"关系组成的中间事件发生概率可表示为：

$$\begin{aligned} p_{WSP}^{IE} &= p_{WSP}^{IE}\{\min(T_1,T_2) \leqslant t\} = 1 - p_{WSP}^{IE}\{\min(T_1,T_2) > t\} \\ &= 1 - [p_{WSP}^{IE}\{T_1 > t\} + p_{WSP}^{IE}\{T_1 \leqslant t\}p_{WSP}^{IE}\{\max(T_1,T_2) > t | T_1 \leqslant t\}] \\ &= p_{x_1(t)}^{BE} \int_0^t (1 - p_{x_2(t)}^{BE}) p_{x_1(t-x)}^{BE} \mathrm{d}p_{x_1(t)}^{BE} \end{aligned} \quad (10.6)$$

（7）对于由"冷储备门"关系组成的中间事件发生概率可表示为：

$$p_{CSP}^{IE} = p_{CSP}^{IE}\{T_1 + T_2 \leqslant t\} = \int_{t_2=0}^{t}\int_{t_1=0}^{t_2} p_{x_1(t_1)}'^{BE} p_{x_2(t_2)}'^{BE} \mathrm{d}t_1 \mathrm{d}t_2 \quad (10.7)$$

（8）对于由"顺序相关门"关系组成的中间事件发生概率可表示为：

$$p_{SEQ}^{IE} = p_{SEQ}^{IE}\{T_1 \leqslant T_2 \leqslant \cdots \leqslant T_n \leqslant t\} = \int_{t_1=0}^{t}\int_{t_2=t_1}^{t}\cdots\int_{t_n=t_{n-1}}^{t} \mathrm{d}p_{x_n(t_n)}^{BE}\cdots \mathrm{d}p_{x_2(t_2)}^{BE}\mathrm{d}p_{x_1(t_1)}^{BE} \quad (10.8)$$

（9）对于由"优先与门"关系组成的中间事件发生概率可表示为：

$$p_{PAND}^{IE} = p_{PAND}^{IE}\{T_1 \leqslant T_2 \leqslant t\} = \int_{t_1=0}^{t}\int_{t_2=t_1}^{t} \mathrm{d}p_{x_1(t_1)}^{BE}\mathrm{d}p_{x_2(t_2)}^{BE} = \int_{t_1=0}^{t}[p_{x_2(t)}^{BE} - p_{x_2(t_1)}^{BE}]\mathrm{d}p_{x_1(t_1)}^{BE} \quad (10.9)$$

2. 关键事件概率计算

对于 Bow-tie 模型而言，关键事件 CE 的发生概率 p^{CE} 可以通过基本事件和中间事件之间的逻辑关系进行计算得出。

3. 后果事件概率计算

Bow-tie 模型的主要优势是体现出基本事件到后果事件的连通性，分析后果事件的发生概率，通过对基本事件 BE_i（故障树）的分析最终得到后果事件 OE_i（事件树）的发生概率。假设到达后果事件 OE_i 共有 l 个分支，p_j^{SE} 为每个分支上各个环节事件 SE 的发生概率（环节事件发生 n 取 1，环节事件不发生 n 取 0），确定后果事件之间的逻辑关系可以对后果事件发生概率进行计算。

后果事件 OE_i 分支 k 的发生概率（与分支 k 相关的环节事件 m 个）为：

$$p_{i/k}^{OE} = p^{CE}\prod_{j=1}^{m}\left(p_j^{SE}\right)^n\left(1-p_j^{SE}\right)^{1-n} \qquad n=0,1 \quad k=1,2,\cdots,l \quad (10.10)$$

则后果事件 OE_i 的发生概率为：

$$p_i^{OE} = \sum_{k=1}^{l} p_{i/k}^{OE} \quad (10.11)$$

Bow-tie 模型故障树中基本事件个数设为 n，事件树分支设为 m 个，则后果事件 OE_i 的发生概率计算公式为：

$$p_i^{OE} = f(p_1^{BE}, p_2^{BE}, \cdots, p_n^{BE}, p_1^{SE}, p_2^{SE}, \cdots, p_{m\times l}^{SE}) = f(\boldsymbol{p}^{BE}, \boldsymbol{p}^{SE}) \tag{10.12}$$

为叙述方便，以图 10.4 所示的一个简化 Bow-tie 模型为例，基本事件 BE_1，BE_2，BE_3，BE_4 的发生概率定义为 p_1^{BE}，p_2^{BE}，p_3^{BE}，p_4^{BE}，后果事件 OE_1 和 OE_2 共有三个分支，每个分支上均有相应的环节事件 SE_1 和 SE_2，环节事件的发生概率分别为 p_1^{SE} 和 p_2^{SE}，则环节事件失效概率为 $1-p_1^{SE}$ 和 $1-p_2^{SE}$，后果事件 OE_1 和 OE_2 发生概率可以记为如下公式：

后果事件 OE_1 发生概率：

$$p_1^{OE} = [p_1^{SE} p_2^{SE} + (1-p_1^{SE})(1-p_2^{SE})][p_1^{BE} p_2^{BE}(1-p_3^{BE})(1-p_4^{BE})] \tag{10.13}$$

后果事件 OE_2 发生概率：

$$p_2^{OE} = (1-p_1^{SE}) p_2^{SE} p_1^{BE} p_2^{BE}(1-p_3^{BE})(1-p_4^{BE}) \tag{10.14}$$

10.3.2 Bow-tie 模型的故障树、事件树表示

在 10.2.2 节已经对前轮转弯系统进行了安全性分析，建立了系统 Bow-tie 模型，分析了导致前轮转弯系统发生故障的基本诱因和事故可能引发的后果，并提出了针对性的预防措施和控制措施。以这些分析为基础，结合进行故障树和事件树分析的具体要求，建立某机型前轮转弯系统由故障树和事件树组成的 Bow-tie 模型样式，如图 10.5 所示。

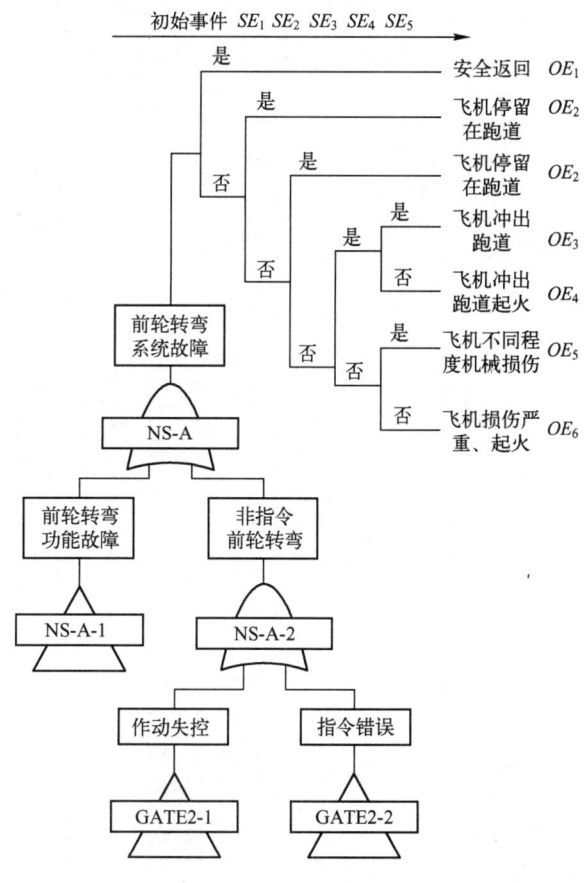

图 10.5 "前轮转弯系统"故障树、事件树（部分）

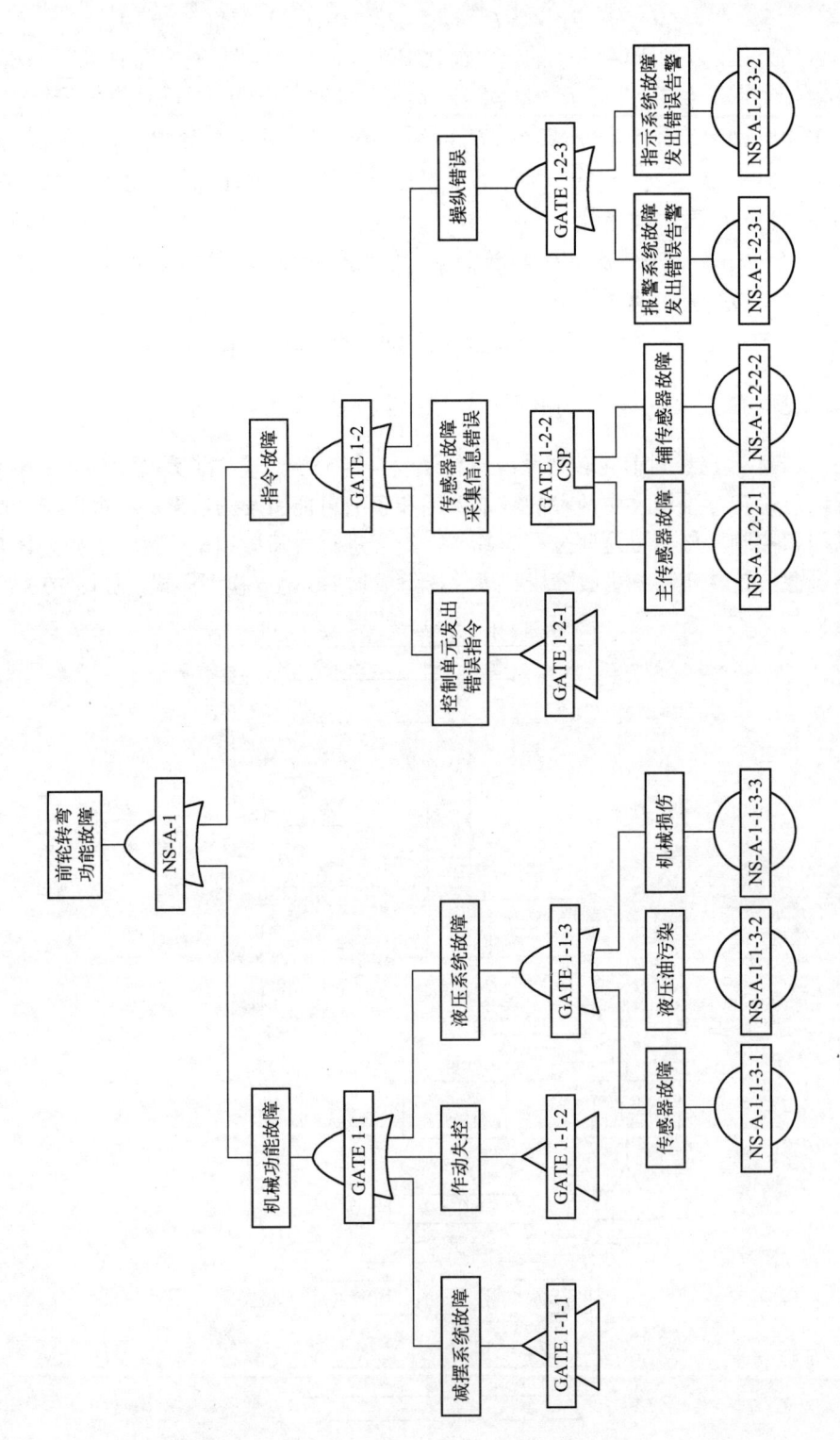

图 10.5 "前轮转弯系统"故障树、事件树（续图）

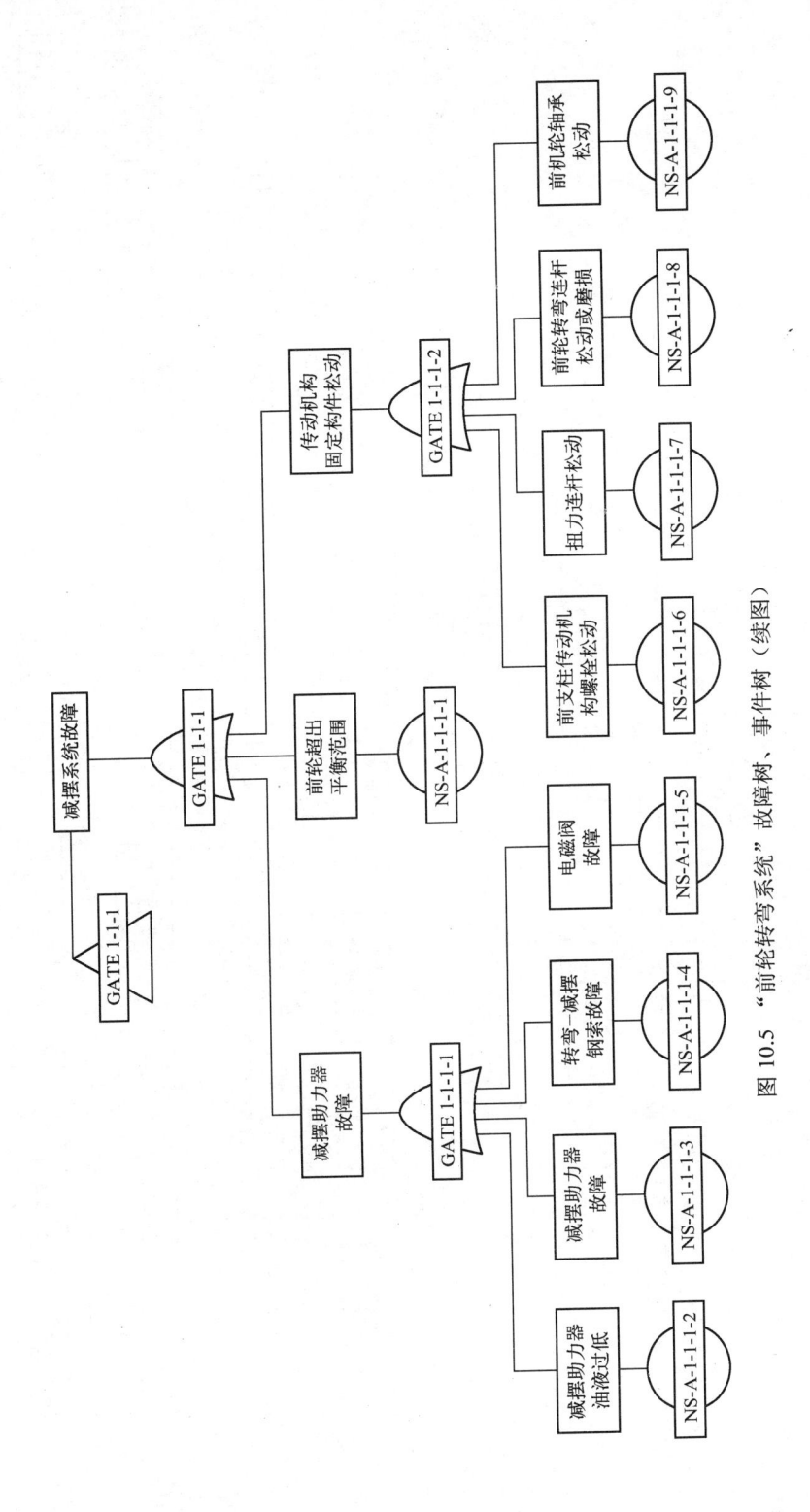

图 10.5 "前轮转弯系统"故障树、事件树（续图）

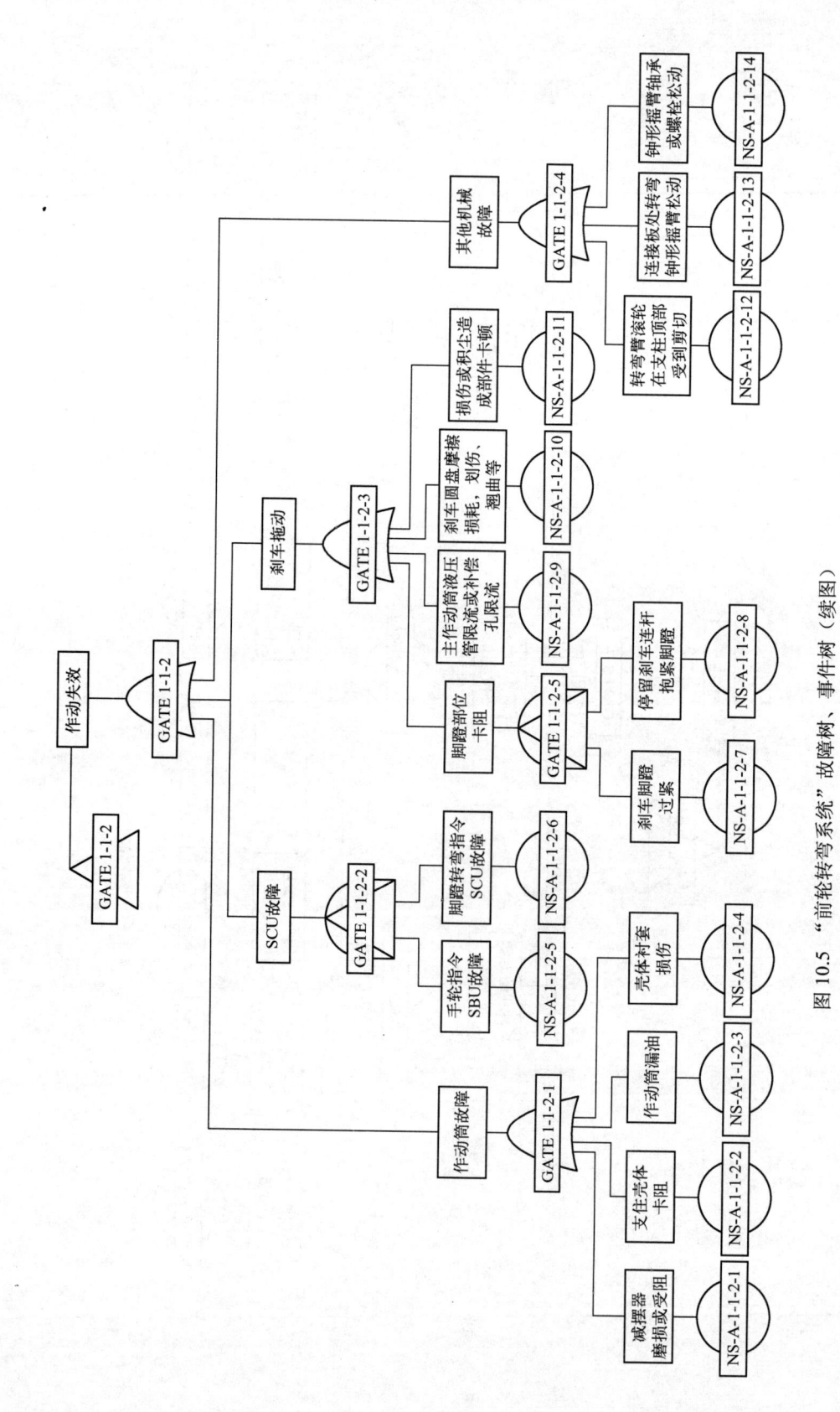

图 10.5 "前轮转弯系统"故障树、事件树（续图）

图 10.5 "前轮转弯系统"故障树、事件树（续图）

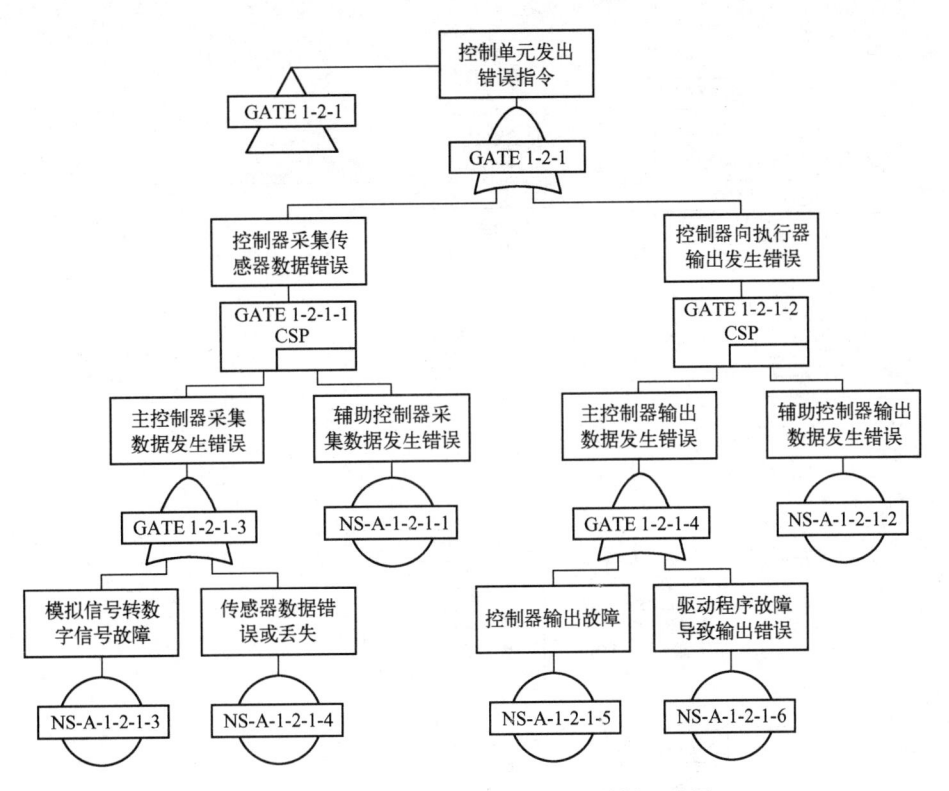

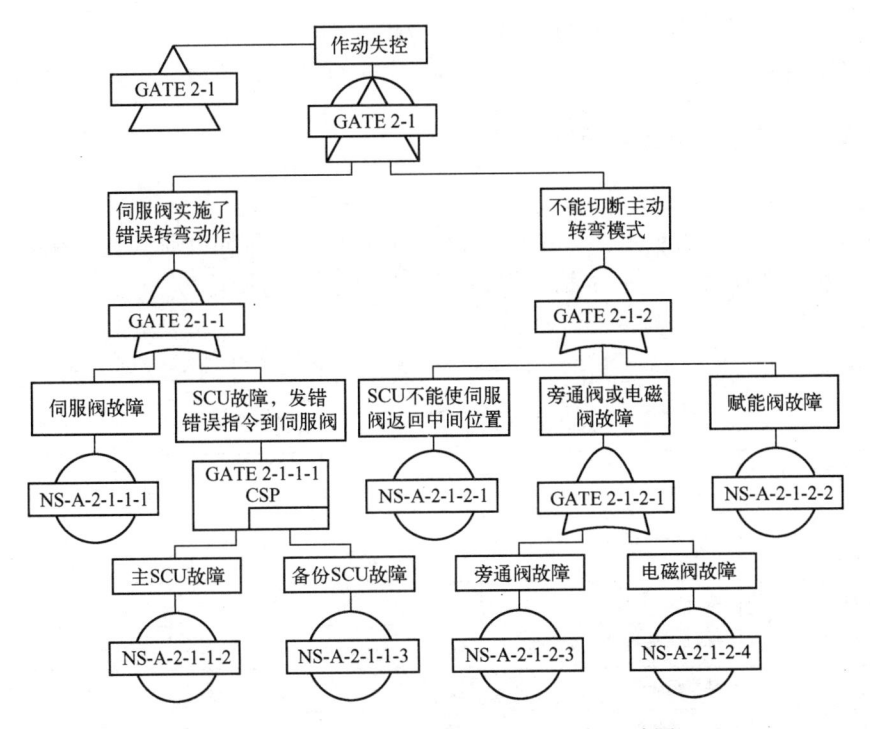

图 10.5 "前轮转弯系统"故障树、事件树（续图）

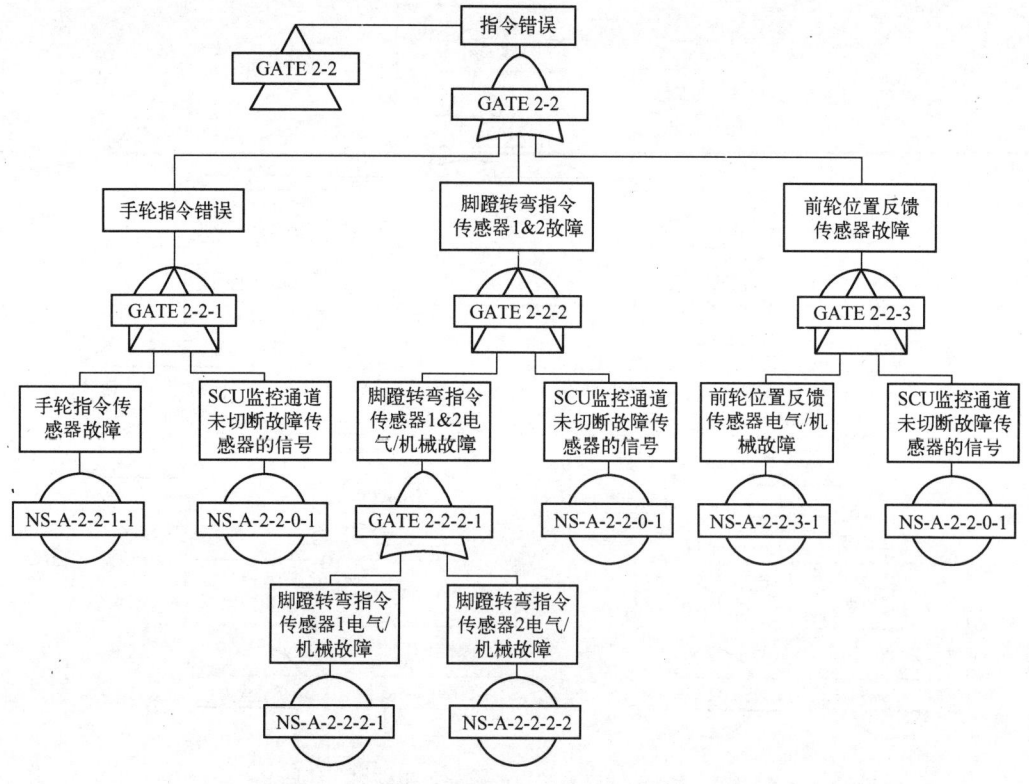

图 10.5 "前轮转弯系统"故障树、事件树（续图）

事件树所涉及的 5 个后果事件控制措施分别为 SE_1：开启减摆/转弯电门修正方向；SE_2：刹车，收油门；SE_3：增设隔离网；SE_4：避让飞机、建筑物；SE_5：启动消防措施。

10.3.3 前轮转弯系统定量分析

由于前轮转弯系统的故障树过于复杂，涉及的基本事件较多，为了节省篇幅，表述 Bow-tie 模型的定量分析思路，本书定量分析、指标调整过程均以环节事件 NS-A-2："非指令前轮转弯"为例进行详细叙述，环节事件 NS-A-1："前轮转弯功能故障"部分不做详细列举。

表 10.2 通过大量数据统计给出了事件 NS-A-2 中基本事件的失效率。

表 10.2 "非指令前轮转弯"基本事件失效率

事件编号	事件描述	失效率
NS-A-2-1-1-1	伺服阀故障	3.04×10^{-5}
NS-A-2-1-1-2	主 SCU 故障	2.1×10^{-4}
NS-A-2-1-1-3	备份 SCU 故障	2×10^{-3}
NS-A-2-1-2-1	SCU 不能使伺服阀返回中间位置	1.29×10^{-5}
NS-A-2-1-2-2	赋能阀故障	2.43×10^{-5}
NS-A-2-1-2-3	旁通阀故障	7.6×10^{-6}
NS-A-2-1-2-4	电磁阀故障	1.52×10^{-5}

(续)

事件编号	事件描述	失效率
NS-A-2-2-0-1	SCU 监控通道未切断故障传感器信号	9.09×10^{-5}
NS-A-2-2-1-1	手轮指令传感器故障	6×10^{-7}
NS-A-2-2-2-1	脚蹬转弯指令传感器 1 电气、机械故障	1.86×10^{-6}
NS-A-2-2-2-2	脚蹬转弯指令传感器 2 电气、机械故障	1.86×10^{-6}
NS-A-2-2-3-1	前轮位置反馈传感器电气、机械故障	1.8×10^{-6}

前面事件树分析所涉及的 5 个后果事件控制措施分别为:

SE_1: 开启减摆/转弯电门修正方向; SE_2: 刹车,收油门; SE_3: 增设隔离网; SE_4: 避让飞机、建筑物; SE_5: 启动消防措施。

这 5 个控制措施是根据飞机维护规程以及外场维修保障经验总结出的,具有一定的可行性和有效性。聘请安全管理专家对这 5 个控制措施的有效性进行评估,5 个控制措施的有效率分别为 0.7,0.8,0.75,0.7,0.8。

运用 Bow-tie 模型基本事件到后果事件的定量分析思路和计算规则,计算前轮转弯系统故障各后果事件的发生概率,具体结果见图 10.6。

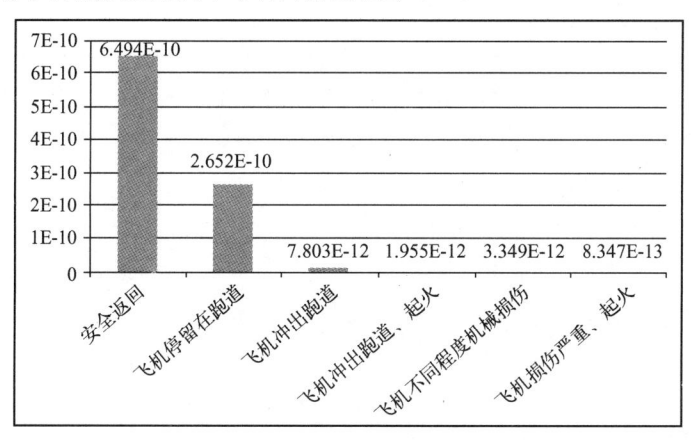

图 10.6 后果事件发生概率

通过对事故失效状态严酷等级和失效率等级的分析,制定出后果事件发生概率等级表,对后果事件等级进行说明,并给出具体的定量要求,具体分析如表 10.3 所示。

表 10.3 后果事件发生概率等级表

失效率等级	等级说明	定性要求	定量要求（次/飞行小时）
A	无概率要求	出现该类故障后,此后果事件总会发生	$>10^{-7}$
B	不经常的	出现该类故障后,此后果事件时常发生	$10^{-9}\sim10^{-7}$
C	微小的	出现该类故障后,此后果事件偶尔发生	$10^{-11}\sim10^{-9}$
D	极其微小的	出现该类故障后,此后果事件几乎不发生,该型号所有飞机服役期间发生几次	$10^{-13}\sim10^{-11}$
E	极不可能的	出现该类故障后,此后果事件该型号所有飞机服役期间发生几次	$<10^{-13}$

根据表 10.3 制定出的后果事件概率等级表，绘制前轮转弯系统故障的后果事件风险矩阵，如图 10.7 所示。

从风险矩阵中可以看出：后果事件 OE_1 和 OE_3 处于低风险等级，后果事件 OE_2 和 OE_5 处于中等风险等级，后果事件 OE_4 和 OE_6 处于严重风险等级，在实际外场维修保障过程中应该针对这两个处于严重风险等级的事故后果进行重点分析，提升防控措施有效性，降低其风险等级。

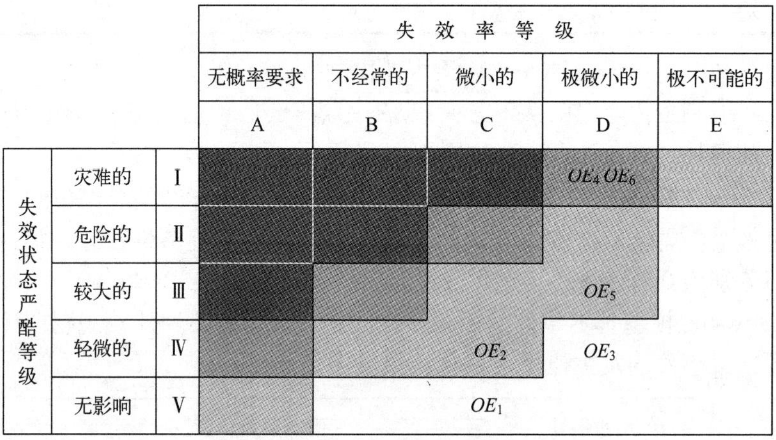

		失效率等级				
		无概率要求	不经常的	微小的	极微小的	极不可能的
		A	B	C	D	E
失效状态严酷等级	灾难的 Ⅰ				$OE_4\ OE_6$	
	危险的 Ⅱ					
	较大的 Ⅲ				OE_5	
	轻微的 Ⅳ			OE_2	OE_3	
	无影响 Ⅴ			OE_1		

图 10.7　后果事件风险矩阵

第 11 章 研究展望——装备体系安全性工程研究

11.1 装 备 体 系

　　装备体系是指由相互关联、功能互补的各种装备及系统，按照一定的原则综合集成的具有某种功能的有机整体。装备体系的出现改变了装备发展单方面追求技术指标先进性的传统思路，转而强调装备之间的有机联系和功能互补。装备体系不是各类系统的松散组合，而是结构与功能的一体化。装备首先是由单一技术结构向多种技术组合演变，表现为数种不同性能零件的简单结合。随着科技进步和装备发展，逐步形成了装备系统。装备系统是一种功能的组合，装备系统的功能总是优于单件装备，一个装备系统内部的各个分系统都具有各自独立的功能，但在总体上相互依赖和补充，都是整个装备系统发挥正常功能不可或缺的重要组成部分。任何一个装备系统都可视为其所从属的装备体系中的一个子系统。

　　装备系统的出现，必然要求确立与之相适应的装备体系，明确各种装备系统之间的相互关系。以武器装备体系为例，信息化武器装备的出现，导致战争的规模和空间日益增大，战场对抗已不再是单一功能的进攻性武器装备与防御性武器装备间的简单对抗，而是作战体系与作战体系的对抗。同时，信息化战争要求具备侦察预警、指挥控制、精确打击、立体防御、信息对抗、机动作战、野战生存等多种作战能力。任何武器系统一般都只具备上述一种或几种能力，因此，只有建立完整配套的武器装备体系，使各种武器装备相互依存和补充，才能发挥出最佳效益，满足信息化战争的需要。

　　信息化武器装备体系的思想，是从小系统、中系统、大系统和巨系统（体系）的思路出发，对武器装备从系统到体系发展思想的描述。小系统是体系的细胞，是构成战斗力的基础，主要由单件装备构成，比如单舰、单机、单辆坦克和单枚导弹等。这些小系统是单独的作战单元，通过向下兼容能够自成系统。这些小系统如果与保障系统相连就构成中系统，可以形成最低限度作战能力，相互之间也可进行合同作战。同类多件主战装备与保障装备实现协同之后，就具备了大系统的能力，如舰艇编队、飞机编队和坦克集群等。这些大系统虽然能够自我保障、自我防护和协同进攻，但难以相互之间进行联合作战，因为缺乏互联、互通、互操作的信息化网络。多种类型、多件装备、多个平台、多个单元之间的互联互通互操作，最终构建成一个无缝链接、横向一体化的网络体系（巨系统），不仅能够联通战场，而且可以实现全球信息栅格之间的实时信息传递和联合作战。

　　信息化武器装备强调技术融合、系统集成、横向一体化，强调综合多功能，在不增加装备数量的情况下，通过综合集成使力量倍增。武器装备信息化，必须要具备互联、互通、互操作能力，纵向成系统，横向成体系，纵横双向成网络，只有这样，才能成建制、成系统、成体系形成一体化作战能力。

11.2 装备体系安全性及其研究

11.2.1 基本内涵

无危为安，无损为全。所谓安全，就是"无危害"，泛指危险程度能够被普遍接受的状态。世界上不存在绝对安全的事物。装备安全性以危险性为隶属度，当危险性低于某种程度时，该状态就是安全的。可靠性以故障率为基本参数，是在规定的时间和条件下完成规定功能的能力。

20世纪20年代初到50年代末，装备安全性技术以事故调查和预防为主，主观经验色彩和装备可靠性技术借鉴成分较多。装备安全性与可靠性既有交叉重叠又有区别侧重。可靠性问题造成的多发性危险性故障，是安全事故的主要致因，但非全部致因。安全性问题还包括了功能正常条件下发生事故的情况。对于简单装备而言，研究技术尚可互相参照。

系统安全性技术则是在装备研制技术复杂程度加剧、重大事故易发多发的工程实践中诞生的，以全要素、全员额、全过程、全覆盖的方法，通盘考虑人、机、环境、管理诸要素构成的装备事故系统，主动将安全关口从事后事故调查前移至危险隐患综合管控。美空军采用系统工程原理和方法研究导弹安全性，形成了装备系统安全性要求大纲MIL-STD-882（军标）。目前，美国国防部、俄罗斯航空航天部门、欧洲空间局都制定了相应的系统安全性大纲。

体系安全性是针对装备系统集成为网络化作战体系伴生的脆弱性和安全风险问题而提出的。装备系统基于信息系统无缝链接，各大装备系统又包括若干子系统，系统之间存在复杂交互和依赖关系，仅从局部组件或单独链路分析已经不能满足其安全防护的需求。因此，体系安全性超越了传统的安全性可靠性技术方法，需要从体系的角度研究其安全性，重点解决体系内系统间相互作用关系和涌现行为可能产生的安全风险。作为一个新兴领域，当前关于体系安全性的研究已经引起了学术界和工程界的强烈关注。

伴随着装备一体化进程，系统的脆弱性和安全风险问题接踵而来，体系安全性成为制约装备系统集成的瓶颈。装备体系安全性是指装备体系将风险控制在可接受范围的能力，强调的是空天装备体系在不确定战场环境中的状态具有良好的弹性、适应能力和快速恢复能力。

今天，隐身飞机、无人机、巡航导弹和新型打击武器等新一代武器相继问世，天基装备、空基装备、地基空天装备等装备家族成员基本齐备，体系建设臻于成熟。装备体系安全性工程基于信息系统的体系作战派生而来，强调空天装备体系在不确定战场环境中的状态具有良好的弹性、适应能力和快速恢复能力。研究空天装备体系安全性研究空天装备体系安全性解决的是"能打仗"问题，对于优化战场态势、掌握战场主动权，"打胜仗"，具有十分重要的战略意义和价值。

11.2.2 研究特点

随着航空航天技术的融合拓展，复杂装备系统进一步形成了陆基、海基、空基、天基互为融合、核常并举的战略打击体系和策应远程精确打击的全程支援保障体系，推动战斗力生成模式实现"三个转变"，即装备发展运用向体系化转变、作战样式向联合作战转变、训练模式向一体化训练转变，使得装备安全性的研究重点从关注单一平台安全性向关注体系安全性转变。装备体系安全性工程的研究特点如下：

（1）研究对象。装备体系安全性是体系工程、安全工程等学科形成的交叉学科。研究层面从装备系统层上升到装备体系层，研究问题从静态的装备系统固有质量属性转变为动态的体系聚合效应问题。

（2）研究方法。体系安全性研究方法要求能够处理要素众多、属性多样、非线性作用复杂的情况。必须在深化传统系统工程方法基础上，综合运用体系工程方法、大数据技术、复杂网络科学等新方法，进行装备体系安全性分析、评估和管控。

（3）研究难点。装备体系安全性除了装备系统自身安全性问题之外，还要考虑装备与装备之间、装备与作战环境之间对安全性的相互影响作用。其研究难点在于掌握系统与系统相互作用所产生的体系安全性演化涌现规律。

11.3 装备体系安全性工程研究的必要性

11.3.1 装备体系安全性研究的紧迫性

20世纪90年代以来，新军事革命以信息、通信、计算机、制导等技术为标志，推动了战争形态向着基于信息系统的体系对抗演进。作战样式以制信息权、制空权、制海权争夺为首要条件，以远程空中突击、远海机动作战为重要样式，呈现出非线性、非接触、非对称体系作战特征。体系安全性在装备形态发展、作战样式变化和训练环境需求的综合推动下，成为世界军事大国的新兴研究焦点，其基础理论和关键技术亟需深入探索。

（1）装备形态向体系化发展。当前，世界武器装备发展十分活跃，武器装备技术和形态以及作战形态都发生了重要变化。卫星、无人机、空天飞机、导弹防御系统、巡航导弹、高超声速飞行器等价值大、技术复杂、相互依存度高，单一装备平台难以实现作战目标，需要其他装备系统支持构成体系，共同遂行作战任务。军用卫星系统、运载器系统和天基武器系统等受到了各军事大国的高度重视。

（2）作战样式变化需要安全性支撑。海湾战争以来，战争样式已进入到"陆、海、空、天、电、网"时代，全天候侦（察）、研（判）、决（策）、控（制）、打（击）、评（估），空天从支援地面作战的辅助战场变成主战场。随着我国军事战略由国土防空型向攻防兼备型转变，以往相对稳定的装备体系在不确定战场环境中需要动态重组，任何体系内的装备故障或者协同失调都有可能导致整个体系崩溃。体系安全性成为保障国家战略实施的基础，对于加强空中战略进攻力量，提升制衡强敌的战略能力，具有十分重要的意义。

(3) 体系安全性拓展实战化训练环境。习主席指出："仗怎么打，兵就怎么练"。实战训练环境应贴近未来作战样式和作战任务需求，训练环境向实战化靠拢，力求把战场侦察、电子对抗、网络攻击等信息化作战行动尽可能复制到训练场。按照实战能力生成要素，结合作战进程，构设复杂电磁环境，模拟实际作战对手、实际作战环境、实际作战部署、实际战斗行动，进行体系安全性研究，验证装备体系综合性能，打通实战化训练的路径。实战化训练环境也为装备体系安全性的威胁源评估和安全基线提供了验证平台。

11.3.2 装备体系安全性研究的作用意义

伴随着装备的一体化进程，复杂电磁环境、信息交互等对装备体系结构/功能的影响程度加大，系统的脆弱性和安全风险问题接踵而来。研究装备体系安全性，对于优化装备体系结构布局、任务规划、装备设计、作战运用等方面具有重大理论意义和应用价值。

(1) 提高体系抗脆弱性，保持装备体系结构的有效性。空天装备体系是一个军事生态环境，具备一定的承载力。但当战场环境剧烈变化时，就可能导致体系结构瘫痪。在2003年3月爆发的伊拉克战争中，美军对伊拉克电子系统进行压制，入侵并关闭其通信系统和电力设施，伊拉克指挥体系陷入瘫痪。通过进行体系能力/结构敏感性分析，确定体系威胁源变化的可控区间，就能在装备体系灾变之前，采取针对性措施，确保敏捷响应作战变化，重新回归平衡状态。

(2) 优化体系资源配置，确保装备体系任务的安全性。未来战争是装备体系之间的对抗。体系结构决定了体系作战能力，体系安全是体系作战能力生成的基础和约束。根据不同的作战任务和条件，规划和配置遂行作战任务的装备体系资源。通过增加系统备份、细化系统组件、并行设计等措施，改进装备体系结构中的薄弱环节，从而规避、消解或者降低威胁源对整个体系的影响，确保作战过程的任务安全性。

(3) 生成体系安全需求，加强体系装备设计的指导性。体系装备设计是基于联合能力需求展开的，安全性是体系装备在设计阶段必须重点考虑的要素。通过装备体系安全性分析技术，找到装备在预期服役体系结构中的功能地位，提出装备系统威胁免疫能力需求；评估对关联装备系统的影响程度，改进体系装备安全性设计，切断或者削弱多个装备威胁源之间的耦合链路，准确把握住体系装备的安全需求，从而降低服役阶段体系安全管理压力和成本。

(4) 掌握装备安全基线，提高体系装备运用的科学性。装备体系是多个装备系统的综合集成，总体安全性呈非线性衰减趋势，甚至低于安全边界。体系装备的运用需要考虑不确定战场环境导致的动态重组情况。通过体系装备安全性的重要度/灵敏度分析，确定装备安全基线，降低威胁源对作战目标达成的不确定性影响，并梳理体系装备运用的安全性约束，形成完成作战目标的安全战略布局，确保装备体系在时间上保持性能稳定持续，在空间上保持结构健壮有效。

因此，体系安全性是装备系统集成，战斗力生成需要首先破解的基础问题。紧贴装备体系力量结构特点和现代战争形态发展趋势，研究装备体系安全性，对于完善作战指挥决策机制，优化装备体系力量结构，提高其生存力、健壮性、敏捷性、作战时空极限具有重大理论与现实意义。随着体系作战的常态化，装备体系安全性必将被世界各国愈发关注。

11.4 装备体系安全性研究现状

传统的系统安全性研究经过五十多年的发展，已形成了专门识别、评价、管控威胁和事故的学科——系统安全性工程。体系安全性问题在21世纪初引起了各民用领域如企业架构体系、交通能源等设施体系、核电航空等大型工业体系的关注，在军事领域如武器体系、作战体系相关的安全问题也成为研究热点。

21世纪初，NASA开始研究系统要素之间交互作用而导致的安全问题。2011年，由欧盟和美国的100位专家组成的项目组将体系安全作为2020年前体系工程研究的12个重大主题之一。

美国兰德公司提出基于能力的战略，贯穿于美军武器装备需求论证、发展建设、装备部署与作战运用全过程，强调联合作战和体系集成。英国York大学从可信性角度研究体系安全性，提出了新的体系范式和武器装备体系威胁分析方法。

美空军采用系统工程原理研究安全性技术，制定了装备系统安全性要求大纲MIL-STD-882（军标）。目前，美国国防部、俄罗斯航空航天部门、欧洲空间局都制定了相应的系统安全性大纲。美国海军提出了武器装备体系安全性寿命周期的"双V"模型，指出作战体系安全研究的威胁分析需要子系统协作和集成。

我国20世纪80年代初期开始了相关研究工作，在化工、冶金、机电、交通等重点行业均开展了安全评估，特别是近年来我国重大灾害事故多发，使得安全评估方法的研究得到了全社会的重视。国内民航安全管理已由经验管理、规章管理阶段发展到安全管理体系阶段。国防科技大学从体系工程、体系需求工程方面着手，探索体系安全性分析技术，提出了相关体系安全性模型和技术。

11.5 主要研究内容

装备体系安全性是由安全科学与工程、军事装备学两个一级学科和系统工程一个二级学科组成的交叉学科。立足于国家安全发展战略和信息时代军队战略转型，重点围绕装备体系发展、飞行器运行管理、安全理论等方面开展研究。在现有条件基础上，着眼未来我国军队作战使命任务，凝练研究内容。

1. 研究目的

建立装备体系安全性的基础理论、开发实现技术，提出评估方法，为改进装备体系结构布局、信息交互与指挥决策机制，提高装备体系威胁免疫能力提供理论指导、技术支撑和管理手段。

2. 研究内容

按照"理论—技术—方法"进行研究内容划分。基础理论主要包括装备体系结构原理、体系安全性演化理论、安全系统工程理论；实现技术主要包括威胁源识别技术、体系安全管理技术、体系安全性设计标准；评估方法主要包括安全性指标设计方法、体系安全性评估方法、安全基线验证方法。如图11.1所示。

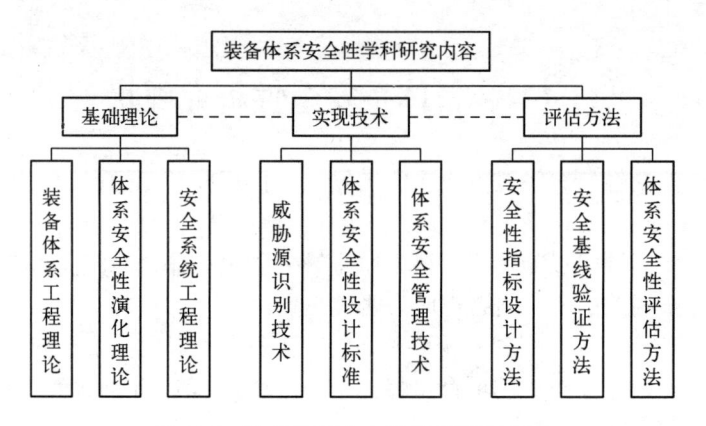

图 11.1 装备体系安全性学科研究内容

各研究内容之间的关系：装备体系工程、安全系统工程指导装备体系安全性研究的开展。其中，体系结构体现了装备体系工程与系统工程的本质区别，与威胁源识别一起作为空天装备体系安全性研究的基础内容。体系结构是威胁源的载体，威胁源识别必须结合装备体系结构特征；两者之间的相互作用导致装备体系安全性动态变化，是体系安全性演化涌现的依据；体系安全性评估是以上述基础理论指导和技术实现为前提的。

研究重点主要涉及装备体系结构形态、威胁源识别、体系演化涌现、体系安全性评估等研究方向，内容框架结构如图 11.2 所示。

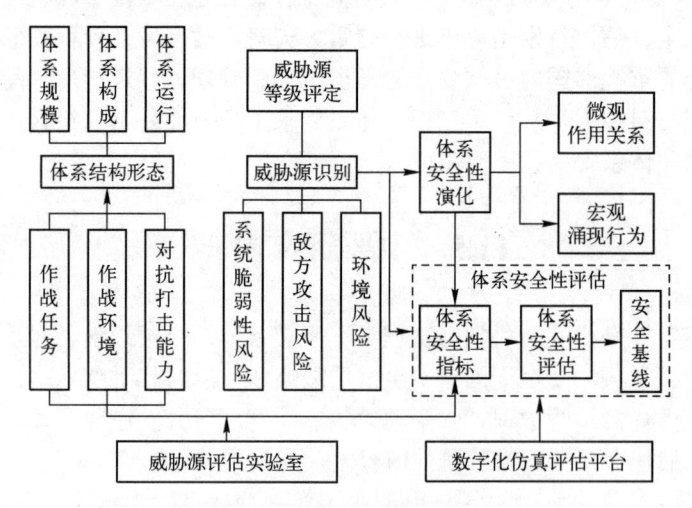

图 11.2 研究内容框架结构

按照作战任务、作战环境和装备体系能力确立作战体系结构形态。通过威胁源识别，评定威胁源等级，分析各装备系统之间在多种威胁源干扰下的微观耦合关系和宏观涌现行为，探索本质结构安全规律。在体系结构形态和安全性演化的研究基础上提出体系安全性指标，基于作战任务想定进行体系安全性评估，面向实战化训练验证安全基线。

1）体系结构形态

装备体系所涉及的装备系统种类和数量庞大。其体系规模结构设计主要采取基于联合能力的规划方法，形成具有新质涌现的网络化、分布式作战能力体系。这种能力体系结构不是固定不变的，而是随着作战环境和对抗打击条件适应性演变。关键技术包括：①体系规模与基于能力的规划理论；②体系结构与作战复杂网络理论；③体系运行与多智能体系统理论、集群智能理论；④体系对抗与演化博弈理论。

2）威胁源识别

威胁源识别是保证体系安全的基础。从风险角度，威胁源识别就是确定其发生概率和后果。依据空天装备体系功能、结构和作战环境，可将空天装备体系威胁源分为敌方攻击风险、系统脆弱性风险和环境风险。由于作战环境的随机性与敌我态势的动态变化，装备体系随作战能力需求、战场环境、威胁源变动，威胁源的发生概率事先难以确定。因此，运用不确定性分析理论和方法，对威胁源发生概率进行估计。根据概率分析结果和威胁源危害程度，对威胁源进行等级评定。关键技术包括：①危险源辨识理论；②不确定性分析理论；③风险分析理论。

3）体系安全性演化涌现

空天装备体系安全性演化涌现主要针对各装备系统所处的自然环境、敌方攻击意图或者行为，以及其对装备体系脆弱性的耦合作用。空天装备体系各系统之间存在复杂的交互关系，其安全性具有显著的非线性、涌现性、复杂性等特点。从微观、宏观两个层面理解体系内部之间的作用关系和涌现行为，研究装备体系的耗散结构特性、层次耦合特性、动态演化特性，探索体系安全演化规律。关键技术包括：①自组织理论；②复杂网络演化理论；③多智能体建模理论。

4）体系安全性评估

在分析空天装备体系能力需求、战场环境变化、各类威胁源基础上，对空天装备体系进行层次划分。以典型任务为牵引，提炼空天装备体系在既定战场环境下执行任务的安全性指标。基于装备体系任务剖面、信息交互时序、装备及其协同影响作用关系进行安全性评估，采用灵敏度/重要度分析确定空天装备体系安全基线。构建空天装备实体的行为模型、感知模型和智能决策模型，按照实际作战对手、实际作战环境、实际作战部署、实际作战行动要求验证安全基线。关键技术包括：①安全性评价方法；②OODA 建模技术；③计算机兵力生成技术；④多分辨率建模技术。

5）威胁源识别与评估实验室

威胁源识别与评估是装备体系安全性研究的首要问题。构建威胁源识别与评估实验室，进行自然环境威胁源、电磁环境威胁源、空间环境威胁源的生成、分析与评估。该实验室建成后，既可为军方进行装备体系安全性评估提供研究平台，也可为工业部门进行产品安全性设计以及部队开展战法、训法研究提供支撑平台。主要用途为：

（1）模拟真实的自然—电磁环境，实现实战化训练环境。在作战模拟框架下，构建符合真实空天作战情形的仿真推演平台。通过添加空天装备威胁源数据库，自动识别影响体系安全的威胁源。通过修改环境参数设定，缩小实战环境与训练环境的差异，直至能够支撑训练环境。待解决的关键技术包括装备体系威胁源辨识技术、安全风险评估技术、分布式交互仿真技术、多分辨率建模技术、综合战场环境生成技术、虚拟现实技术等。

（2）对装备体系安全基线进行验证，监管工业部门装备的设计制造过程。通过作战想定导入，进行敌我双方空天装备体系对抗过程计算机网络仿真。同时，收集装备体系能力、结构参数，以及其威胁源参数，开展全过程的体系安全性演化分析和综合评估。如此反复的、海量的推演，基于数值分析方法，找到装备体系安全基线。待解决的关键技术包括大规模作战仿真平台技术、计算机生成兵力技术、多层次组合仿真技术、大数据分析技术、综合评估技术、复杂网络演化分析技术等。

（3）依托自然—电磁环境模拟进行战法研究，提供装备体系对抗推演。空天作战是一种崭新的作战样式，尚处于理论探讨之中。所涉及的作战单元繁多、类型各异、作战时空分布广，进行实兵实装战训的成本高昂，可行性较差。因此，空天战法研究必须基于计算机网络作战模拟。以虚拟现实技术为基础、分布式仿真技术和多层次组合仿真技术为支撑，融合军事作战理论进行装备体系安全性推演。自然—电磁环境模拟则为不同战法情形下体系对抗推演提供了可能，具有可重复性、经济性、便捷性。

参 考 文 献

[1] 蔡志强, 孙树栋, 司书宾, 等. 基于 FMECA 的复杂装备故障预测贝叶斯网络建模[J]. 系统工程理论与实践, 2013, 33(1):187-193.

[2] Hoang Henry, Johnny Fu S. Electrical Models for International Space Station Payload Chassis Fault Analysis[A]. AIAA2004-5501, 2004.

[3] Qiu Yan Lin, Wang Zhi Yu, Cui Quan Hui. Complex equipment FMECA method and application based on the product family[C]// Proc. of 2nd International Conference on Mechanical Automation and Materials Engineering, ICMAME, 2013: 216-220.

[4] Leveson N G. Applying systems thinking to analyze and learn from events[J]. Safety Science, 2011, 49(1):55-64.

[5] Siu N. Risk assessment for dynamic systems: An overview[J]. Reliability Engineering and System Safety, 1994(43):43-73.

[6] Li Yaoping, Li Jianlin, Li Bin, et al. Study on road traffic safety evaluation based on improved Bayes model[C]// Proc. of 2011 International Conference on Civil Engineering and Transportation, ICCET 2011: 489-493.

[7] Son Gwang Seop, Kim Dong Hoon, Son Choul Woong, et al. Design of splc architecture used in advanced nuclear safety system and reliability analysis using Markov model[J]. Nuclear Technology, 2013, 184(3): 297-309.

[8] 胡小荣, 龚时雨, 曾士勇. 基于危险的事故场景及其形式化描述[J]. 工业安全与环保, 2004, 24(5): 41-43.

[9] 肖雪梅, 王艳辉, 张思帅, 等. 基于耗散结构和熵的高速铁路事故演化机理研究[J]. 中国安全科学学报, 2012, 22(5):99-105.

[10] 陈永强, 付钰, 吴晓平. 基于系统脆性图的复杂网络安全性分析[J]. 海军工程大学学报, 2013, 25(3):30-38.

[11] Chen Dong-Feng, Fan Luo, Yu Feng. Analysis of flight safety risk coupling based on fuzzy sets and complex network[C]// Proc. of International Conference on Management Science and Engineering - Annual Conference Proceedings, 2013: 329-334.

[12] GJB/Z 99-97. 系统安全工程手册[S]. 国防科学技术工业委员会, 1997.

[13] GJB 900-90. 系统安全性通用大纲[S]. 国防科学技术工业委员, 1990.

[14] 王瑛, 汪送, 李超. 面向新型航空装备系统的安全保障模式研究[J]. 中国安全生产科学技术, 2011, 7(1):54-57.

[15] 刘东亮, 徐浩军, 张久星. 多因素耦合复杂飞行情形风险定量评估方法[J]. 航空学报, 2013, 34(3):509-516.

[16] 何宇廷. 飞机结构寿命包线的建立[J]. 空军工程大学学报, 2005, 6(6): 4-6.

[17] 贾希胜. 以可靠性为中心的维修决策模型[M]. 北京: 国防工业出版社, 2007.

[18] Sung Ho-Joon. Optimal maintenance of a multi-unit system under dependences [D]:

School of Aerospace Engineering, Georgia Institute of Technology, 2008.

[19] Bell Jack. Condition based maintenance plus dod guidebook [M]. Washington DC: Deputy under Secretary of Defense for Logistics and Materiel Readiness 3500 Defense Pentagon, 2008.

[20] 王爱亮, 郑玉航, 王爱丽. 复杂武器系统 PHM 模型研究[J]. 四川兵工学报, 2013, 34(6):52-55.

[21] 葛志浩. 复杂系统建模及飞行风险小概率事件评估方法研究[D]. 西安:空军工程大学, 2008.

[22] McRuer D T. Human dynamics in man-machine systems[J]. Automatica, 1980, 16:237-253.

[23] Kleinman D L, Baron S. A control theoretic model for piloted approach to landing[J]. Automatica, 1973, 9:339-347.

[24] Marcus Bengtsson. Condition based maintenance system technology - where is development heading[C]// Proc. of the 17th European Maintenance Congress, Barcelona, Spain, 2004:580-588.

[25] Blechertas Vytautas, Bayoumi Abdel. CBM fundamental research at the University of South Carolina: a systematic approach to U.S. Army rotorcraft cbm and the resulting tangible benefits[M]. Huntsville, AL:American Helicopter Society Technical Specialists' Meeting on Condition Based Maintenance, 2009.

[26] MICHAEL G P. Prognostics and health management of electronics[M]. John Wiley&Sons. Inc., Hoboken, New Jersey, 2008:3-20.

[27] Andrew H, Leo F. The joint strike fighter(JSF) PHM concept：Potential impact on aging aircraft problems[C]// Proc. of IEEE Aerospace Conference, Big Sky, Montana, USA, 2002: 3021-3026.

[28] Johnson C W, Holloway C M. A longitudinal analysis of the causal factors in major maritime accidents in the USA and Canada (1996-2006)[C]// Proc. of the 15th Safety-Critical Systems Symposium, Bristol, UK, 2007, 85-94.

[29] Heinrich H W. Industrial accident prevention[M]. New York: McGraw-Hill, 1931.

[30] Bird Jr. Frank E. Management guide to loss control [M]. Institute Press, 1974.

[31] Roelen A L C, Lin P H, Hale A R. Accident models and organisational factors in air transport:the need for multi-method models[J]. Safety Science, 2011 (49):5-10.

[32] 陈宝智. 安全原理[M]. 北京:冶金工业出版社, 1995.

[33] 吴立荣, 程卫民. 综合—动态事故致因理论在建筑行业的应用[J]. 西安科技大学学报, 2010, 30(3):324-329.

[34] Song T, Zhong D M, Zhong H A. STAMP analysis on the China yong wen railway accident[C]//Proceedings of 31st International Conference on ComPuter Safety, Reliability, and Security Magdeburg, 2012:376-387.

[35] 刘杰, 阳小华, 余童兰, 等. 基于 STAMP 模型的核动力蒸汽发生器水位控制系统安全性分析[J]. 中国安全生产科学技术, 2014, 10 (5):78-83.

[36] 阳小华, 刘杰, 刘朝晖, 等. STAMP 模型及其在核电厂 DCS 安全分析中的应用展望[J]. 核安全, 2013, 12(3):42-47.

[37] 徐小杰, 钟德明, 陆民燕. 基于 STAMP 的导航软件研制管理安全性分析[J]. 测控技术, 2015, 34(2):99-102.

[38] Salmon P M, Cornelissen M, Trotter M J. Systemsbased accident analysis methods: a comparison of accimap, HFACS, and STAMP [J]. Safety Science, 2012, 50(4):1158-1170.

[39] Hollnagel E. Barriers and Accident Prevention[M]. Hampshire: Ashgate, 2004.

[40] SAE. Guideline and methods for conducting the safety assessment process on civil airborne sysetms and E-quipment[S]. SAE ARP 4761, 1996.

[41] 邓彬. 军用飞机设计阶段安全性管理模式研究[D]. 沈阳:沈阳航空工业学院, 2007.

[42] Maxxine M, Neowhouse. The use of software-based qualitative risk assessment methodology in industry[C]// Proc. of the conference on probabilistic risk and hazard assessment , Newcastle, Australia, 1993: 22-23.

[43] Janusz Gorski. Formalising fault trees[C]// Proc. of Third Safety-Critical Systems Symposium, Pozanan-Kiekrz, Poland, 1995:7-9.

[44] Geoff Wells. Hazard identification and risk assessment[J]. Institution of Chemical Engineer, 1996.

[45] Kumamoto H, Henley E J. Probabistic risk assessment and management for engineers and scientists[M]. IEEE press, 2nd ed. 1996.

[46] Joshi A, Vsetal V, Binns P. Automatic generation of static fault trees from AADL models[C]// Proc. of the IEEE/IFIP Conference on Dependable Systems and Networks' Workshop on Dependable Systems, DSN07-WADS, Scotland-UK, 2007:1-6.

[47] Heo G, Lee T, Do S H. Interacitve sysetm desgin using the complimentarity of axiomatic design and fault tree analysis［J］. Nuclear Engineering and Technology, 2007, 39(1):51-62.

[48] 张晓洁, 赵海涛, 苗强, 等. 基于动态故障树的卫星系统可靠性分析[J]. 宇航学报, 2009, 30(3):1249-1254.

[49] 罗云林, 张巨联, 杨建忠. 基于马尔可夫方法的飞控系统安全性评估[J]. 中国民航大学学报, 2011, 29(4): 16-19.

[50] Dugan J B, Bavuso S J, Boyd M A. Dynamic fault-tree for fault-tolearnt computer systems[J]. IEEE Transactions on Reliability, 1992, 41(3):363-376.

[51] Abazi zb Su, Lefebyre A, Jeanp D. A methodology of alarm filtering using dynamic fault tree[J]. Reilabliity Engineering and System Safety, 2011, 96(2):257-266.

[52] Aneziris O N, Papazoglou I A. Fast Markovian method for dynamic safety analysis of process plants[J]. Journal of Loss Prevention in the Process Industries, 2004, 17(1):1-8.

[53] Gulati R, Dugan J B. A modular approach for analyzing static and dynamic fault trees[C]// Proc. of the Annual Reliability and Maintainability Symposium, 1997: 57-63.

[54] Amari S, Dill G, Howald E. A new approach to solve dynamic fault trees[C]// Proc. of the

Annual Reliability and Maintainability Symposium, 2003:374-379.

[55] Zoi E, Marella M, Podollini L. A Monte Carlo simulation approach to the availability assessment of mutli-state systems with operational dependencies[J]. Reliability Engineering and System Safety, 2007, 92(7):871-882.

[56] 武文斌, 汪立新, 刘洁瑜, 等. 基于蒙特卡罗方法的惯导系统安全性分析[J]. 导弹与航天运载技术, 2010, 315(5):43-46.

[57] Durga Rao K, Gopika V, Sanyasi Rao V V S, et al. Dynamic fault tree analysis using monte carlo simulation in probabilistic safety assessment[J]. Reliability Engineering and System Safety, 2009, 94(4):872-883.

[58] 董大昊, 左芬. 世博电容车安全性评估的 GTST-MLD 和 Petri 网集成方法[J]. 系统工程理论与实践, 2013, 33(2):512-520.

[59] John Rushby. Formalism in safety cases[C]// Proc. of Making Systems Safer, London: Springer-Verlag London Limited, 2010:3-17.

[60] Åkerlund O, Bieber P, Böde E, et al. ESACS: an integrated methodology ofrdesign and safety anaylsis of complex systems[C]// Proc. of European Safety and Reliability Conference(ESREL). Toulouse:Balkema publisher, 2003:203-221.

[61] 吴海桥, 刘超, 葛红娟, 等. 基于模型检验的飞机系统安全性分析方法研究[J]. 中国民航大学学报, 2012, 30(2):17-20.

[62] 李智基, 代振环, 张春民. 列车区间运行安全的 Petri 网模型研究[J]. 铁道运营技术, 2012, 18(2): 6-12.

[63] Orton J D, Weick K E. Loosely coupled systems: a reconceptualization[J]. Academy of Management Review, 1990, 2(8):203-223.

[64] Jiang N. The structure of traffic emergence management system based on risk coupling[C]//Proc. of the 2011 International Conference on Business Management and Electronic Information, 2011:734-736.

[65] 李晓磊, 田瑾, 赵廷弟. 改进的区域安全性分析方法[J]. 航空学报, 2008, 29(3):622-626.

[66] 姜洪权, 高建民, 陈富民, 等. 基于复杂网络理论的流程工业系统安全性分析[J]. 西安交通大学学报, 2007, 41(7): 806-810.

[67] Swaminathan S, Smidts C. The event sequence diagram framework for dynamic probabilistic risk assessment[J]. Reliability Engineeringand System Safety, 1999, 63: 73-90.

[68] Hu Y, Luo P C. Event sequence diagram based safety critical event identification and sensitive analysis[J] Lecture Notes in Electrical Engineering, 2012, 142:157-162.

[69] Risk analysis of incident-accident transformation in air traffic[C]//Proc. of the 11th international probabilistic safety assessment and management conference and the European safety and reliability, 2012:4849-4857.

[70] 俞斌. 多传递参量 GERT 网络模型及其应用研究[D]. 南京:南京航空航天大学, 2010.

[71] 杨保华, 方志耕, 刘思峰, 等. 基于 GERTS 网络的非常规突发事件情景推演共力耦

合模型[J]. 系统工程理论与实践, 2012, 32(5):963-970.

[72] Janic M. An assessment of risk and safety in civil aviation[J]. Journal of Air Transport Management, 2000(6):43-50.

[73] Huan-Jyh Shyur. A qunantitive model for aviation safety risk assessment[J]. Computer & Industrial Engineering, 2008(54):34-44.

[74] 甘旭升, 端木京顺, 王青. 航空装备事故的灰色时序组合预测模型[J]. 中国安全科学学报, 2012, 22(4):32-37.

[75] Praprut Songchtiruksa, Tarko Anderw P. The extreme value theory approach to safety estimation [J]. Accident Anaylsis and Prevention, 2006, 38:811-822.

[76] 张天, 潘天峰, 张蓉. 极值理论在飞机操纵系统安全性评估中的应用[J]. 空军工程大学学报(自然科学版), 2012, 13(3):11-14.

[77] 张明, 张建云, 金菊良, 等. 基于最大熵分布的洪灾受灾率频率分析方法[J]. 四川大学学报(工程科学版), 2009, 41(5):65-69.

[78] 孟晓风, 季宏, 王国华, 等. 计算故障先验概率的最大熵方法[J]. 北京航空航天大学学报, 2006, 32(11):1320-1323.

[79] 杨周, 张义民, 谢宝臣, 等. 基于最大熵法的车辆零部件可靠性分析[J]. 机械设计与制造, 2011, (12):22-24.

[80] 许国志. 系统科学[M]. 上海:上海科技教育出版社, 2000:29- 30.

[81] 宋超山, 马俊杰, 杨风, 等. 城市化与资源环境系统耦合研究[J]. 干旱区资源与环境, 2010, 24(5):85-90.

[82] 王让会, 张慧芝. 生态系统耦合的原理与方法[M]. 乌鲁木齐:新疆人民出版社, 2005.

[83] 吴红梅. 系统脆性理论在煤矿事故建模中的应用[D]. 哈尔滨:哈尔滨工程大学, 2006.

[84] Wei Q , Jin H Z , Guo J , et al. Analysis on collapse of complex system based on the brittle characteristic[J]. International Symposium on Nonlinear Theory and Its Application, 2002, 10:7-11.

[85] 王佳. 元胞自动机中的对称与复杂现象涌现机理研究[D]. 重庆:重庆大学, 2009.

[86] 姚洪珠, 邓飞其. 风险投资系统演化描述方法与模型研究[J]. 系统科学学报, 2009, 17(4):92-95.

[87] Prigogine I, Stengers I. The end of certainty: time, chaos, and the new laws of nature[M]. Paris: Editons Odile Jacob, 1996.

[88] 冯紫一, 柴立和. 基于广义熵原理的生态系统演化动力学[J]. 科技导报, 2009, 27(4):36-41.

[89] 李永立, 王昆声. 系统演化都伴随着幂率分布吗?[J]. 复杂系统与复杂性科学, 2011, 8(3):74-79.

[90] 荣盘祥, 王继尧, 金鸿章. 复杂系统的脆性与系统演化分析[J]. 电机与控制学报, 2004, 8(2):142-144.

[91] Mao Chi-Kuo, Ding Cherng G, Lee Hsiu-Yu. Post-SARS tourist arrival recovery patterns: an analysis based on a catastrophe theory[J]. Tourism Management, 2010, 31(6):855-861.

[92] 冯蕴雯, 薛小锋, 冯元生. 老龄飞机机群与单机结构剩余寿命分析方法[J]. 西北工业

大学学报, 2006, 24(2):237-240.

[93] 赵明, 张海波, 陆凡. 新型复杂装备特点及对维修保障能力的要求[J]. 装备学院学报, 2013. 24(5):7-9.

[94] MIL-STD-882D System safety program reqirement[S]. Department of Defense of the USA.

[95] GJB/Z 99-97. 系统安全工程手册[S]. 国防科学技术委员会, 1997.

[96] 安采利奥维奇. 飞机可靠性、安全性、生存性[M]. 中国国防科技网, http://WWW.81tech.com.

[97] 尹树锐, 刘丞相. 军用飞机安全性与适航的若干问题分析[J]. 质量与可靠性, 2010, 148(4):16-19.

[98] The Army Safety Program[M]. Washington, DC:Headquarters Department of the US Army, 2000.

[99] 刘卫华, 冯诗愚. 现代人—机—环境系统工程[M]. 北京:北京航空航天大学出版社, 2009.

[100] Uchitel S, Kramer J, Magee J. Synthesis on behavioral models from scenarios[J]. IEEE Trans on Software Engineering, 2003, 29(2):99-115.

[101] GJB451A-2005, 可靠性维修性保障性术语[S]. 北京:中国标准出版社, 2005

[102] 施建荣, 王晓侠, 党弦. 装备全寿命环境剖面与任务剖面[J]. 装备环境工程, 2010, 7(2):18-28.

[103] International Civil Aviation Organization(ICAO). Safety Management Manual[M]. New York:The U N Secretariat, 2006.

[104] 李军, 李灏, 宁俊帅. 装备使用风险管理模型研究[J]. 中国安全生产科学技术, 2010, 6(4):140-144.

[105] 姬永兴. 安全性工程与可靠性工程的区分[J]. 装备安全性, 2003, 29-34.

[106] MIL-HDBK-764. System engineering design guide for army material[S]. Jan 1990.

[107] 刘东亮, 徐浩军, 刘莉, 等. 多因素耦合飞行情形的复杂系统建模与仿真方法[J]. 空军工程大学学报(自然科学版), 2012, 13(6):1-6.

[108] Hollnagel E. Under standing accidents-from root cause to performance variability[C]// Proc. of the 2002 IEEE 7th Conference on Human Factors and Power Plants. 2002:1-6.

[109] Leveson N G. A New Accident Model for Engineering Safer Systems[J]. Safety Science, 2004, 42(4):237-270.

[110] 金士尧, 任传俊, 黄红兵. 复杂系统涌现与基于整体论的多智能体分析[J]. 计算机工程与科学, 2010, 32(3):1-10.

[111] 龚时雨. 基于涌现鉴别的安全性分析[J]. 系统工程与电子技术, 2012, 34(11):2401-2406.

[112] 刘丞相. 军用飞机安全性与适航的若干问题分析[J]. 质量与可靠性, 2010, 148(4):16-19.

[113] 黄吉平. 复杂系统中基于场与结构耦合效应的一些涌现特性及其物理机制[J]. 上海理工大学学报, 2011, 33(5):418-424.

- [114] 何学秋. 安全科学基本理论规律研究[J]. 中国安全科学学报, 1998, 8(2):5-9.
- [115] 何学秋. 事物安全演化过程的基本理论研究[J]. 中国安全生产科学技术, 2005, 1(1):5-10.
- [116] 马红岩. 安全事故复杂性演化关系数学表达研究[J]. 新乡学院学报(自然科学版), 2008, 25(2):7-8.
- [117] 杜纯, 汪送, 王瑛, 等. 复杂系统安全涌现及其控制策略研究[J]. 工业安全与环保, 2013, 39(7):34-37.
- [118] 查尔斯·佩罗. 高风险技术与"正常事故"[M]. 北京:科学技术文献出版社, 1998.
- [119] 肖小玲, 李腊元. 基于多层事件融合的场景事件实时分析[J]. 武汉理工大学学报:交通科学与工程版, 2008, 32(2):279-282.
- [120] 高庆, 杨叶舟, 魏震生. 复杂装备的层次诊断技术[J]. 火力与指挥控制, 2007, 32(4):133-135.
- [121] 周经伦, 郑龙. 基于 ESD 的动态系统安全性建模与实现[J]. 计算机工程与应用, 2007, 43(12): 129-132.
- [122] 杨灿生, 黄国忠, 陈艾吉, 等. 基于灰色—马尔可夫链理论的建筑施工事故预测研究[J]. 中国安全科学学报, 2011, 21(10): 102-106.
- [123] Leveson N G. Safety as a system property[J]. Communications of the Acm, 1995, 38(11): 146-151.
- [124] 郭玉翠, 刘思奇, 雷敏, 等. 基于一般系统论的信息安全系统的理论研究[J]. 电子科技大学学报, 2013, 42(5):728-733.
- [125] 韦琦, 金鸿章, 姚绪梁, 等. 基于脆性的复杂系统崩溃的初探[J]. 哈尔滨工程学报. 2003. 24(2):161-165.
- [126] 郝云堂, 金烨, 范秀敏, 等. 基于全息产品模型的虚拟产品开发方法[J]. 计算机集成制造系统. 2003, 9(5):357-362.
- [127] 张我华, 王军, 孙林柱, 等. 灾害系统与灾变动力学[M]. 北京:科学出版社, 2011:9-15.
- [128] 曾士勇, 龚时雨. 基于主逻辑图的安全风险建模研究[J]. 中国安全科学学报, 2003, 13(10): 66-68.
- [129] 周经伦, 郑龙. 基于 ESD 的动态系统安全性建模与实现[J]. 计算机工程与应用, 2007, 43(12):129-132.
- [130] 刘效武, 王慧强, 禹继国, 等. 基于多源融合的网络安全态势感知模型[J]. 解放军理工大学学报(自然科学版), 2012, 13(4):403-407.
- [131] 李广城. 工程地质学耦合理论初步研究[J]. 工程地质学报, 2001, 9(4): 435-441.
- [132] 王永初, 王启志. 耦合度的新定义及其应用[J]. 华侨大学学报, 1999, (3):273-277.
- [133] 杨洁. 基于业务流程的层次化信息安全风险评估方法研究[D]. 重庆:重庆大学, 2005:29-32.
- [134] 张景林, 蔡天富. 对安全系统运行机制的探讨-安全系统本征与结构[J]. 中国安全科学学报, 2006, 16(5):16-21.
- [135] 吴超, 杨冕. 安全混沌学的创建及其研究[J]. 中国安全科学学报, 2010, 20(8):4-16.

[136] 李士勇, 田新华. 非线性科学与复杂性科学[M]. 哈尔滨:哈尔滨工业大学出版社, 2006:19-139.

[137] Burdun I Y, De Laurentis D A, Mavris D N. Modeling and simulation of airworthiness requirements for an HSCT prototype in early design[R]. AIAA-1998-4936.

[138] Haimes Y Y, Lambert J, Li Duan, et al. Hierarchical holographic modeling for risk identification in complex systems[C]//Proc. of the IEEE International Conference on Systems, Man and Cybernetics. Piscataway, NJ:IEEE, 1995:1027-1032.

[139] Haimes Y Y. Hierarchical holographic modeling [J]. IEEE Transactions on Systems, Man, and Cybernetics, 1981(9):606-617.

[140] 施建荣, 王晓侠, 党弦. 装备全寿命环境剖面与任务剖面[J]. 装备环境工程, 2010, 7(2):18-21.

[141] Leveson N G. Engineering a safer world, systems thinking applied to safety [M]. The MIT Press, Cambridge, Massachusetts, London, England, 2012.

[142] 胡喆. 网络计划类项目风险元传递理论研究[D]. 北京:华北电力大学, 2007.

[143] Kurihara Kenzo, Nishiuchi Nobuyuki. Efficient Monte Carlo simulation Method of GERT-type network for project management[J]. Computer & Industrial Engineering, 2002, (42):521-531.

[144] Shi Z W, Fang Z G, Yang B H, et al. The game GERT network calculation model of the supply chain time delay[C]//Proc. of joint conference of the 15th WOSC international congress on cybernetics and systems and 2011 IEEE international conference on grey systems and intelligent services, 2011:772-777.

[145] 李翀, 刘思峰, 方志耕. 多组件复杂系统可靠性的 GERT 随机网络模型研究及其应用[J]. 系统工程, 2011, 29(9):23-28.

[146] Kenzo K, Nobuyuki N. Efficient monte carlo simulation method of gert-type network for project management[J]. Computers & IndustrialEngineering, 2002, 45(6):521-531.

[147] Shan X Q, Zhou J, Xiao F. Support vector machine method for multivariate density estimation based on copulas[C]//Proc . of the 2011 international conference on computing and information services, 2011:140-143.

[148] Wang H, Zhao L M, Wang Y G. Risk integrated assessment of the project schduel and cost based on maximun entropy and the random network[C] //Proc. of the 2010 international conference on management science and engineering, 2010:247-251.

[149] Ching J Y, Hsieh Y H. Local estimation of failure probability function and its confidence interval with maximum entropy principle[J]. Probabilistic Engineering Mechanics, 2007, 22(1):39-49.

[150] 袁修开, 吕震宙, 周长聪. 失效概率函数的可靠性度量及其求解的条件概率模拟法[J]. 机械工程学报, 2012, 48(8):144-152.

[151] 秦永涛, 赵丽萍, 要义勇. 基于脆性理论的复杂加工过程质量动态性能分析[J]. 计算机集成制造系统, 2010, 16(10):2240-2249.

[152] Guo Y, An B, Liao W H. Coupling model of extended manufacturing organization and its

application[J]. Transactions of Nanjing University of Aeronautics & Astronautic, 2011, 28(1): 137-144.

[153] Zeng JunWei , Wei FaJie, Wu Fang. A decision model to estimate contingency budget for complex equipment development projects[C]//Proc. of 3rd International Conference on Energy, Environment and Sustainable Development, EESD , 2013: 3078-3081.

[154] Qu J F, Li G, Zhang S L. study on system coupling effects of ecological and economic in mining subsidence reclamation area[C] //Proc. of the 2nd international conference on energy, environment and sustainable development, 2013:1315-1320.

[155] 林嘉豪, 李克武, 张兵. 基于风险耦合理论的航空装备本质安全管理研究[J]. 中国安全生产科学技术, 2011, 7(9):75-79.

[156] 王玉珏, 杨继坤, 徐廷学, 等. 基于最大熵的武器系统可靠性建模与评估[J]. 舰船电子工程, 2013, 33(3):80-82.

[157] Han K H, Kim J H. Quantum-inspired evolutionary algorithm for a class of combinatorial optimization[J]. IEEE Trans. on Evolutionary Computation, 2002, 6(6):580-593.

[158] Wang L, Li L P. An effective hybrid quantum-inspired evolutionary algorithm for parameter estimation of chaotic systems[J]. Expert System with Applications, 2010, 37(3):1279-1285.

[159] Geem Z W, Lee K S, Park Y. Application of harmony search to vehicle routing[J]. American Journal of Applied Sciences, 2005, 2(12): 1552-1557.

[160] Geem Z W. Optimal cost design of water distribution networks using harmony search[J]. Eng Optimiz, 2006, 38(3):259-280.

[161] 王大勇. 飞机危险高度拉起的触发条件研究及仿真[J]. 系统仿真学报, 2011, 23(1):273-276.

[162] Jian G R, Murthy D N P. A mixture model involving three weibull distributions[C]//Proc. of the Second Australia-Japan Workshop on Stochastic Models in Engineering, Technology and Management, 1996: 260-270.

[163] 赵喆, 贾玉红, 郑昕, 等. 基于 GSPN 的飞机前轮转弯系统安全性评估[J]. 北京航空航天大学学报, 2011, 37(12):1546-1551.

[164] 曾宪钊. 网络科学[M]. 北京:军事科学出版社, 2006.

[165] 何杰, 杨文东, 李旭宏, 等. 基于耗散结构理论的公路快速货运系统演化机理[J]. 中国公路学报, 2007, 20(2):120-125.

[166] 孟锦, 蒋黎明, 李千目, 等. 张宏基于模块耦合性的风险关联性研究[J]. 兵工学报, 2011, 32(2): 217-224.

[167] Jaynes E T. Information theory and statistical mechanies [J]. Physical Review, 1957, 106(4): 620-630.

[168] 程亮, 童玲. 最大熵原理在测量数据处理中的应用[J]. 电子测量与仪器学报, 2009, 23(1):47-51.

[169] 段海滨. 蚁群算法原理及其应用[M]. 北京:科学出版社, 2005.

[170] 林德明, 金鸿章, 吴红梅, 等. 基于蚁群算法的复杂系统脆性研究[J]. 系统工程与电子技术, 2008, 30(4): 743-747.

[171] 李扬, 薛瑞红. 基于图形的改进蚁群算法[J]. 辽宁工程技术大学学报(自然科学版), 2008, 27(2):258-260.

[172] 郝生宾, 于渤, 吴伟伟. 企业网络能力与技术能力的耦合度评价研究[J]. 科学学研究, 2009, 27(2):250-254.

[173] Luo, Pengcheng , Hu Yang . System risk evolution analysis and risk critical event identification based on event sequence diagram[J]. Reliability Engineering and System Safety, 2013, 114(1): 36-44.

[174] Li X L, Zhao T D, Mei R. A multi-factor coupling event chain model based on Petri nets[C]// Proc. of the 8th international conference on reliability, mainability and safety, 2009: 466-469.

[175] Paulin C. Reservoir computing approach to Great Lakes water level forcasting[J]. Journal of Hydrology, 2010, 381(1-2):76-88

[176] 付琳娟, 翟正军, 郭阳明. 基于回声状态网络的多变量预测模型的研究[J]. 计算机测量与控制, 2009. 17(7):1356-1361.

[177] Ferreira A A，Ludermir T B．Using reservoir computing for forecasting time series:brazilian case study[C]//Proc. of 8th International Conference on Hybrid Intelligent Systems. Barcelona，Spain:IEEE, 2008:602-607.

[178] Jaeger H, Lukosevicius M, Popovici D, et al. Optimization and applications of echo state networks with leaky integrator neurons[J]. Neural Networks, 2007, 20(3):335-352.

[179] Geem Z W, Lee K S, Park Y. Application of harmony search to vehicle routing[J]. American Journal of Applied Sciences, 2005, 2(12):1552-1557.

[180] Geem Z W. Optimal cost design of water distribution networks using harmony search[J]. Eng Optimiz, 2006, 38(3):259-280.

[181] Geem Z W, Kim J H, Loganathan G V．A new heuristic optimization algorithm: harmony search[J]. Simulation, 2001, 76(2): 60-68.

[182] Han M, Shi Z W, Guo W. Reservoir neural neural state reconstruction and chaotic time series prediction[J]. Acta Phys Sin, 2007, 56(1):43-49.

[183] 宋青松, 冯祖仁, 李人厚. 回响状态网络输出权重的一个稳定训练方法[J]. 控制与决策, 2011, 26(1): 22-26.

[184] 时钟, 邝志礼. 关于飞机振动试验应力设计中动压计算问题的探讨[J]. 电子产品可靠性与环境试验, 2006, 24(5):21-24.

[185] 石春生, 孟大鹏. 基于SVM的高技术装备制造业供应风险预测模型[J]. 系统工程与电子技术, 2010, 32(8):1667-1676.

[186] 许萍, 刘洪. 复杂适应系统观的组织变革[J]. 复杂系统与复杂性科学, 2007, 4(2):18-24.

[187] 金士尧, 任传俊, 黄红兵. 复杂系统涌现与基于整体论的多智能体分析[J]. 计算机工程与科学, 2010, 32(3):1-6, 10.

[188] 范冬萍. "元系统跃迁"与系统涌现性[J]. 系统辩证学学报, 2003, 11(3):29-32.

[189] Fromm J. Ten Questions about Emergence[EB/OL]. http://arxiv. org/abs/nlin. AO/ 0509049. pdf.

[190] 颜泽贤. 突现问题研究的一种新进路——从动力学机制看[J]. 哲学研究, 2005, 7:101-107.

[191] 约翰·H·霍兰.隐秩序——适应性造就复杂性[M]. 周牧, 韩晖译. 上海:上海科技教育出版社, 2000.

[192] 狄增如. 系统科学视角下的复杂网络研究[J]. 上海理工大学学报, 2011, 33(2):111-116.

[193] Hollnagel E. Barriers and Accident Prevention[M]. Ashgate Publishing Limited, Hampshire, England, 2004.

[194] 可星, 蔡伟. 基于涌现机理的企业组织能力系统研究[J]. 商业研究, 2011, 409(5):94-98.

[195] Sybert H Stroeve, Henk A P Blom, (Bert) Bakker G J. Systemic accident risk assessment in air traffic by Monte Carlo simulation[J]. Safety Science, 2009 (47) 238-249.

[196] Skyttner L. General Systems Theory Problems-Perspective-Practice[M]. World Scientific Publishing Co. Pvt. Ltd, Singapore, 2005.

[197] 张忠维. 涌现及其内在机理初探[D]. 广州:华南师范大学, 2002.

[198] 王艳辉, 李曼, 申睿. 基于涌现和熵的城轨运营安全程度评判方法及应用研究[J]. 铁道学报, 2013, 35(4):1-8.

[199] Nicolis G, Prigogine I. Exploring complexity [M]. New York: W. H. Freeman & Company, 1989.

[200] 张景林, 蔡天富. 对安全系统运行机制的探讨—安全系统本征与结构[J]. 中国安全科学学报, 2006, 16(5): 16-21.

[201] Li Y, Wang L H, Heyde M A. Risk assessment of supply chain system based on information entropy[C]//Proc. of the International Conference on Logistics Systems and Intelligent Management, 2010: 1566-1568.

[202] Zhao J F. Road traffic safety evaluation index system based on complex system-entropy theory[C]//Proc. of the International Conference on Electric Technology and Civil Engineering, 2011: 1521-1524.

[203] Li Q J, Fan X H, Luo C L. Study on industrial process safety system by dissipative structure theory[J]. Journal of Northeastern University, 2009, 30(supplement): 65-68.

[204] Song D Z, Wang E Y, Li N, et al. Rock burst prevention based on dissipative structure theory[J]. International Journal of Mining Science and Technology, 2012, 22(2): 159-163.

[205] Pan X D, Wang X, Yang Z, et al. Highway traffic safety management system based on the theory of dissipative structures and catastrophe theory[C]//Proc. of the International Conference on Information Management, Innovation Management and Industrial Engineering, 2009: 42-45.

[206] Bao J S, Yin Y, Lu Y H, et al. A cusp catastrophe model for the friction catastrophe of mine brake material in continuous repeated brakings[J]. Journal of Engineering Tribology, 2013, 227(10): 1150-1156

[207] 袁大祥, 严四海. 事故的突变论[J]. 中国安全科学学报, 2003, 13(13):5-7.

[208] Robert M, Donald M. Conditioned emergence: A dissipative structures approach to transformation[J]. Strategic Management Journal, 2005, 15(4): 297-312.

[209] Hyeon H. Speculation in the financial system as a dissipative structure[J]. Seoul Journal of Economics, 2001, 10(3): 172-183.

[210] Lu Q. The analysis of coal mine safety's grey model in China[J]. International Journal of Advancements in Computing Technology, 2012, 16(4): 470-476.

[211] 甘旭升, 端木京顺, 高建国, 等. 基于 ARIMA 模型的航空装备事故时序预测[J]. 中国安全科学学报, 2012, 22(3):97-102.

[212] Huang Z, Wang Y J, Yang, C J, et al. A new improved quantum-behaved particle swarm optimization model[C]//Proc. of the 4th IEEE Conference on Industrial Electronics and Applications, 2009: 1560-1564.

[213] Wu H, Chen F Z. Chinese exchange rate forecasting based on the application of grey system DGM(2, 1) model in post-crisis era[C]//Proc. of the 3rd International Conference on Information Management, Innovation Management and Industrial Engineering, 2010: 592-595.

[214] Jin X G, Gao Y, Li X H, et al. Chaos-grey DGM combined model forecasting of tunnel surrounding rock safety displacement[C]// Proc. of the International Symposium on Safety Science and Technology, 2004: 1025-1028.

[215] 曾祥艳, 肖新平. 累积法 GM(2, 1)模型及其病态性研究[J]. 系统工程与电子技术, 2006, 28(4): 542-572.

[216] 谢乃明, 刘思峰. 离散灰色模型的拓展及其最优化求解[J]. 系统工程理论与实践, 2006, 26(6): 108-112.

[217] Zhu X L. Application of composite grey BP neural network forecasting model to motor vehicle fatality risk[C]//Proc. of the International Conference on Computer Modeling and Simulation, 2010: 236-240.

[218] Yang Y J. High-precision GM(1, 1) model based on genetic algorithm optimization[J]. Advances in Information Sciences and Service Sciences, 2012, 4(7): 223-230.

[219] Huang J Y, Sun Y, Gao C. Life prediction of tantalum capacitors based on PSO-GM model[J]. International Journal of Digital Content Technology and its Applications, 2012, 6(12): 406-413.

[220] Jiang H. Deep buried tunnel surrounding rock stability analysis of the cusp catastrophe theory[J]. Journal of Chemical and Pharmaceutical Research, 2013, 5(9): 507-514.

[221] Yang K, Wang T X, Ma Z T. Application of cusp catastrophe theory to reliability analysis of slopes in open-pit mines[J]. Mining Science and Technology, 2010, 20(1): 71-75.

[222] 罗鹏程. 基于 Petri 网的系统安全性建模与分析技术研究[D]. 长沙:国防科技大学,

2001.

[223] 郑龙, 罗鹏程, 周经伦. 动态系统安全性分析软件框架设计与研究[J]. 装备指挥技术学院学报, 2007, 18(2):119-123.

[224] Signoret, Jean-Pierre. Dependability & safety modeling and calculation: Petri nets[C]//Proc. of 2nd IFAC Workshop on Dependable Control of Discrete Systems, 2009:203-208.

[225] 赵俊阁, 刘玲艳, 吴晓平. 一种基于 Petri 网模型的系统动态安全性分析方法[J]. 海军工程大学学报, 2008, 20(6):9-12.

[226] Liu zengkai, Liu yonghong, Cai baoping, et al. RAMS analysis of hybrid redundancy system of subsea blowout preventer based on stochastic Petri nets[J]. International Journal of Security and Its Applications, 2013, 7(4):159-166.

[227] 陈翔, 刘军丽. 基于矩母函数的工作流网性能分析方法[J]. 计算机集成制造系统, 2009, 15(12):2467- 2472.

[228] 张磊, 向德全. 基于任意分布随机 Petri 网的装备维修保障建模与分析[J]. 火力与指挥控制, 2009, 34(9):58-160.

[229] Sidall N. Probabilistic engineering design [J]. New York: Marcel Dekker, 1992: 79-90.

[230] 陈翔. 基于 Petri 网及矩母函数的计划评审技术[J]. 北京理工大学学报, 2010, 30(9): 121-1125.

[231] Sándor Z, Wedel M. Heterogeneous conjoint choice designs[J]. Journal of Marketing Research, 2005, 42(2): 210-218.

[232] 李学忠, 张凤鸣, 姚晓军. 空军安全发展论[M]. 北京:国防工业出版社, 2008.

[233] 郑友胜, 李泰安. 军用飞机飞行安全影响因素研究综述[J]. 教练机, 2012, (4):53-59.

[234] 王丰. 前起落架系统的系统安全性分析方法研究[D]. 天津:中国民航大学, 2009.

[235] HB7230-95. 飞机前轮转弯系统通用规范[S], 1996.

[236] Khapane P D. Simulation of asymmetric landing and typical groundmaneuvers for large transport aircraft. Aerospace Science and Technology, 2003, 7:611-619.

[237] Jones R. The more electric aircraft-assessing the benefits[J]. Journal of Aerospace Engineering, 2002, 216(5):259-269.

[238] Lester F. Beyond the more electric aircraft[J]. Aerospace America, 2005, 9:35-40.

[239] Weimer J. Present and Future of Aircraft Electrical Power Systems[R]. AIAA 2001:1-9.

[240] SAE AIR 1595A-2006 SAE Aerospace. Aircraftnosewheel steering systems[R]. SAE Internation, 2006.

[241] SAE AIR 1752A-2006 SAE Aerospace. Aircraftnosewheel steeringsystems [R]. SAEInternation, 2006.

[242] Christopher M Cotting, John J Burken Reconfigurable controldesign for the full X33 flight envelope[J]. American Institute of Aeronautics and Astronautics, 2001(8):59-69.

[243] Wang Z, Huang B. Unbehauen H Robust reliable control for a class of uncertain nonlinear statedelayed systems[J]. Automatic, 1999, 35(6):42-48.

[244] Chen M F. From Markov chains to non-equilibrium particle systems[M]. Singapore:

World Scientific Publishing Co Pte Ltd, 1992:375-382.

[245] Anderson W J. Continuous-time Markov chains[M]. Berlin:Springer, 1991:124-129.

[246] Meyn S P, Tweedie R L. Markov chains and stochastic stability [M]. Berlin: Springer, 1993:78-84.

[247] 王华胜. CRJ200 飞机前轮转弯系统设计分析[J]. 民用飞机设计与研究, 2002, (1). 18-22.

[248] 白龙. 地面滑行时前轮跑偏故障的分析[J]. 价值工程, 2014, (34): 55-56.

[249] 张丹丹, 张明. 前轮转弯系统减摆性能分析[J]. 机械设计与制造工程, 2015, (2): 21-26.

[250] 朱丹丹, 贾玉红. 飞机过度/不足转向地面转弯操纵特性分析[J]. 北京航空航天大学学报, 2011, (12): 1594-1598.

[251] 周欣宇, 王少萍, 焦宗夏. 飞机前轮转弯控制系统重构仿真研究[J]. 液压与气动, 2005, (6): 32-34.

[252] 赵喆, 贾玉红, 郑昕, 等. 基于 GSPN 的飞机前轮转弯系统安全性评估[J]. 北京航空航天大学学报, 2011, 37(12): 1546-1551.

[253] 赵廷弟. 安全性设计分析与验证[M]. 北京:国防工业出版社, 2011.

[254] International Civil Aviation Organization. 2014-2016 Global Aviation Safety Plan[R]. Montréal, QC, Canada: ICAO. 2013.

[255] Lars Harms-Ringdahl. Analysis of safety functions and barriers in accidents[J]. Safety Science. 2009, 47(10):353-363.

[256] Gulati R, Dugan J B. A modular approach for analyzing static and dynamic fault trees[C]//Proc of the Annual Reliability and Maintainability Symposium, 1997:57-63.

[257] Zhihua Tang, Joanne Bechta Dugan. Minimal Cut Sequence Generation for Dynamic Fault Tree[J]. Reliability and Maintainability. 2009, 2(9):207-213.

[258] Reinhard V. On reliability estimation based on fuzzy lifetime data[J]. Journal of Statistical Planning and Inference. 2009, 139(5):1750-1755.

[259] Laura L Pullum, Joanne Bechta Dugan. Faultt Tree Models for Analy of Complex computer-Based Systems[J]. Proceedings Annual Reliability and Maintainability Symosium. 1996, 8:200-207.

[260] Couronneau J C, Tripathi A. Implementation of the new approach of risk analysis in France. [C]. Proceedings of the 41st International Petroleum Conference, Bratislava, Slovakia.

[261] Linda J Bellamy. Exploring the relationship between major hazard fatal and non-fatal accidents through outcomes and causes[J]. Safety Science. 2015, 71(2):93-103.

[262] Delvosalle C, Fievez C, Pipart A, et al. ARAMIS project: a comprehensive methodology for the identification of reference accident scenarios in process industries[J]. Hazard Mater. 2006, 130(3):200-219.

[263] Ferdous R, Khan F, Sadiq R, et al. Analyzing system safety and risks under uncertainty using a bow-tie diagram: an innovative approach[J]. Process Saf Environ Prot. 2013,

91(1): 1-18.

[264] Ferdous R, Khan F, Sadiq R, et al. Handling and updating uncertain information in Bow-tie analysis[J]. Loss Prev Process Ind. 2012, 25(1):8-19.

[265] Léger A, Duval C, Weber P, et al. Bayesian network modeling the risk analysis of complex socio technical systems[C]. Workshop on Advanced Control and Diagnosis, ACD'2006.

[266] Markowski A S, Kotynia A. Bow-tie model in layer of protection analysis[J]. Process Saf Environ Prot. 2011, 89(4):205-213.

[267] 张艳慧, 秦浩, 王代军. 发动机反推力系统安全性设计[J]. 航空动力学报, 2015, (7):1784-1792.

[268] 何国生. 重视航行情报的及时发布——几起飞机误落跑道、滑行道事故征候分析[J]. 中国民用航空, 2008, (6):60-61.

[269] 何为, 柯善华, 吴小兵, 等. 机组行为、时间余量与飞行安全间的关系探讨[J]. 安全与环境学报, 2003, 3(2):16-18.

[270] 程建伟, 白翠粉, 刘通, 等. 基于故障模式的输变电设备故障风险分析[J]. 高电压技术, 2015, 41(12):3937-3943.

[271] 闫放, 许开立, 姚锡文, 等. 生物质气化火灾爆炸事故复合型风险评价[J]. 东北大学学报(自然科学版), 2015, 36(11):1648-1652.

[272] 姚锡文, 汤规成, 许开立, 等. 复杂系统安全评价模式的集成研究及应用[J]. 东北大学学报(自然科学版), 2015, 36(7):1047-1055.

[273] Barlow E B, Proschan F P. Importance of system components and fault tree events[J]. Stochastic Processes and their Applications. 1975, 3(2):153-173.

[274] Antal P, Meszaros T, Moor B D, et al. Annotated Bayesian networks: a tool to integrate textual and probanilistic medical knowledge[C]//Proceeding of 14th IEEE Symposium on Computer-Based Medical Systems. Bethesda, 2001:177-182.

[275] Cheok M C, Parry G W, Sherry R R. Use of importance measures in risk-informed regulatory applications[J]. Reliability Engineering and System Safety. 1998, 60(3):213-226.

[276] Prakash P S, James C W. Inference in hybrid Bayesian networks using mixtures of polynomials[J]. International Journal of Approximate Reasoning. 2011, 52:641-657.

[277] Vesely W E, Davis T C. Evaluations and Utilization of Risk Importances[S]. NUREG/CR-4377, Washington, D. C, 1985.

[278] Fussell J. How to hand calculate system reliability and safety characteristics[J]. IEEE transaction on Reliability. 1975, R-24(3):169-174.

[279] Chadwell G B, Leverenz F L. Importance Measures for Prioritization of Mechanical Integrity and Risk Reduction Activities[C]. AICHE Loss Prevention Symposium. 1999, 15(5):153-157.

[280] Borgonovo E, Apostolakis G E. A new importance measure for risk informed decision-making[J]. Reliability Engineering and System Safety. 2001, 72(2):193-212.

[281] Borgonovo E. Differential criticality and Birnbaum importance measures: An application go basic event groups and SSCs in event trees and binary decision diagrams[J]. Reliability Engineering and System Safety. 2007, 92(10): 1458-1467.

[282] Borgonovo E. The reliability importance of components and prime implicants in coherent and non-coherent systems including total-order interactions[J]. European Journal of Operational Research. 2010, 204(3):485-495.

[283] 段荣行, 董德存, 赵时旻. 采用动态故障树分析诊断系统故障的信息融合法[J]. 同济大学学报(自然科学版), 2011, 39(11):1699-1704.

[284] 吕弘, 袁海文, 张莉, 等. 基于模式重要度的航空电源系统可靠性估计[J]. 航空学报, 2010, 31(3):608-613.

[285] 朱云斌, 黄晓明, 常青. 模糊故障树分析方法在机场环境安全中的应用[J]. 国防科技大学学报, 2009, 31(6):126-131.

[286] 王涛, 王兴武, 顾雪平, 等. 基于概率及结构重要度的电力系统事故链模型与仿真[J]. 电力自动化设备, 2013, 33(7):51-57.

[287] DoD. Department of Defense Standard Practice for System Safety. MIL-STD-882D. 2000. 10.

[288] SAE ARP 4761 Guidelines and Methods for Conducting the Safety Assessment Process on Airborne Systems and Equipments[S]. America: The Engineering Society For Advancing Mobility Land Sea Air and Space, 1996.

[289] Duane Kritzinger. Aircraft system safety: military and civil aeronautical applications[M]. Cambridge: Woodhead Publishing Limited, 2006: 57-65.

[290] Kelly J Hayhurst, Jeffrey M Maddalon, Paul S Miner, et al. Preliminary considerations for classifying hazards of unmanned aircraft systems[S]. America: NASA Langley Research Center, 2007.

[291] Kelly J Hayhurst, Jeffrey M Maddalon, Paul S Miner. Preliminary considerations for classifying hazards of unmanned aircraft systems[R]. America: NASA Center for Aerospace Information, 2007:2-6.

[292] Acar Erdem. Aircraft Structural Safety: Effects of Explicit and Implicit Safety Measures and Uncertainty Reduction Mechanisms[D]. Florida: University of Florida, 2006.

[293] Sloan, John C. Finite Safety Models for High-assurance Systems[D]. Florida:Atlantic University, 2010.

[294] Krishna B Misra. Handbook of Performability Engineering[M]. London: British Library, 2008:56-63.

[295] Rudolph, Frederick, Stapelberg. Handbook of Reliability Availability Maintainability and Safety in Engineering Design[M]. London: Springer, 2009:89-114.

[296] Jung S, Lee B, Pramanik S. A tree-structured index allocation method with replication over multiple broadcast channels in wireless environments[J]. IEEE Transactions on Knowledge and Data Engineering, 2005, 17(3):311-325.

[297] 李大伟, 陈云翔, 徐浩军, 等. 系统安全性分析中风险概率指标确定方法研究[J]. 飞

行力学, 2014, 32(4):380-384.

[298] 宗蜀宁, 端木京顺, 王青, 等. 飞机整机级系统安全性指标分析[J]. 空军工程大学学报(自然科学版), 2012, 13(1):10-14.

[299] 解建喜, 宋笔锋, 刘东霞. 飞机总体设计评价准则和评估方法研究[J]. 机械科学与技术, 2003, 22(Z1):16-19.

[300] 王强, 王筱涵, 刘刚, 等. 飞机系统安全性指标的 Petri Net 分配方法[J]. 国防科技大学学报, 2015, (06):135-140.

[301] 张科施, 李为吉, 魏宏艳. 设计指标最优分配的协同方法[J]. 机械科学与技术, 2006, 25(07):797-801.

[302] 李大伟, 陈云翔, 徐浩军, 等. 一种改进的系统安全性分析方法[J]. 科技导报, 2012, 30(34):32-35.

[303] Department of Defense. MIL-STD-516C. w/change 1 Airworthiness Certification Criteria[S]. America: DLSC-LM, 2005.

[304] FAR 25. 1309, 903[EB/OL]http://ecfr. gpoaccess. gov/cgi/t/text, FAA, 2009.

[305] U. S. Department of Transportation. AC 23. 1309-1E. System Safety Analysis And Assessment For Part 23 Airplanes[S]. America:FAA, 2011.

[306] U. S. Department of Transportation. AC 25. 1309-1 SYSTEM DESIGN ANALYSIS. [S]. America:FAA, 1982.

[307] Smalley C L. Certification of Part 23 airplanes for flight in icing conditions:AC 23. 1419-2D[R]. Washington, D. C. : FAA, 2007.

[308] Bread M C. Hazards following ground deicing and ground operations in conditions conductive to aircraft icing:AC 20-117[R]. Washington, D. C. : FAA, 1982.

[309] Jackson J E. Powerplant guide for certification of Part 23 airplanes and airships:AC 23-17b[R]. Washington, D. C. : FAA, 2004.

[310] 王洪伟, 李先哲, 宋展. 通用飞机结冰适航验证关键技术及工程应用[J]. 航空学报, 2016, 37(01):335-350.

[311] 董大勇, 俞金海, 李宝峰, 等. 民机驾驶舱人为因素适航符合性验证技术[J]. 航空学报, 2016, 37(01):310-316.

[312] 晏祥斌, 蒋建军, 王俊彪, 等. 民机适航条款及验证技术的解析与重组[J]. 中国民航大学学报, 2015, 37(3):17-22.

[313] 曾海军, 孙有朝, 李龙彪. 航空发动机风扇叶片振动适航符合性设计方法[J]. 南京航空航天大学学报, 2015, 47(6):884-889.

[314] 刘选民. 国外现代战斗机飞行事故[M]. 北京:航空工业出版社, 2011.

[315] Pareto principle, http//www. salidaarchive. org/atl/pages/110. html, 2002. 8. 2.

[316] 陈东锋, 张国正, 乔巍巍. 军事飞行事故致因模型构建研究[J]. 中国安全生产科学技术, 2013, 9(4):135-139.

[317] 雷迅. 大型涡扇运输机严重飞行事故案例分析[M]. 北京:国防工业出版社, 2014.

[318] 国防科学技术工业委员会. GJB/Z99-97. 系统安全工程手册[S]. 2001.

[319] Department of Defense. MIL-STD-882D, Standard Practice for System Safety [S].

Virginia: Defense Standardization Program Office, 2000.

[320] 陆正, 崔振新, 汪磊. 基于 Bow-tie 模型的民机着陆冲出跑道风险分析[J]. 工业安全与环保, 2015, (12):4-9.

[321] 贾朋美, 於孝春, 宋前甫. Bow-tie 技术在城镇燃气管道风险管理中的应用[J]. 工业安全与环保, 2014, (2):14-19.

[322] Cockshott J E. Probability bow-ties a transparent risk management tool. Process Safety and Environmental Protection 2005, 83(3):307-316.

[323] Delvosalle C, Fievez C, Pipart A, et al. Identification of reference accident scenarios in SEVESO establishments[J]. Reliability Engineering and System Safety. 2005, 90:238-246.

[324] Dianous V D, Fievez C. A more explicit demonstration of risk control through the use of Bow-tie diagrams and the evaluation of safety barrier performance[J]. Journal of Hazardous Materials. 2007, 130:220-233.

[325] Gowland R. The accidental risk assessment methodology for industries layer of protection analysis methodology: a step forward towards convergent practices in risk assessment[J]. Journal of Hazardous Materials, 2006, 130:307-310.

[326] Badreddine A, Ben Amor N. A dynamic barrier implementation in Bayesian-based bow-tie diagrams for risk analysis[J]. Proceedings of International Conference on Computer Systems and Applications, 2010, 76:1-8.

[327] 曾庆军, 兰明光, 吴玉郎, 等. 风险分析工具 Bow-tie 在西气东输交叉作业中的成功应用[J]. 石油化工安全环保技术, 2014, 5(30):10-14.

[328] 王宁. 浅谈瑞士奶酪模型在海事风险评估中的作用(英文)[J]. 大连海事大学学报. 2009,(S1):76-78.

[329] WIKIPEDIA. Swiss Cheese Model[EBPOL]. [2008-12-27]. http:\Pen. Wikipedia. Org-PwikiPSwiss-Cheese-model.

[330] 罗裕富. Cessna172R 型飞机前起落架原理及故障分析[J]. 中国高新技术企业, 2013(10):52-53.

[331] Henley E J, Kumamoto. 1996. Probabilistic Risk Assessment and Management for Engineers and Scientists, 2nd ed. IEE Press, New York.

[332] American Institute of Chemical Engineers (AIChE), 2000. Guidelines for Chemical Process Quantitative Risk Analysis, 2nd ed. AIChE, New York.

[333] 宗蜀宁. 军用运输类飞机研制阶段系统安全性评估理论及方法研究[D]. 西安:空军工程大学, 2012.

[334] 胡新江. 军用飞机持续适航管理与飞行安全保障方法研究[D]. 西安:空军工程大学, 2012.

[335] 贾宝惠, 高蕾, 杜宜东. 基于 FTA 的飞机空调系统安全性分析[J]. 航空维修与工程, 2010, (3):74-76.

[336] Watts D J, Strogatz S H. Collective dynamics of 'small-world' networks[J]. Nature. 1998, 393(6684):440-442.

[337] Barabasi A. L, Albert R. Emergence of scaling in random networks[J]. Science. 1999, 286(5439):509-512.

[338] Barabasi A L, Albert R, Jeong H. Scale-free Characteristics of Random Networks: the Topology of the World-wide Web[J]. Physica A. 2000, 281(1-4):69-77.

[339] 陈关荣. 复杂网络及其新近研究进展简介[J]. 力学进展, 2008, 38(6):653-662.

[340] 范文礼, 刘志刚. 基于传输效率矩阵的复杂网络节点重要度排序方法[J]. 西南交通大学学报, 2014, 49(2):338-342.

[341] 于会, 刘尊, 李勇军. 基于多属性决策的复杂网络节点重要性综合评价方法[J]. 物理学报. 2013, 62(2):1-9.

[342] 赵毅寰, 王祖林, 郑晶, 等. 利用重要性贡献矩阵确定通信网中最重要节点[J]. 北京航空航天大学学报, 2009, 35(9):1076-1079.

[343] 苏晓萍, 宋玉蓉. 利用邻域"结构洞"寻找社会网络中最具影响力节点[J]. 物理学报, 2015, 64(2):020101.

[344] Mengyao Bao, Shuiting Ding. Individual-related factors and Management-related factors in Aviation Maintenance[J]. Procedia Engineering. 2014, 80:293-302.

[345] 汪送, 王瑛, 李超. BP 神经网络在航空机务人员本质安全程度评价中的应用[J]. 中国安全生产科学技术, 2010, 6(6):35-39.

[346] 刘衍珩, 李飞鹏, 孙鑫, 等. 基于信息传播的社交网络拓扑模型[J]. 通信学报. 2013, 34(4):1-9.

[347] 王端民. 航空维修质量与安全管理[M]. 北京:国防工业出版社, 2008.

[348] 甘旭升, 端木京顺, 丛伟, 等. 人因飞行事故诱发因素的分析与 Bootstrap 预测仿真[J]. 数理统计与管理, 2012, 31(3):484-490.